The Unique World

方
寸

方寸之间　别有天地

〔英〕约瑟夫·西尔克 —— 著
Joseph Silk

BACK TO THE MOON

重返月球

The Next Giant Leap for
Humankind

曲 卫 —— 译

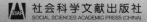

社会科学文献出版社
SOCIAL SCIENCES ACADEMIC PRESS (CHINA)

推荐序一

月球是距地球最近的天体，也是人类迈向更远深空的天然中转站，蕴含着丰富的物质、位置和环境资源。月球充满着无穷的奥秘，是人类探索地外天体的首选，也是迄今人类探测次数最多的地外天体，更是中华民族对之充满特殊情愫和赋予其美丽传说的星球。自 1958 年以来，人类共实施了 100 多次月球探测活动，囊括了无人、有人、飞越、环绕、着陆、巡视和采样返回等，中国也成功实施了月球环绕、着陆、巡视和采样返回等探测活动，极大促进了科学技术和社会的进步。当前，以美国阿尔忒弥斯计划和中国探月工程四期月球科研站基本型建设为代表，人类正掀起新一轮探月高潮。

《重返月球》这部作品不仅是一部科普杰作，更是对人类月球探索历史的深刻回顾与未来愿景的大胆展望。在这本书中，作者约瑟夫·西尔克以其丰富的知识和深邃的见解，带领读者穿越时空，探索月球的奥秘，同时也为我们揭示了月球在人类探索宇宙中的重要地位。

作者在书中精练地概述了月球探索的科学背景、技术挑战、国际合作的必要性以及未来商业开发的潜力，详细讨论了月球的形成、月球资源开发的潜力、机器人与人类在月球探索中的协同作用，以及月球作为人类探索宇宙的理想场所和走向更远深空的跳板等关键议题。尤其书中对月球背面射电望远镜的构想，为人类探索宇宙的黑暗时代和寻找外星生命的迹象提供了一个独特的平台。此外，书中对月球资源的商业开发、太空旅游以及国际法律框架的讨论，也为未来的月球活动提供了有意义的借鉴和思考。

该书以其客观、准确、全面的评价，为读者呈现了一个多维度探索月球和利用月球探测宇宙奥秘的图景。我强烈推荐这本书给从事月球探测的科技工作者和所有对月球科学、天文学、国际合作以及太空活动感兴趣的读者。无论你是航天领域的专业人士，还是对宇宙奥秘充满好奇的普通读者，这本书都将为你提供深刻的见解和启发。

航天工程大学曲卫教授作为该书的译者，对该著作进行了客观、准确的翻译，并进行了勘误，体现了曲教授严谨的治学态度和科学精神。《重返月球》是一部难得的佳作，其中文版的出版恰逢其时，它不仅能够丰富我们对月球的认识，也能激发我们对宇宙探索的热情。

中国科学院院士

中国探月工程（四期）总设计师

推荐序二

　　作为一名长期从事航天科研和航天科普的工作者，我有幸阅读了约瑟夫·西尔克著、航天工程大学曲卫教授译的《重返月球》一书。我认为这部著作对于航天的发展、月球探索的意义以及人类未来在太空的愿景提供了极为宝贵的见解和深刻的洞察。此书不仅为读者提供了一个全面而深入的视角来理解月球探索的重要性，而且还详细阐述了月球探索对于科学、技术、国际合作以及人类未来的推动作用。

　　该著作对月球探索的科学意义进行了深刻的探讨，包括月球的起源、月球地质学的研究以及在月球背面进行天文观测的潜力；并对月球探测技术的发展和挑战进行了详细的分析，这对于在航天工程和任务设计领域工作的专业人士来说，为其提供了宝贵的技术见解和潜在的解决方案；书中还强调了国际合作在月球探索中的重要性，所提出的国际法律框架和合作协议的讨论，对于促进和平探索、资源共享和避免冲突具有重要的指导意义；在商业领域，书中对月球资源的商业潜力进行了前瞻性的分析，包括稀土元素开采、太空旅游以及月球作为深空探索跳板的潜力；此书还对人类未来在月球上的活动进行了大胆的预测和设想，包括建立月球村、开发月球资源以及利用月球作为探索太阳系其他星球的基地。

我衷心推荐《重返月球》这本书给所有对航天尤其是对月球探测、天文学以及人类未来太空活动感兴趣的读者。这本书不仅提供了丰富的科学知识，还展示了月球探索对于人类文明的深远影响，能够帮助读者全面了解月球探测的现状和未来。

中国空间技术研究院研究员

全国空间探测技术首席科学传播专家

推荐序三

　　一次偶然的机会，我阅读了由航天工程大学曲卫教授翻译的《重返月球》一书，作为一名长期从事月球与深空探测领域的航天工作者，我一下子就被书中的内容所吸引。该书不仅系统梳理了月球探索的历程，更深刻剖析了月球资源的重要性与利用前景。书中对月球物质资源与位置资源的科研价值的深入挖掘，让我深受吸引与认同。它用深入浅出的语言，为我们揭示了月球探索的无限可能。

　　从月球的形成、宇宙大爆炸理论到寻找外星生命的可能性，本书涵盖了一系列令人着迷的议题。原著作者约瑟夫·西尔克通过对月球探索科学意义的详细阐述，展示了人类如何通过科技创新，逐步揭开宇宙神秘的面纱。特别令人振奋的是，书中还探讨了月球作为未来深空探索基地的潜力，以及如何通过利用月球资源来支持人类在太空中的长期生存。

本书不仅为航天爱好者提供了丰富的知识，也为科学家和工程师们提供了宝贵的参考。它强调了国际合作在太空探索中的重要性，并指出了在面对宇宙未知时，人类团结一心的重要性。

我深深被本书的专业性和前瞻性所吸引，它为我们展现了一个充满无限可能的月球探测的未来，让我们对人类的未来太空之旅充满了期待。无论是想要了解宇宙起源的读者，还是对月球探索充满热情的航天爱好者，这本书都将是不可多得的宝贵资源。我推荐每一位对航天感兴趣的朋友阅读这本书，共同探索宇宙的奥秘。

中国航天公益形象大使

嫦娥三号探测器系统副指挥、副总设计师

推荐序四

  《重返月球》是一部深刻探讨人类月球探索历史、现状与未来愿景的著作。该书以其全面而深入的视角，带领我们回顾了自阿波罗计划以来人类对月球的探索历程。作者约瑟夫·西尔克不仅详细回顾了人类过去在探索月球方面的成就，更对当前的国际太空竞赛进行了精辟的分析，并展望了月球探索对人类文明的深远影响。

  该著作对月球科学研究的重要性给予了充分强调，从低频射电天文学到寻找外星生命的可能性，再到月球地质学对理解地球及太阳系起源的贡献，都体现了作者对月球探索意义的深刻理解。这本书还探讨了月球资源的利用前景，包括稀土矿藏开采、水冰资源的利用，以及氦-3作为未来清洁能源的潜力。这些内容不仅为专业人士提供了丰富的信息，也为公众展示了月球探索的商业潜力和对人类社会可能的贡献。作者还关注了月球探索中的国际合作与法律监管问题，强调了和平利用外层空间、共享科学成果的重要性。

曲卫教授在翻译《重返月球》这部著作中的贡献是显著且值得称赞的。作为译者，他准确把握原文的科学概念和专业术语，并将复杂的内容转化为流畅、易于理解的中文，使中文读者能够无障碍地接触和领会书中的深奥知识，为中文读者提供了一部高质量译著，其贡献对于促进科学知识的传播和文化交流具有重要价值。

该著作以热情洋溢的语言、专业的分析和客观的视角，为我们描绘了一个充满希望和挑战的月球探索未来。不仅为专业人士提供了深入的科学分析和前瞻性的技术展望，也为普通读者提供了一个全面了解月球探索重要性的窗口。作为一名长期从事航天领域工作的科研人员，我真诚推荐对天文学、航天科学和宇宙起源感兴趣的读者阅读此书，它将带你踏上一段深入了解月球、探索宇宙奥秘的奇妙旅程。

孙威

中国探月工程"嫦娥六号"副总设计师

译者序

在探索宇宙奥秘的征途中，每一份知识的传递都如同星辰之光，照亮我们前行的道路。当我坐在书桌前，手指轻轻拂过这部即将与读者见面的译作时，我的内心充满了激动与自豪。在翻译这部《重返月球》的过程中，我深感荣幸能够将约瑟夫·西尔克先生的深刻见解和丰富知识介绍给中文读者。这本书不仅是一部关于月球探索的科普作品，更是一部展望人类未来太空活动的宏伟蓝图。该著作详细阐述了月球的科学价值、资源潜力、技术挑战以及未来可能的国际合作与竞争，为我们提供了一个全面而深入的视角理解月球在人类探索宇宙中的关键作用。

月球，作为距离地球最近的自然天体，自古以来就承载着人类无尽的想象与探索欲望。从美国的阿波罗计划到中国的探月工程，人类对于月球的探索从未止步。这本书不仅仅是对月球物理环境的描述，更是对月球在未来人类太空探索中所扮演角色的深入思考。书中，西尔克先生以严谨的科学态度和充满激情的笔触，带领读者穿越时间与空间，从古至今，从地球到月球，再到遥远的宇宙深处。他探讨了月球探索对于理解人类自身起源的重要性，以及如何利用月球作为跳板，进一步探索太阳系乃至更广阔的星际空间。书中对于月球资源的开发、太空旅游的潜力以及未来月球基地的构想，都充满了前瞻性和创造性。

在科学问题方面，书中详细讨论了月球的起源、月球地质学、宇宙的暗黑时代、外星生命的可能性等。例如，作者探讨了月球可能是由一个与火星质量相当的天体与地球撞击形成的，这一理论为理解月球乃至整个太阳系的起源提供了重要线索。此外，书中还提到了在月球背面建造低频射电望远镜的潜力，这将有助于天文学家回溯宇宙的幽暗源头，揭示宇宙诞生时的秘密。

在工程问题方面，书中涉及了月球基础设施建设、重型航天器的组装与发射、月球资源的开发利用等。作者强调了月球低重力环境对于降低太空探索成本的潜力，以及月球资源（如水冰、稀土元素等）对于支持长期太空任务的重要性。同时，书中也讨论了月球居住地的建设，包括利用月球熔岩管建造城市，为人类提供天然的防陨石撞击庇护所。

在法律伦理问题方面，书中提出了月球探索中的国际合作、月球资源的法律归属、太空活动的监管等问题。作者呼吁制定外层空间法律条约，以规范月球探索和矿产开采活动，确保月球的和平稳定利用。同时，书中也提到了月球探索对于全球政治氛围的影响，以及商业驱动在太空探索中的作用。

在翻译这本书的过程中，我尽力保持了原著的准确性和可读性，同时也努力让中文读者能够感受到作者的思考和激情。翻译工作是一项复杂而艰巨的任务，它不仅需要对原文的深刻理解，还需要将作者的思想以流畅、自然的语言表达出来。在这个过程中，我得到了家人、朋友以及领域专家的大力支持和帮助。

我要特别感谢我的爱人苗荟，她在文档翻译校对过程中付出了巨大的努力。她的耐心、细致和专业，使得这部译作更加完善。她对每个词句的精准把握，对每个概念的深入理解，都极大地提升了译文的质量。没有她的支持和帮助，这部译作不可能如此顺利完成。同时，我也要感谢我的女儿曲珈仪，她是这部译作的第一名读者。她以孩童的纯真视角，对译文提出了许多宝贵的意见，帮助我更好地理解读者的需要，她的参与不仅让译文更加贴近现代读者的阅读习惯，更增添了译作的活力与趣味性。我为她的成长与进步感到骄傲，更为她对我翻译工作的支持表示由衷的感谢。

在此，我要感谢所有对这部译作给予关注和支持的人，是你们的无私支持与鼓励让我有勇气面对挑战、不断前行。特别感谢于登云院士、庞之浩研究员、孙威研究员、张玉花研究员为该译作所做的热情推荐。感谢吴伟仁院士、航天科技集团五院李劲东院士、尹可研究员，深空探测实验室科技发展部部长兼未来技术研究院副院长张哲研究员，中国科学院空天信息创新研究院易漾研究员，航天科技集团八院张高雄研究员、汪莹高工，北京航天飞行控制中心赵凤才高工，北京跟踪与通信技术研究所姚刚副研究员以及挚友葛铁志、胡石在译作出版过程中给予的大力支持与无私帮助；感谢航天工程大学范奕泽副教授，她以专业的视角为我提供了许多针对性建议；感谢王雪编辑对该译作的顺利出版付出的辛勤努力。

　　我希望这部著作的中文译本能够激发读者对太空探索的兴趣，对月球的科学价值有更深的认识，同时也为我们的未来太空活动提供一些启示和思考。我也希望这部作品能够为大家带来启迪与收获，让我们共同为航天事业的未来贡献力量。让我们一起期待人类在月球上的新篇章，期待我们共同的未来在星辰大海中展开，祝愿中国的航天事业再创辉煌！

2024 年 8 月 4 日

目　录

序

我们从哪里来？在这广袤无垠的宇宙中，我们是孤独的吗？我认为，只有月球平台才能让我们直面这些问题。我们需要一个全新的人类科学愿景，以此来丰富月球空间探索与开发的内涵。这样的努力将持续惠及未来几十年的商业活动。如果我们以启发性思维作为引导，便可以实现独特且令人信服的科学目标。这正是本书的主旨所在。大约5000年前，美索不达米亚的先驱们探索了世界上最古老的科学——天文学和宇宙学。如今，这个由科学引领的工程将超越古代先驱们的终极想象。

天文学的终极目标，是探索宇宙诞生之初的黑暗时代，去追寻那微弱闪烁的第一缕光。原始的氢云，既象征着未来的希望，又见证了过去的历史。如果我们在月球背面架设低频射电望远镜，那么我们就能听到宇宙创世之初的微弱声音，那里拥有太阳系内最静默的射电环境。分布在月球表面的低频射电天线，能够帮助我们回溯宇宙的幽暗源头，揭示宇宙起源的隐藏秘密。

同时，天文学家的终极目标是寻找外星生命的痕迹。只有月球上的巨型望远镜才能观测到数以千计甚至数以百万计的潜在的宜居系外行星。我们需要深入观察这些行星，寻找外星生命的最原始迹象，并有可能发现超越人类的高等生命形式。利用月球资源和发展月球科学基础设施的重要性不言而喻。

美国国家航空航天局（NASA）的载人航天计划，包括航天飞机的开发和国际空间站的建设，对太空望远镜的开发有极大的推动作用。这种逻辑可能同样适用于月球的开发。月球基础设施可以支持那些在财政上无法实现的项目，比如利用大型望远镜寻找遥远生命的迹象。这些大型望远镜往往比地球上任何可实现的光学望远镜都要大得多。

月球的形成源于大约 40 亿年前，一个与火星质量相当的天体与地球的撞击。*通过在月球上进行勘探，我们可以更深入地了解它的起源。我们将钻探月球风化层，测定月球岩石的年代，并在各种月球地形上测量它们的成分。只有这样，我们才能拼凑和重建月球的历史。了解我们最近的邻居的起源将揭示地球

---

* 关于月球的起源，历史上有分裂说、俘获说、同源说、碰撞说。后期则在各种说法的基础上，结合新的研究成果而形成了"大碰撞说"。——译者注（本书脚注皆为译者注，后不再标示）

的诞生之谜，事实上，它还将为我们提供太阳系起源的线索。

月球探索是人类踏入太空的第一步，在距离我们最近的太空邻居上建立可居住设施将是开启探索太空新纪元的大门。在月球上建立生命前哨站并不存在技术障碍，通过人类与机器人探索的完美结合，我们完全有可能实现这一目标。从月球这个独特的战略高地出发，我们可以继续探索在宇宙其他地方存在生命的可能性并深入研究生命的起源。这是一个宏伟的愿景，这是一个激动人心的时刻，展望未来半个世纪，全球各大国际航天机构或将就月球宜居空间展开争夺。

让我们一起开启科学探索之旅吧！

引言

月球在召唤

我深信，这个国家应当致力于在今后十年内实现载人登月并安全返回地球的目标。

——约翰·F.肯尼迪，1961年

重返月球是太空计划的重要里程碑。在月球上实现人类的长期驻留能够显著降低太空探索的成本，使得更具雄心的任务成为可能。实现重型航天器和燃料摆脱地球引力需要付出高昂的代价。而在月球上组装和发射的航天器，由于其重力远低于地球，因此可以耗费较少的能量，进而降低成本。此外，月球蕴藏丰富的资源。月壤中含有可以提取并加工成火箭燃料或可呼吸空气的原材料。我们还可以利用在月球上开发和测试的新方法、新技术和新系统，以增强我们在其他更具挑战性的环境中运作的能力。重返月球是推动人类进一步发展和取得更大成就的合乎逻辑的下一步。

——乔治·W.布什，2004年

　　天空中那银白色的明月，总是吸引着人类的目光，让我们为之着迷。月球是海洋潮汐的驱动者，但并不物质化，而是浪漫世界里的灵感之源和奇迹的缔造者，甚至疯狂的触媒。满月时，她反射阳光的璀璨；新月时，她折射地球的静谧。然而，月球并无大气层的庇护，更无生命的迹象。月球的表面，历史的痕迹历历在目：陨石坑、山脉、高地、低洼地以及各种撞击和火山留下的古老遗迹。数十亿年来，陨石和小行星的撞击以及火山活动，使月球表面遭受了严重的破坏。但是，人类在月球上的足迹非常稀少，仅限于那少数几个登陆点。不过，随着人类对月球的探索和开发项目的推进，未来几十年内这种状况定会有所改善。

　　作为离我们最近的天体，月球是一个特殊的地方，也是自古以来人们猜测外星生命存在的源头。经过数十年的调查和探索，我们现在知道月球环境并不适宜生命生存，但人类已经拥有改造其环境的能力。未来几十年内，建设月球居住地的蓝图令人充满期待。

　　在尼尔·阿姆斯特朗（Neil Armstrong）为人类迈出那"一

大步"*的半个世纪以后，太空探索竞赛再度升温。为了给未来载人登月飞行铺平道路，人类已经进行了多次登月活动。NASA 目前计划建造一座绕月轨道空间站，即"月球门户"（Luner Gateway）。该空间站将协调月球的开发工作，并成为太阳系内太空探索的发射基地。此外，国际航天机构计划建造月球村以供人类居住，甚至还计划利用商业资本在月球开发豪华的酒店度假村。随着地球上的稀土元素和半导体材料资源变得越来越稀少，人们也开始设想在月球上采矿。最终，在月球本土生产的火箭燃料将助力人类飞向太阳系深处。

为月球探测而开发的居住设施将使开发月球资源成为可能，这将为我们前往火星和其他更远的星球进行星际探索谱写新的篇章。

如果我们能够先确认月球的起源，月球地质学将指引我们回溯早期地球本身的演化过程。主流理论认为，大约 45 亿年前，一个相当于火星大小的天体与地球发生过一次重大撞击，这次碰撞产生的碎片逐步聚集形成了月球。最初的碰撞很可能导致地球的自转轴发生错位，正是这 23.5 度的错位，赋予了地球四季的更迭，使地球避免了极端的气候变化。通过月球勘

---

* 1969 年 7 月 20 日美国东部时间 22 点 56 分，乘坐阿波罗 11 号飞船执行首次登月任务的阿姆斯特朗，缓缓走下登月舱舷梯，并说出了他那句后来几乎家喻户晓的名言："这是一个人的一小步，却是整个人类的一大步（That's one small step for a man, one giant leap for mankind）。"

探确认月球的起源，将使我们能更好地了解地球以及太阳系的起源。

对于所有梦想远离地球的探险家来说，月球无疑是他们的首选目的地。月球距离地球仅 25 万英里，到达那里只需要 3 天的时间。然而截至目前，月球仍然是一个尚未被开发的地方，是一块未知的领地。

距人类上次踏上月球已有半个世纪之久，时光荏苒，人类探索月球的脚步停滞不前。当年土星 5 号（Saturn V）重型运载火箭的辉煌时代早已成为历史，人类月球探索的进程突然陷入僵局。在商业公司和国际社会的共同努力下，火箭运载能力正在逐渐提升，一些国家正积极研发超重型火箭。相信在今后几年内，人类月球探索的新纪元即将拉开序幕。

月球开发的进程始终受到太空旅行与探索计划成熟度的影响，尤其是预算方面的限制。如今，国际政治氛围正在发生变化，国际航天机构正在考量月球的各种应用可能性。其中大多是基于商业的驱动，但也有一些纯粹的科学探索计划。这对科学界而言无疑是一个利好消息，因为通过月球开发计划的推进，将有更多探索宇宙的新机会。

月球的形成源自一系列令人难以置信的事件，它表明类地生命在宇宙中是一种罕见的现象。然而，在我们开始寻找这些宝贵生命的踪迹之前，还没办法准确估计存在这种特殊生命配置的概率。月球本身或许能为我们提供一个理想的平台，帮助我们寻找宇宙附近可能存在的生命迹象。

婴儿试探性的第一步，标志着人类的进化历程开始发生微妙而又决定性的变化。纵观生物界的进化历程，我们可以发现类似的进化步骤就是智人的出现，他们经过了约 20 万年的不断进化和发展，最终成为我们现今所熟悉的智人。相对于过去数十亿年的漫长岁月，20 万年只不过是一瞬间。事实上，这一瞬间也可能在其他恒星系统中的行星上不断重演着。但由于生命的复杂性，我们目前还无法精确地计算出这种可能性究竟有多大。因此，我们目前唯一能做的就是继续在宇宙中寻找其他类似的生命形式和生物进化的证据。

通过提供一套独特的基础设施以及能力卓越的望远镜，月球将为人类铺平太空探索的道路，将我们的视线引向宇宙的深处。当然，月球对于太阳系内探测器的发射也具有决定性的意义，为我们提供了一个前所未有的跳板。月球之上的航天港以及绕月轨道航天港的建立，对于我们发射重型载荷来说是至关重要的。若想实现太阳系内的载人太空旅行，从地球出发并不是一个理想的选择，因为运载火箭需要耗费大量的燃料才能挣脱地球引力的束缚。而月球为我们提供了近乎无限的本土燃料供应，是实现人类深空探索的理想跳板。建立一个永久性的月球基地，将是人类向着广袤无垠的星辰大海踏出的关键一步。

最终，星际探索的大幕即将拉开。无论是借助人类低温冷藏还是基因重生技术，前往最近的恒星也要耗费数百年的时间，但这绝不会阻挡未来几代航天员的步伐。事实上，一旦计算机技术飞跃到超越人类大脑的水平，机器人和人类之间的界限将变得相当模糊。随着科技不断创新，未来的计算机运算能力似乎是无限的。任何质疑人类探索宇宙和移民太空潜力的想法都是不明智的。

月球表面的低重力环境将有助于建造居住设施。这些建筑计划建造在月球南极附近。在这个区域，很多深陨石坑的阴暗处位于永恒的暗夜之中。极地陨石坑被低仰角的太阳光线遮蔽，而太阳光线则永远不会越过陨石坑的边缘。月球两极的气候比起月球赤道更稳定。后者的温度范围在零下 180 摄氏度到零上 130 摄氏度。而且陨石坑中的永久阴影区还富含大量的冰冻沉积物。

在陨石坑底部，永久阴影区的温度维持在约零下 200 摄氏度的稳定状态。地球有记录以来的最低气温资料显示，南极洲沃斯托克站（又名东方站）的地面曾出现约零下 90 摄氏度的低温。另外，死亡谷有记录的最高气温约为 70 摄氏度。这样的温度条件不会影响机器人的正常运行。然而在这样的条件下，人类必须在适当的庇护下才能活动。能源随时可供局部系统进行冷却或加热使用。陨石坑边缘附近几乎永远处于阳光照射之下，为漫长的月夜提供着源源不绝的太阳能。

下一步，我们将着手开发位于月球巨大熔岩管之中的居住地。这些熔岩管从月球表面向下延伸，深不可测。这些洞穴的规模可能大到足以容纳相当于城市大小的空间，使人类免受所有可能危及生命的太阳活动的影响。城市可以建造在巨大的熔岩管中，以得到一个天然的防陨石撞击的庇护所，同时熔岩管还能为间歇发生的剧烈太阳耀斑和微小的陨石撞击提供防护。

月球采矿能够提供源源不断的稀土元素供应。而借助机器人辅助作业，并将有毒物质排放至太空，可以减轻此类活动带来的环境污染。

月球和近月空间将因火箭燃料的本地化生产而成为构建未来星际空间探测器发射场的理想之选。火箭燃料的提取计划以液态氢和氧的形式进行。这些燃料将来源于寒冷极地陨石坑中的冰沉积物。

为了充分利用这些计划中的活动，我们需要将科学作为月球探索的关键目标。借助月球的独特环境，我们将能够深入了解月球乃至整个太阳系的起源。月球的低重力和真空环境将使得许多项目能够达到在地球上无法想象的规模。

地球上的生存条件正在急剧恶化。全球变暖、流行病、环境破坏、自然资源枯竭、人口过剩以及战争等诸多问题都在造成巨大的损失。为应对这些挑战，人类自然会寻求新的出路。

过去，欧洲将边界扩张至非洲、美洲和其他地区，给当地原住民带来了巨大的伤害。未来，我们将不得不将视野扩展到地球之外。尽管月球表面并非高密度人口居住的理想场所，但它确实能为人类提供基地，为未来的太空探险以及应对潜在的灾难做好准备。

在商业领域中，我们正处于一个不可多得的机遇期，那就是利用月球进行科学研究。我们能以相对较低的成本架设月球望远镜，从而为人类的宇宙探索开辟全新的前景。在这个过程中，机器和人类可以携手合作，共同建设规模和灵敏度都前所未有的月球望远镜。月球表面没有大气层或电离层，因此可以为新一代的巨型望远镜提供一个稳定的观测平台。这些望远镜能够窥探宇宙更深处的奥秘，并向地球转发附近行星系统的图像。

在探索宇宙的过程中，人类一直被一个根本问题所困扰：我们是孤独的吗？如果宇宙中普遍存在生命，那我们为何至今未能接触到外星人呢？实际上，银河系中存在着数十亿颗类地行星，据我们所知，其中约有 50% 的行星比地球更古老，因为它们所围绕的恒星比我们的太阳还要年长数十亿岁。然而，受限于目前的望远镜能力，我们还不能观测到可能存在生命的行星。虽然人类尚未具备直接探测外星生命存在的能力，但我们知道星系生命存在的可能性很大，因此需要寻找特定的标志物来间接地揭示其存在。这些标志物可能包括海洋反射的光线、森林的绿光、大气中氧气的存在，甚至更先进但也更微妙的智慧生命信号，如行星大气层的工业污染（希望只是暂时的）。

然而，即便是外星生命是否存在也仍然存在争议。我们无法预测在银河系的数十亿颗宜居行星上遇到先进生命形式的概率。如果人类想让科幻小说成为现实，唯一能做的就是持续不断地观测。月球望远镜将帮助我们迈出探索宇宙中星系生命特征的第一步。

月球大型望远镜可以建在月球两极附近的深坑中，这些地方有着无垠的黑暗和太空般的冰冷，是红外天文学的理想之地。这些地点没有大气层来吸收源自太空的红外光，且附近有永久的太阳能来源。在低重力环境下，我们可以建造结构比地球上大得多的望远镜。

某些难题一直困扰着人类。当第一批具有自我意识的人类仰望夜空时，他们惊叹于月亮的绚丽和无数闪烁光点的壮阔。这些古人开始思考：我们从何而来？这个问题成为文明之初古代哲学家们探讨的重要议题。为了寻求答案，我们必须将目光投向一段我们几乎一无所知的时期——宇宙的黑暗时代，即第一代恒星诞生之前，那个时代笼罩在一片原始氢气云的黑暗之中，而这些云团的数量达到数万亿之多。

第一代星云就像是原始的化石，充斥着原始的无线电旋涡。

如果我们能够用灵敏度足够高的望远镜，在宇宙大爆炸的余波中探测到这些微弱的信号，便能够洞察宇宙的起始。月球平台成为天文学家的最后一片领地。这个平台提供了前所未有的低频望远镜的建造场所，从而让我们有可能实现上述富有挑战性的目标。

在第一代星云时代之后，更为复杂的物质结构迅速涌现。这一发展主要归功于引力的作用，而引力似乎具有不可抗拒的力量。开弓没有回头箭，在短短几百万年之后，第一代星系和首个大质量黑洞便应运而生。在这方面，月球上的望远镜将比任何能够想象的地球甚至轨道太空望远镜都更为强大，它能够探测到这些物质结构的存在。

科学探险往往与月球探索如影随形。当然，我们首要的任务是夯实基础，以便在永久性月球基地建立之后，迈出移居太空的第一步。由于火箭运载能力的限制，不能从地球上发射的大重量载荷，或可以从月球或地月空间发射，这为我们打开了太空探索的新希望。月球平台为我们提供了一条唯一且可持续的途径，开拓了进入深空探索的广阔天地。NASA 已经在构想建造一座绕月球轨道的空间站和航天港，从月球出发，我们可以直抵太阳系，并最终穿越至更遥远的星系。我们的长期目标必须是勇敢地探索太空，为人类开辟全新的愿景。

月球望远镜将为我们揭示宇宙的全新面貌，而其造价只占载人登月费用的一小部分。我们可以在月球上建造出更大、观测效果更好的望远镜，超越人类在地球上的观测极限。借此，就可以解答关于人类起源的一些基础问题，甚至寻找外星生命的蛛丝马迹。

商业企业无疑会积极开发月球资源，并成为月球探索的主要驱动力。当然，我们需要平衡旅游需求和工业活动。人类与机器人的活动将结合得更为紧密。展望未来，如果我们想在月球上开展科学活动就必须建立定居点。这也将是人类首批月球活动之一，使科学进一步拓宽我们的视野和认知。

为了确保月球的和平稳定，所有开展月球表面探索和矿产开采的国家，包括已经计划开展此类活动的国家和地区，如美国、中国、俄罗斯、欧洲、印度和日本，都需要签署外层空间条约。最糟糕的情况也可能出现，月球就像狂野的美国西部一样，变得混乱无序，人们可以自由开采资源。因此我们需要法律条约来规范从房地产到犯罪、采矿权、军事和科学活动等一切内容。我们需要部署联合太空部队来执行这些法律，同时月球矿场、航天港甚至望远镜也需要国际监管。

人类终将重返月球，在月球上进行建设、居住、开发，以及科学探索。月球科学将为我们提出的最深刻的问题开辟新的前景。最重要的是，人类的探索欲望将继续拓展我们的认知边界。这本书所描述的，正是人类未来探索宇宙的壮丽旅程。

第 1 章

新太空竞赛

（太空旅行）将使人类从地球引力的枷锁中解放出来，开启通向宇宙的大门。

——沃纳·冯·布劳恩

太空旅行的终极目的，不只是科学的发现与偶尔出现在电视中的视觉盛宴，更是人类精神的洗礼与升华。

——弗里曼·戴森

过去半个世纪

1961 年，约翰·F. 肯尼迪总统做出了一个重大决策，NASA 将在十年内将人类送上月球。这一决策是对苏联航天员尤里·加加林（Yuri Gagarin）首次绕地球太空飞行的回应。苏联已经在太空探索领域领先一步，包括空间站规划和太空轨道飞行等方面。对美国来说，载人登月是巩固其在太空领域的领先地位，并展示国家实力的最可行性的方式。当然，国家安全问题也是总统做出这一决策的重要考虑因素。

一年后，1962 年 9 月 12 日，肯尼迪总统发表全国演讲，勇敢地接受了这个挑战：

> 我们选择在这个十年内登上月球，并实现更多其他目标，不是因为它们轻而易举，而是因为它们困难重重；因为这一目标将能有效地组织和考验我们最出色的才华与技能，因为这一挑战是我们乐于接受的，是我们不能回避的，

是我们有决心和信心赢得胜利的。

1963 年，美国国会通过了阿波罗计划，旨在将美国的航天员送上月球。这个大胆的计划开始实施。然而，令人遗憾的是，肯尼迪总统未能亲眼见证他对国家做出的承诺得以实现。

在肯尼迪总统之前，多位美国总统都曾对太空探索发表过意见。1957 年，苏联突然成功发射了人类历史上的第一颗人造卫星——斯普特尼克 1 号（Sputnik-1），对此，德怀特·艾森豪威尔（Dwight Eisenhower）总统做出了最早的回应。他决定设立一个民间机构来管理美国的太空活动。艾森豪威尔总统向美国公众保证，苏联发射的人造卫星只是"太空中的一个小球"。尽管如此，艾森豪威尔还是确保了 NASA 于次年成立。航天器的设计和发射设施建设得以组织起来。水星计划（Mercury Program）的设立则主要是为了评估近地轨道载人航天的可行性，并作为进一步进入太空的先导。该计划最终实现了第一次载人亚轨道飞行。

当艾森豪威尔总统在 1958 年组建 NASA 时，太空竞赛的大幕就已经拉开。近地轨道载人航天作为人类太空旅行的前奏，预示了未来的无限可能。1961 年，尤里·加加林成为首个进入太空的人类，他所乘坐的"东方号"（Vostok）宇宙飞船绕地球轨道飞行了约 108 分钟后，安全降落在苏联境内。短短一个月后，美国航天员艾伦·谢泼德（Alan Shepard）便乘坐"水星号"（Mercury）宇宙飞船进行了第一次亚轨道太空飞行，但这次的飞行时间仅维持了短短的 15 分钟。

引用航天先驱沃纳·冯·布劳恩（Wernher von Braun）的名言："为了跟上，美国必须拼命奔跑。"

水星计划紧随其后，实现了地球轨道载人飞行。1962 年，约翰·格伦（John Glenn）完成了 3 圈的首次绕地球轨道飞行，后来他担任了 25 年的俄亥俄州参议员。水星计划在 1963 年达到高潮，航天员戈登·库珀（Gordon Cooper）进行了为期一天的飞行。1965 年和 1966 年，"双子座"（Gemini）轨道飞行器成功将两名航天员送入近地轨道，执行长期太空任务。人类正准备开启征服太空的序幕。

美国决心在太空领域赶超苏联，而月球显然成为下一个目标。然而，艾森豪威尔并未有意与苏联展开太空竞赛。直到 1961 年，肯尼迪总统才发出挑战，自此太空竞赛正式拉开帷幕。他的目标非常明确：人类登陆月球。在此之前，登月一直是载人太空任务的遥远梦想，肯尼迪的推动，最终促成了阿波罗计划的诞生。

当然，无人登月任务的重要性不言而喻。1959—1976 年，苏联成功发射了第一批"月球"（Luna）系列无人登月器，实现了 7 次在月球表面的软着陆。尽管苏联太空项目在近地轨道航天飞行领域取得了领先地位，但在载人登月方面，他们却未能跟上 1969—1972 年阿波罗登月计划的步伐。主要原因在于，苏联未能及时研制出与 NASA 竞争的重型运载火箭。这使得苏联在载人登月方面处于劣势，而随着两国技术差距的进一步扩大，苏联的政治考量变得更加重要。1974 年，由于技术挑战和政治压力的双重影响，苏联被迫终止了其载人登月计划。

014

美国载人登月任务被精心计划为多个循序渐进的阶段。首先，通过执行一系列无人探月任务，为登月任务做好充足的准备。NASA 的月球"徘徊者"计划（Ranger program）始于 1961 年，它的首个任务是发射一枚装配了电视摄像机的航天器，其使命是记录未来可能的着陆点。随后，探测器在月球上历经了一系列悲剧性坠毁，五年后，这个计划被月球"勘测者"计划（Surveyor program）所取代。该计划的航天器在月球表面成功实现了软着陆，并传回了大量有关月球表面成分的宝贵研究数据。同年，一系列全新的月球轨道航天器发射升空，以寻找即将到来的载人登月任务的可能着陆点。[1]

阿波罗计划在 1969 年首次实现了人类登月的伟大壮举，这得益于土星 5 号运载火箭的强大推力。土星 5 号运载火箭由 3 部分组成，总高度达 111 米，比大本钟还高 15 米，总重量达到 3000 吨，其中超过 90% 的重量是液体推进燃料。运载火箭的第三级将阿波罗航天器从近地轨道送往月球。它携带了 50 吨的有效载荷，其中包括登月舱以及指挥舱和服务舱。指挥舱和服务舱在任务中留在月球轨道上，以确保航天员能够安全返回地球。人类月球探测第一阶段的巅峰之作莫过于 1969 年的阿波罗 11 号在月球静海的成功着陆。尼尔·阿姆斯特朗和巴兹·奥尔德林（Buzz Aldrin）在全世界观众的瞩目下，迈出了人类在月球上的第一步。

美国先后进行了 6 次阿波罗登月任务，每次都有 3 名航天员肩负重任，踏上往返地球与月球的征途。他们跨越了约 23.9 万英里的距离，最终在月球表面留下了人类的足迹，并成功返回地球。此后的数十年里，美国在月球太空探索领域依旧独占鳌头，然而那曾让世界瞩目的载人登月计划，却在其后的不到 4 年时间内便宣告结束。最后一次载人登月任务于 1972 年执行，而土星 5 号运载火箭的最后一次飞行是在 1973 年。在这次飞行任务中，土星 5 号运载火箭将国际空间站的前身——天空实验室（Skylab）成功送入了预定轨道。

1979 年，天空实验室的轨道逐渐降低，最后在重返大气层的过程中解体，舱体碎片如雨点般散落在澳大利亚西部和印度洋的部分地区。作为天空实验室的继任者，国际空间站（ISS）一直到 1998 年才被成功送入近地轨道。国际空间站的建设始终体现出各国间的通力合作，这也是其最显著的特点之一。俄罗斯用"质子号"（Proton）运载火箭从哈萨克斯坦的拜科努尔发射场发射了国际空间站的第一个模块。仅仅几个月后，"奋进号"（Endeavour）航天飞机作为 NASA 航天飞机计划的第五枚也是最后一枚航天器，首次搭载航天员飞往国际空间站。从 2000 年开始，国际空间站实现了航天员的长期驻留。

阿波罗计划在取得 6 次载人登月的历史性成就后正式画上了句号。然而，政府对太空探索的支持并未继续下去。林登·约翰逊（Lyndon Johnson）的"伟大社会计划"（Great Society Program）在预算上超过了太空计划。对于任何载人月球探索来说，巨大的太空预算似乎都无法给出合理的解释。随着重型运载火箭时代的结束，土星 5 号火箭的独特设计和巨大代价使得其难以被复制。尽管如此，在第一颗人造地球卫星进入约 300 英里的近地轨道后的短短 12 年里，美国就赢得了载人登月竞赛的胜利。

重返月球

如今，各国的航天机构都在积极策划重返月球的行动。各国计划投入数十年的时间来对月球表面进行详尽的勘察，并进一步开发月球资源。然而，高昂的费用是否会成为实施这些探测计划的阻碍？如果政府资金被削减，与月球探测相关的科学项目是否就注定会失败？军事考量是否会凌驾于一切之上？商业目标可能会占据主导地位，这会对月球科学研究产生怎样的影响？尽管存在许多未知和挑战，但希望仍然存在。月球表面的空间毕竟有限，至少对于大型望远镜项目所需的可用空间而言是十分有限的。不过，目前的可用空间应该也足够满足探测任务的需要。

随着国际社会对月球资源的竞争日益加剧，重返月球的计划变得更加紧迫。[2]人们乐观地预期，科学研究、旅游和采矿等活动将能够共享月球资源，而科学探索将受益于必要的基础设施。然而，为了实现这种共赢并保护原始的月球环境，国际社会需要达成共识。

历届美国总统都积极宣扬太空探索的重要性，但他们所推动的太空计划主要停留在派遣无人探测器探索太阳系的阶段。其中的主要原因之一是太空探索的高昂成本。然而，随着全球范围内的太空竞赛日益激烈，这一局面有望得到改变。如今，随着来自中国的竞争，军事方面的考虑再次被提上议程。但需要明确的是，尽管军事因素仍然存在，但在当前的太空探索领域，商业的重要性日益凸显。人们对太空旅游和月球采矿项目展现出浓厚的兴趣，但这一领域的潜在收益可能只会属于那些能够率先到达月球并开展相关行动的人。

在阿波罗计划之后的十载光阴里，国际合作的大幕真正拉开。尼克松政府任内，航天飞机的研发取得了突破性进展。而后，1984 年，罗纳德·里根（Ronald Reagan）领导下的美国政府开始了轨道空间站的规划和建设工作。这一浩大工程历经十余年的光阴，方才大功告成。

20 世纪 90 年代初，随着成本的飙升，即将上任的比尔·克林顿（Bill Clinton）和阿尔·戈尔（Al Gore）政府面临着艰难的财政抉择。为限制 NASA 的预算支出，他们决定引入新的合作伙伴，并赋予轨道空间站新的角色——国际空间站。俄罗斯和 NASA 的航天员共同承担了人员和运输成本，而其他有着太空雄心的国际机构也纷纷作为合作伙伴加入国际空间站的建设，包括欧洲、加拿大以及日本等国家和地区。2000 年，第一批由美国和俄罗斯航天员组成的联合乘组开始进驻国际空间站，此后国际空间站一直保持有人驻守的状态。

不过，位于地球近地轨道之上的国际空间站终究会被淘汰。该空间站一直以来都是一座非常出色的实验室，旨在帮助航天员们做更深入的太空探索准备。自从 2011 年航天飞机计划结束以来，NASA 通过购买俄罗斯运载火箭提供的运载服务，为空间站的建设和运行继续做出贡献。此后，美国制订了新的计划，以展示其对太空探索的雄心壮志。乔治·W. 布什（George W. Bush）总统于 2004 年公开宣布，NASA 的载人航天飞行计划将于"2020 年将人类重新送到月球，为人类探索火星和其他目的地做好准备"。[3]

随着美国政府更迭，载人航天飞行计划被一再推迟。随着现实主义逐渐占据主导地位，月球以外的太空探索计划被搁置。然而，随着商业运载火箭的不断发展，如今出现了一个重大转折。埃隆·马斯克（Elon Musk）的SpaceX公司成功研发出猎鹰9号（Falcon 9）运载火箭，成为首枚为国际空间站提供服务的商业航天器。随后，载有约3吨物资和实验设备的货运飞船也迅速部署完毕。2020年11月，龙（Dragon）飞船成功将4名航天员送往国际空间站，标志着商业航天开发的时代真正开启。随着商业载人航天飞行的逐步推进，商业月球探索任务也将随之而来。

与此同时，中国宣布计划在近地轨道建造一座新的空间站，这仅仅是其宏伟太空计划的一部分。中国国家航天局还致力于在月球上开展人类前哨站等月球项目建设。为确保美国在太空探索领域的领先地位，唐纳德·特朗普（Donald Trump）总统宣布未来美国航天员也将登陆月球。2021年，他的继任者乔·拜登（Joe Biden）批准了NASA的阿尔忒弥斯计划（Artemis program），该计划旨在建设月球轨道空间站以及利用月球低重力环境的月球基地。阿尔忒弥斯计划将执行载人飞行任务，从而进一步推动人类在整个太阳系的太空探索。拜登还表示了对最新成立的美国太空部队的支持。

图 1　NASA 如何利用月球上的光源、水源和地形建设阿尔忒弥斯基地营地。在月球南极附近，航天员们将迈出探索的第一步。这里的自然环境极为严酷，阳光持续照射、极度寒冷、黑暗，并且存在冰冻水。或许在 2026 年，NASA 会利用月球基地作为跳板，利用月球基地提供的燃料，进一步探索并开发更深的星际空间。此外，基地将通过月球探测器的 3D 打印技术进行建造，电力由太阳能电池来供应，食物将在温室中生产。

图片来源：European Space Agency– P. Carril，"ESA Opens Oxygen Plant—Making Breathable Air out of Moondust," January 17，2020，https://scitechdaily.com/esa-opens-oxygen-plant-making-breathable-air-out-of-moondust/

　　中国的私营企业家与美国同业一道，都在积极探索在月球开采矿物的可能性，此举凸显出他们对月球资源的浓厚兴趣。月球所蕴藏的资源种类繁多，价值巨大，其中包括一系列稀土元素以及半导体材料等，这些材料在地球上的可开采量相当有限。当前，一个关键计划正在推进中，即利用月球冰生产火箭燃料，这将为进一步的太空探索提供极为重要的支持。人们正在精心筹划在月球上建设大型居住区，欧洲航天局（ESA）更是提出了在月球南极建立一座永久居住地的宏伟构想。此项创新计划作为关键的第一步，已经开始实施，即利用月球上可利用的水以及月壤资源来合成月球建筑材料。

阿波罗计划结束后，人类对月球的探索并未停止。如今，中国正引领着新一轮的登月热潮。2013 年，中国首次发射了月球探测器嫦娥三号，其携带的月球车在月球高地上的暗熔岩流区域"虹湾"进行了短暂的巡视。该区域被认为是未来潜在的月球定居点之一，其附近巨大的熔岩洞备受关注。2019 年 1 月，嫦娥四号成功在月球背面登陆，其月球车降落在巨大的冯卡门（Von Kármán）陨石坑内。该陨石坑的直径约为 186 公里，是南极 – 艾特肯盆地的一部分，长约 2500 公里。月球极地陨石坑不仅具有商业潜力，更具有科学价值。

与此同时，NASA 一直在小心翼翼地保存从月球取回的月壤样本，这些样本被冷冻并真空包装。然而，50 年前阿波罗计划采集的一些月壤样本显示出了恶化的迹象，这可能是由水蒸气污染引起的。NASA 一直垄断着月球表面的探索，但这种情况还能持续多久？如今，中国正在稳步赶上。2020 年底，中国的嫦娥五号任务成功地将月球岩石样本带回了地球。嫦娥五号月球探测器成功地携带约 2 千克 * 月球样品安全降落在中国内蒙古四子王旗预定区域。

阿波罗 15 号、16 号和 17 号早期对于月球地形的探测存在一定的局限性，因此我们需要对具更多不同地质情况的新地点进行采样。这些原始的新样本有望帮助我们更全面地理解月球的土壤与岩石的地质背景及演变历程。随着对月球形成方式的深入了解，我们或许会意外地发现月球采矿的潜在价值。

人类的下一站

月球探索和开发的未来充满无限光明。[4] 尽管其实现可能需要一个世纪的时间，但这一旅程已经开始，全球各大航天机构都在积极参与登月竞赛。一旦我们制订了探索计划，紧接着就是考虑到达月球后应如何行动。

月球上有可供开采的丰富资源，而地球的矿石资源正在迅速耗尽，尤其是那些易于开采的稀土金属，这些金属在电子工业中具有至关重要的作用。地球上这些金属的储量或许还能维持几个世纪的消耗，但我们应该从长远考虑。在地球上，矿山环境可能存在有毒物质，因此避免污染显得至关重要。月球资

---

* 　实际为 1731 克，见"正式交接！嫦娥五号取回月球样品 1731 克"（https://m.gmw.cn/baijia/2020-12/19/1301956662.html）。

源的开采虽然面临诸多挑战，但只要我们一开始就建立严格的环保规范，就能在很大程度上减少对环境的破坏。

我们已经对未来月球探索的蓝图进行了详细的规划。首先，我们将建立一套全面的工业应用计划，充分利用月球上的低重力环境进行制造活动。其次，通过开采月球上的稀土资源，为地球工业提供必不可少的原料。最后，我们还将利用月球上的资源生产星际旅行所需的燃料，为未来的太空探索提供强大的后盾。月球工程的需求是巨大的，这主要源于一个无与伦比的创业机会。这些机会预计在 21 世纪中叶通过人类和机器人共同探索来实现。

月球展现出了巨大的旅游潜力，吸引着人类不断寻求新的挑战。月球为休闲和体育活动提供了无与伦比的全新视角，这些活动的商业考量将推动相关投资的增长。虽然最初的几十年里，人类尚无法提供用于月球旅行的公共交通方式，但豪华月球旅游的需求已经蓄势待发。月球最开始可能会成为富人的度假胜地，然而一旦低成本的航天运输系统被开发出来，随着时间的推移，这个局面肯定会有所改变。未来将会建造大型月球公园，为休闲和放松提供理想的环境，并设计建造低成本的房屋，以满足组织大众旅游所需的后勤支持人员的居住需要。受到商业利益的驱动，在接下来的半个世纪里，月球上的活动似乎注定要发生翻天覆地的变化。

月球的低重力以及存在水冰的特性为月球居住地的设计带来了全新的思路。然而，考虑到月球的空间环境严苛，它可能并不是解决地球人口过剩问题的理想场所。很难想象在月球表面除了关键的工作人员，还能容纳大量的永久居民。然而，在月球上确实存在一些气候相对温和的宜居地带，特别是在极地地区。未来，地球社会中最富有的阶层将很难抗拒将月球开发为地球之外的新居住地的吸引力。

月尘遍布月球表面，这些尘埃是数十亿年来陨石与月球碰撞的累积产物，其磨蚀性会严重影响机器的稳定运行。尽管商业活动很容易将尘埃吹离月球表面，但它会造成潜在的危险环境，尤其对于长期定居于月球的居民的肺部健康。因此，如果我们决定建造月球望远镜，开发高效实用的尘埃过滤装置便显得至关重要。

022　　对于月尘而言，其优点在于为开发坚固的建筑材料提供了理想之选。另外，月尘因其富含独特的稀有元素，使得特色商业采矿项目具备了可行性。与此同时，这些稀有元素的存在也将推动众多独特的月球科学项目。

充足的能源供应是在月球表面进行开发建设的关键。月球表面的一个重要优势是能够提供丰富的太阳能。在月球的极地陨石坑处，太阳光会永恒照射在其高高的边缘上。这些陨石坑因此成为第一个月球基地开发的首选地点，因为其中许多都处于永久阴影中，这也使它们成为望远镜观测的理想场所。然而，陨石坑的高边缘又处于永恒的太阳照射下，因此附近有取之不尽的太阳能。此外，陨石坑中的极地冰层沉积物也为在月球表面建造建筑设施提供了可能性。

月震的发生源于月壳在数百万年的岁月中经历的轻微收缩，以及地球和太阳的潮汐力对月壳施加的拉张应力逐渐累积。虽然月壳在 100 年的时间里可能只会延伸微小的 10 厘米，但这一微小的变动却能够在月球表面形成如皱纹般的断层和浅层月震。阿波罗号的航天员曾在月球表面放置地震仪，清晰记录到震级最高可达里氏 5 级的月震。

大型月震似乎并不常见。月球每年会发生数百次轻微月震，震级低至里氏 2 级。相比之下，地球每年会发生数百万次相同强度的地震。由于月球缺乏密集的地质活动，因此月球表面在地震学上是相对稳定的。这对于建造大型望远镜来说是个好消息。

相较于在太空中自由飞行的望远镜，月球在天文学领域具有诸多显著优势。首先，月球极地陨石坑的寒冷和黑暗环境使其成为红外天文学的理想场所。因为月球没有大气层，不会对望远镜的光谱和观测能力产生干扰。这样，从紫外波段到远红外波段，所有的电磁波频谱都可以用于观测。其次，月球的低重力环境为建造新一代真正的大型望远镜提供了理想平台。

电离层是地球外层大气中一层稀薄的电离气体，对无线电

023

波尤其是低频无线电波造成了严重干扰。我们期望从非常早期的宇宙中获得最有趣的信号，这就需要在较低的无线电频段工作。然而，低频无线电波受到电离层的偏转和散射。对于月球来说，其大气层可以忽略不计，月球的背面不受地球辐射的影响，是射电望远镜的理想场所，开启了观测宇宙的新窗口，可以进行我们在地球上无法完成的甚低频射电天文观测。

让我们再次启程，踏上月球之旅！我们的航天机构正在全力以赴地开展月球基地的开发工作，以支持从采矿到航天港的多元化任务。而且，建造月球望远镜以探索宇宙起源的设施的成本只是月球设施成本的一小部分。通过在月球平台上建造望远镜，我们将能够以超乎想象的方式，从地球甚至太空都无法达到的角度来观察宇宙。此外，月球平台还有可能为基本物理学目标带来巨大的回报。因此，我们须尽快启动重返月球计划。

随着众多航天机构的参与，登月竞赛已经进入了白热化阶段。就在 2008 年，印度空间研究组织（ISRO）发射的"月船1 号"（Chandrayaan-1）月球轨道卫星上的一台美国实验仪器率先发现了月球上存在水的证据。这个发现由布朗大学行星地质学家卡尔·彼得斯（Carle Pieters）领导的研究团队完成，他们在阳光照射的月壤中检测到了水分子所特有的红外特征。此外，研究人员还成功绘制了羟基分子（水分子的构成要素）的分布图。这些羟基分子极有可能是从月球两极附近寒冷黑暗的陨石坑冰层中散发出来的。

"月船1号"月球轨道卫星极大地推动了印度的自主航天计划。在阿舒托什·阿利亚（Ashutosh Arya）领导的印度空间研究组织中，科学家们利用该卫星对月球表面进行了三维成像。在月球表面之下，他们发现了一个巨大的空洞，长2千米、深160米。这个洞的开口高120米、宽360米，是由古代火山熔岩流未坍塌的残骸形成的。该熔岩洞40米厚的顶部可以作为天然的屏障，保护人类免受紫外线辐射、月尘、微陨石和极端温度变化的影响。洞内的温度始终保持在零下20摄氏度，因此这里是一个理想的安全居住场所。因此熔岩管有可能成为未来月球基地的潜在选址地点，为人类提供安全、宜居的生活环境。

在美国，探月活动在2009年迎来复苏，当时NASA发射了一颗月球轨道侦察卫星，该卫星由两级600吨的阿特拉斯V号（Atlas V）火箭发射。在卫星环月球轨道飞行中，一个与之相伴的模块与月球表面发生了撞击，掀起了数英里高的尘埃云。科学家们在这些尘埃中发现了富含挥发性冰的物质，其中包括水，从而证实了印度"月船"太空任务早些时候关于在月球发现水的报告。最近，也就是在2021年，平流层红外天文观测站（SOFIA*）的

---

* SOFIA全称为Stratospheric Observatory for Infrared Astronomy，是NASA的机载红外天文台。该天文台是一架波音747SP飞机经过改装后携带100英寸直径的望远镜，在平流层飞行时对宇宙进行观察。

机载远红外望远镜也发现了月球上存在水分子的证据，且这些水分子可能广泛分布在整个月壤中。实际上，这些水分子是在一个肉眼可见的巨大陨石坑中发现的，其浓度大致相当于一立方米月壤中能找到一瓶水的量。尽管月球表面的水含量与撒哈拉沙漠相当，但值得注意的是，月球上的荒漠区域面积要远大于地球。

早在 10 年前，就有迹象表明月球上存在冰。NASA 的"月球勘探者号"（Lunar Prospector）探测器上装备了一台仪器——中子探测器，对月球南极周围的许多陨石坑进行了扫描。该仪器的目的是寻找宇宙射线撞击月球表面所产生的中子。在检测到的中子数量不足的情况下，科学家们认为这代表存在氢原子，而由于氢原子不含中子，因此代表存在水。中子探测器能够从陨石坑中探测出氢元素的分布[*]，从而推断出月壤中水的含量。研究结果表明，月球极地陨石坑中似乎蕴藏着大量的水冰，这些水冰充当了地月空间撞击物质的冷阱[†]。

---

[*]　中子探测器的工作原理基于中子与水分子的相互作用，由于中子是一种不带电的粒子，而水分子中的氢原子和氧原子都与中子有相互作用的能力。当中子穿过水样品时，与水分子中的氢原子发生碰撞，会产生弹性散射。根据能量守恒定律，碰撞前后中子的动能变化与氢原子的质量有关。通过测量散射中子的能量变化来获得水分子中氢原子的信息，从而确定测量物质的含水量。

[†]　冷阱又称为冷式阻逆凝气装置，是在冷却的表面上以凝结方式捕集气体的阱，置于真空容器和泵之间，用于吸附气体或捕集油蒸气的装置。

月球门户空间站

在不久的将来，人类必将会大规模重返月球，而超重型运载火箭对于载人登月计划的成功来说至关重要。土星 5 号运载火箭的巨大成本（如果以 2021 年的货币价值计算，造价高达约 500 亿美元）解释了为何在半个世纪之后的今天，我们才可能发射类似阿波罗计划中的与月球有效载荷相媲美的航天器。目前，美国和中国在月球探索领域处于领先地位，俄罗斯和印度也在积极筹备其载人登月任务。当然，美国还有许多其他重要的任务需要完成。回顾阿波罗计划的时代，该计划总费用就占了美国联邦年度预算的 4%，展示了当时人类对太空的热情与投入。

未来的月球科学、资源探索和利用将建立在当前和未来的自动化行星机器人任务基础之上。在过去 10 年里，多个国家部署了月球轨道飞行器进行科学研究和月球测绘工作。轨道机器人航天器为我们提供了关于月球环境与资源的新视图。一些国际航天机构正在开展月球测绘计划，通过勘测未来的着陆点，为 10 年后的载人登月任务做好准备。月球矿产资源的勘探可能是月球测绘的终极目标。

竞争的烽火正激励着未来的雄心壮志，在这之中，打通地球与月球间的太空运输，是实现这些梦想的关键所在。NASA 已发布将建筑材料运送到月球的载人运载火箭的商业开发计划，

026

同时积极寻求私人企业的合作，以期打造未来的运载火箭和月球登陆器。2020 年，已有 3 家公司被选中竞标价值 10 亿美元的合同，以开发载人登陆器的硬件设施。2021 年，埃隆·马斯克的 SpaceX 公司赢得了这项合同。商业运输公司渴望登陆月球，因为从长远看来这是有利可图的。

不久的将来，NASA 的空间发射系统（Space Launch System，SLS）将肩负起载人登月的重任。SLS 将成为半个世纪以来首枚起飞重量与土星 5 号相当的运载火箭。这枚新型重型运载火箭预计于 2023 年进行首次发射。[*]航天员将乘坐由洛克希德·马丁公司（Lockheed Martin）建造的载人航天器抵达月球前哨基地。欧洲空间研究组织将提供服务模块，所有这些设备都将搭载在这枚运载火箭上。

具备足够的超重载荷发射能力是在月球基地建造基础设施的先决条件。为了支持未来几十年人类在月球上的活动，我们需要进行多次发射以部署基本的基础设施。

在初期阶段，我们将致力于建造一座环月球轨道飞行的月球门户空间站，这是 NASA 阿尔忒弥斯计划的核心组成部分。从 21 世纪 20 年代中期开始，月球门户空间站将支持一系列载人月球任务和登陆器。最初，空间站只由少数几个模块组成，

---

[*]　SLS 已于 2022 年 11 月 16 日进行了首次发射。

但足以将飞船送上月球表面，并确保其安全着陆和返回。

月球门户空间站的长远目标是向火星发射载人探测器。然而，由于人类在长期太空旅行中可能会遭遇一系列技术挑战（我们稍后将详细讨论这些问题），这种载人探测器的研发和实现可能需要耗费几十年的时间。在等待这一突破的同时，月球门户空间站将专注于月球探测任务。

在接下来的几年里，NASA 计划研发一座能够将多名航天员送至月球表面的大型月球空间站。该月球空间站旨在成为一座拥有多个停靠对接口的太空交通枢纽，用来发射载人月球登陆器。一旦发射，这些载人月球登陆器将带着航天员在月球表面着陆并开展工作。当任务完成后，航天员们将返回他们的居住基地——月球门户空间站。预计到 2028 年，人类将在月球轨道上实现长期且可持续驻留的目标。

月球门户空间站还将承担起为航天器提供加油服务的重任，为航天器返回地球或前往更遥远的星球铺设便捷之路。载人登月任务将建立月球前哨基地、实验室以及地面观测站，以便发展月球建设、运输以及部署月球表面活动所需的基础设施。

国际竞争

NASA 并不是在登月竞赛中独占鳌头的角色。各国航天机构都在积极开展登月计划，尤其引人注目的是中国航天机构——中国国家航天局。第一批后阿波罗计划的航天员可能会在 2024 年到达月球南极附近。NASA 已经公布，这些月球航天员将包括一名女性和一名有色人种。与此同时，欧洲航天局也宣称，其目标是通过接纳更多有身体残疾的候选人来进一步扩大未来航天员队伍的多样性。

自阿波罗时代以来，NASA 在重振载人登月任务方面一直相对保守，这无疑为竞争对手（特别是中国）提供了迎头赶上的机会。2003 年，中国成功发射了神舟五号飞船，航天员杨利伟在太空飞行了 21 小时，标志着中国成为第三个将人类送入近地轨道空间的国家。毫无疑问，中国和其他国家之间将展开良性竞争，中国已宣布计划在 21 世纪 20 年代将第一位女性送上月球。

中国国家航天局正在实施一项宏大的月球探测计划，目前正在设计一款用于登陆月球的超重型运载火箭。预计在 2030 年，长征九号运载火箭将完成首飞，其有效载荷能力高达 100 吨。随后，计划在 2036 年实施载人登月任务，最终在月球南极附近建立前哨基地。

与此同时，俄罗斯正积极投身于这场全新的登月太空竞赛，意在克服阿波罗计划的十年留下的遗憾。在太空竞赛的初期，莫斯科方面取得了举世瞩目的突破——包括 1957 年成功发射全球首颗人造地球卫星，以及 1961 年尤里·加加林顺利成为首个进入太空的人类。然而，这些历史性的成就在美国 1969 年成功实现的首次载人登月面前黯然失色。

为了实现登陆月球的壮举，俄罗斯正在加速研发一款超重型运载火箭。根据俄罗斯的计划，它们有望在 21 世纪 30 年代实现载人登月。与此同时，印度空间研究组织与 NASA 在月表冰沉积物的早期研究方面取得了令人振奋的成果。这一进展预示着，人类可能在月球南极附近逐步建立起开发水冰资源的设施，从而提供丰富的水和制造火箭燃料的氢和氧。

029

不仅主要航天大国计划实施无人月球探测任务，21 世纪 20 年代初的众多无人月球探测器发射计划中，也有来自印度和日本等国家的。其至一些没有发射能力的国家也加入了这场月球太空竞赛。其至以色列和阿联酋也以较小的规模加入了月球探索挑战，因为这些国家的新兴航天机构都打算通过商业供应商将航天器发射到月球。例如，2019 年 2 月，以色列的"创世记"（Beresheet 或 Genesis）月球探测器由 SpaceX 公司的猎鹰 9 号火箭从卡纳维拉尔角发射，但该探测器在着陆前坠毁在月球表面。2024 年的后续任务计划包括一枚轨道飞行器和两枚月球登陆器。这些任务的一个共同目标是测量月球不同地区土壤样本的成分。

人类的长期目标是实现在月球上建立永久性基地和居住地，

当然，这需要数十年时间的努力。为了确保人类能够成功地在月球上建立居住基地，选择一个自然资源丰富的地点是至关重要的。经过多方考量，月球两极附近是建立基地的首选地点，这里的温度相对较为温和，同时月球陨石坑中最有可能蕴藏着丰富的水冰资源。

随着新的氢经济的兴起，月球开发将成为一个备受关注的话题。然而，该领域所涉及的风险非常高，各国航天机构都在争相探索并试图率先建立起自己的月球基地，以期获得开发月球资源的优先权。月球开发将会带来巨大的商业利益，其中涉及的领域非常广泛，包括旅游、低重力采矿和制造等。同时，为了满足日益增长的航天需求，火箭燃料库和航天港等基础设施也将随之建立起来。

030 我们需要实现人机结合，以此支持科学目标，并使其成为未来月球探索的必要环节。追求这些目标的意愿是真实存在的，目前对月球探索的商业价值的研究正在紧锣密鼓地进行之中。现在我所讨论的，是将科学融入月球探索的可行性及其可能为人类带来的潜在回报。

月球之外

随着国际太空竞赛的日趋激烈，人类必定会付出巨大的代价，以实现登陆月球的目标。月球航天港将扮演通往太阳系的门户角色，助力我们实现载人探索太阳系的宏伟目标。而在月球之外，我们的主要目标是火星。火星可能隐藏着生命起源的线索，过去的时代，火星表面曾有过流动的海洋。我们需要深入探索这颗神秘星球，寻找其历史演进的脉络。目前，无人探测器已开始执行火星探测任务，逐步揭开火星的神秘面纱。而NASA的"毅力号"（Perseverance）火星车更是迈出了探索火星的重要一步。2021年2月，"毅力号"成功降落在火星古老的河流三角洲上，展开为期两年的火星表面调查任务。

当然，人类探索太阳系的愿望要求我们最终要实现载人太阳系探索。火星作为载人飞行任务的目标，充满了挑战。前往那里无疑是一项充满冒险的壮举。相比之下，载人登月任务只需要在太空航行3天，目前共计12名阿波罗号航天员成功登上月球，另有6名航天员曾在月球轨道上驻留。这6名航天员在确保飞船安全返回地球方面发挥了不可或缺的关键作用。

航天领域规划者们对于探月任务的后续计划满怀热情，尤其是对于载人火星之旅的憧憬。然而，目前人类还无法实现能够安全返回的7个月火星探索之旅，生命支持和生存维持的问题仍待解决。此外，暴露在银河宇宙射线中的风险也是一个巨大挑战。[5]

031

大多数宇宙射线是高能质子，这些质子能够电离其传播路径上的任何物质。这些宇宙射线也是导致人类基因突变和引发癌症的一个潜在因素。对于执行火星任务的航天员来说，他们将面临多种辐射危害，包括主要器官退化、骨髓损伤、干细胞破坏以及组织坏死等问题。而就目前的技术而言，航天员到达火星时将面对肌肉萎缩和癌症的威胁。

辐射暴露带来的风险会因个体年龄和性别的差异而有所不同。在地球上，我们有大气的保护，因此典型的辐射剂量相对较低。以个人自然辐射剂量平均值为例，每年每千克人体组织所积累的辐射剂量相当于约 30 尔格 * 的 X 射线所产生的生物效应。风险评估的主要标准之一来自对日本原子弹幸存者的存活率研究。国际标准的最大辐射剂量限制值约为自然暴露限值的 100 倍。需要特别注意的是，对于那些工作或研究需要接触放射性物质的人来说，他们必须严格遵守这一限制。

我们对 X 射线辐射的态度已发生翻天覆地的变化。回忆起我幼时，伦敦的顶级鞋店经常借助 X 射线机来测量鞋码，这些设备的辐射量约是每年可接受剂量的 1/10，整个量鞋的程序通常在 20 秒内便可完成。然而，这些木制的机器不能给操作人员

---

* 被放射线照射的物体从射线中吸收的能量称吸收剂量。吸收剂量单位是拉德（rad）。1 拉德为 1 克受照射物质吸收 100 尔格的辐射能量。即 1 拉德 =100 尔格 / 克。现在吸收剂量单位改为戈瑞（Gray，Gy），是由国际放射单位测定委员会（ICRU）规定的，1 戈瑞 =100 拉德。

提供任何防护。与之形成鲜明对比的是，医护人员在胸部 X 射线检查中得到了很好的防护，其辐射量通常是自然辐射剂量限制的 1/30 左右。

国际监管限制是依据辐射暴露后 20 年患癌症的概率会增加一倍这一估计来确定的。然而，这些限制并非一成不变，而是会随着时间的推移以及更多数据的出现，进行适时的调整。目前，NASA 针对往返国际空间站的近地轨道飞行所设定的辐射暴露剂量限制，大约是当前国际辐射暴露剂量限制的 5 倍，这是因为航天员预期在太空飞行中将面临更高的辐射风险。

032

最近，美国国家科学院、工程院和医学院联合发布了一项报告，建议重新评估和计算允许辐射剂量的终生最大值，以获得更为保守的数值，从而应对航天员在太空环境中可能面临的健康风险。未来的太空探索面临的问题是，火星之旅的辐射暴露剂量将大大超过这一数值，而登月旅行相对而言应该是安全的。

长时间暴露在无防护的太空环境中是极度危险的，然而，只要拥有足够的航天器防护措施以及相应的超重有效载荷，这种风险便可以降低到可接受的范围。目前，我们正在研发的重型运载火箭仅仅是向着开发火星载人登陆任务所需能力迈出的第一步。那么，我们何时才能看到这一历史性的一幕呢？

NASA 已经公布了他们的计划，目标是在 2039 年之前完成载人火星登陆。这样的任务需要利用月球的燃料资源，并实现从月球空间站发射重型有效载荷。

小行星上的财富

陨石和小行星蕴藏着地球上稀有甚至不存在的珍贵自然资源，数十亿年来它们一直在撞击月球表面。在月球形成后的最初几亿年里，宇宙碎片雨的强度特别大。月球表面的土壤至少有 1% 的物质来自古老的小行星，预计它将成为稀有元素的丰富来源。从现在开始，月球有望为人类提供一个世纪的开采时间，成为矿物资源宝库。

与此同时，航天机构正在进行小行星探索任务，旨在采集样本并将其带回地球。对小行星表面的研究将直接有助于我们了解过去，而小行星采矿也可能成为长期目标之一。没有明显大气层的小行星，与月球存在许多相似之处。数十亿年来，小行星和陨石对月球表面产生了重大影响，因为月球表面累积的陨石碎片远远超过地球表面。在与月球古代火山流的竞争中，小行星碎片覆盖了月球。因此，月球表面深处的埋藏层必然含有大量的小行星碎片。

小行星任务将为我们更好地了解月球的构成提供有利条件。

为了实现最大的运载能力，运载火箭最好是从地球静止轨道发射，而不是从地球表面直接发射。这是因为地球静止轨道发射所需的逃逸速度较低，可以节省大量燃料。为了有效开发小行星并最终开采月球上的丰富资源，我们需要在这样的轨道上建设发射设施。利用从低重力环境中获取的建筑材料来构建轨道空间站将更加容易实现。

我们对小行星岩石的成分有一定了解，这是因为许多陨石被认为是小行星母体的碎片。位于火星和木星之间的小行星带所处的太空环境充满危险，这些小行星偶尔会发生碰撞并分裂成碎片，这些碎片遍布整个太阳系。其中一些碎片会到达地球，较大的碎片经过地球大气层后落到地面，成为陨石。然而，大气层污染使我们无法获取那些在通过大气层后仍然幸存的小行星岩石的原始样本。而登陆小行星将允许我们直接在太空环境中获取岩石样本。[6]

小行星的岩石样本首次由日本的"隼鸟号"（Hayabusa）探测器获得并成功送回地球。"隼鸟1号"收集到的只是一些微小的岩石颗粒。2020年底，"隼鸟2号"探测器着陆在澳大利亚内陆，成功收集到了5克重的小行星岩石样本。NASA的"OSIRIS-REx"探测器则从一颗名为101955号"贝努"（Bennu）的小行星上收集到了更重要的样本。这颗小行星于1999年被发现，是一颗近地小行星。它的名字"贝努"，取自古埃及神话中与创造、重生和太阳有关的鸟。经过 7 年 70 亿公里的往返旅程，OSIRIS-REx 探测器预计将于 2023 年 9 月在犹他州着陆，并带回约 60 克的小行星岩石样本。*

　　了解小行星采矿的可行性和赢利能力是岩石样本返回任务的终极目标之一，而月球资源的吸引力也不容忽视，由于存在最终就地制造的可能性，月球资源可能更具成本效益优势。

月球采矿

　　国际航天机构设想在月球上开展多项商业活动。中国正在制订月球开采计划，其他国家也在积极跟进。月球表面可能是开采稀有元素的理想场所，[7] 包括铈等稀土元素。随着时间的推移，地球上一些稀有元素的供应可能会逐渐枯竭。

　　稀土元素的应用非常广泛。在工业生产中，它们被用于制造超导体、智能手机、各类电子产品、闪存驱动器、灯泡、相机镜头、计算机、电动汽车、催化剂，以及磁共振成像和大功率磁体。此外，它们在清洁能源技术、风力发电机、医药、X 射线断层扫描以及癌症治疗等领域也发挥着重要作用。值得一提的是，稀土元素在军事应用中也至关重要，包括激光武器、

035

---

* 2023 年 9 月 24 日，OSIRIS-REx 携带 0.2494758 千克的岩石样本返回地球，降落在盐湖城附近的美国国防部犹他州测试训练场。

雷达和声呐等。

地球上稀土元素的开采是以污染环境为代价的。实际上，稀土元素的开采过程会产生有害物质，因此其提取受到了严格的限制。具有经济开采价值的矿床仅局限于地球上的一些特定区域。而中国拥有全球最大的稀土储量。

中国在稀土资源的全球供应链中占据主导地位。全球稀土资源总量约为1.4亿吨，而中国的稀土储量就占了其中的1/3以上。美国也拥有1300万吨的稀土储量，巴西和越南的储量与中国相当，但目前产量较少。考虑到目前的开采速度，预计一些关键稀土矿藏资源将在不到1000年内耗尽。而在未来的1万年内，许多稀有元素的储量也将面临枯竭。这个时间尺度对于地球未来的寿命而言是很短暂的。当然，并不是所有的稀土元素都如此稀有，事实上，几乎所有的稀土资源都比黄金更为丰富，但是可开采的稀土元素的供应是有限的。

我们需要在数百万年的时间跨度内提供关键的稀土元素。当然，未来是不可预测的，人类肯定会发明减少对稀土依赖的新技术。然而，在这之前，月球资源或许可以填补这一空缺。根据对阿波罗号带回的月球样本进行的分析，月球的稀土储量估计接近万亿吨，是地球储量的上万倍。

考虑到稀土资源对于当前和未来科技的重要性，矿业公司将很难抵制来自月球开采的挑战。这种挑战背后潜在的巨大回报以及几乎无尽的供应量，使得我们在相当长的一段时间内无须担心月球稀土资源耗竭的问题。

在月球上，资源的开采将由机器人来完成，同时对周边环境进行严格监控。月球上的居住地将设在极地附近或大型熔岩管中的封闭式区域。开采区域人烟稀少，无须担心开采过程对人体的负面影响。而在开采过程中产生的有毒副产品将被运送到最近且最有效的巨型焚化炉——太阳。

开采水资源也是月球上的一项重要活动。通过分解冰，我们可以得到液态氧和氢，这些副产品将为地月运输和其他用途提供火箭燃料储备。月球资源可以为人类服务数百万年，它们代表着我们星球的未来。

聚变的未来

月球资源中更有趣的矿产之一是质量为 3 个原子单位的氦同位素。[8] 在地球上，氦的主要同位素是氦-4，但这种同位素并不常见。氦-3 也是氦的一种同位素，被认为是最原始的元素，它的形成比太阳系还要早。在地球的地幔、地核上方以及地壳下方都发现了少量的氦-3。在工业应用领域，氦-3 因其独特的低温特性而备受青睐，是目前发现的最出色的制冷剂。

氦-3制冷机能够冷却到最低300毫开氏度[*]，这一特性使其成为需要极低温度的工业和科学应用中的理想选择。

氦-3在天文学领域应用广泛，用于制造极其灵敏的低温探测器，这样的探测器能够探测到宇宙微波背景辐射中的微小波动。宇宙微波背景辐射本身是一个相当于3开氏度的辐射场。而对这些波动图谱的精确描绘，为宇宙学研究带来了全新的变革。

热核聚变是氦-3在未来的另一个重要应用。当前，氘和氚是热核聚变能源生产实验中所选的主要燃料，地球上这些元素的储量丰富。然而，这些元素的聚变过程会产生中子，中子与反应堆中的装置相互作用，会产生高水平的放射性污染。相比之下，氦-3是一种清洁燃料，在经历热核聚变时不会产生中子。因此，在热核聚变反应堆中发生聚变时，不会产生危险的放射性废物。

科学家们普遍认为，从长远来看，氦-3具有替代氘和氚的潜力，成为热核燃料的理想选择。然而，当前存在一个亟待突破的关键问题。与主流聚变技术中通常的氘－氚混合物相比，氦-3的核聚变需将原子质量和核电荷相对较高的原子核结合在一起。要克服氦-3原子核之间的电荷壁垒，所需要的聚变

---

[*]　1开氏度＝零下272.15摄氏度，300毫开氏度＝零下272.82摄氏度。

温度比聚变氘和氚要高出许多，这带来了重大的技术难题和挑战。

聚变能的本质在于聚变过程释放的能量超过输入的能量。当前，我们尚未掌握能够持续供应能源的热核聚变控制方法，这颇具挑战性。相较于当前一代的核裂变反应堆，成功的核聚变所需的工程条件极其严苛。实现第一代可控核聚变反应堆的时间表仍然存在巨大的不确定性。根据最乐观的预测，可控核聚变的商业应用可能要到2035年前后才能实现。然而，也有观点认为21世纪中叶可能更为实际一些。

038

然而，实现可持续的核聚变似乎是未来不可避免的趋势，一旦我们成功实现，能源供应将带来翻天覆地的变革。然而，尽管核聚变能源相对清洁，但是在反应堆附近仍然存在一定程度的污染。为改善这一状况，当核聚变能源纳入国家电网后，我们将着手建立下一代更加清洁的核聚变反应堆。

尽管氦-3被视为解锁可控核聚变最清洁的燃料，但它目前的价格极为高昂，每千克氦-3的价格超过数千万美元。目前地球上每年的氦-3总产量约为1千克，是通过收集氚的衰变产物获得的，而地球上总的氦-3储量也仅有数吨。

据估计，月壤中含有数百万吨氦-3，其中大部分是数十亿年来富含氦粒子的太阳风在撞击月球表面的结果。太阳风是太阳最外层稀薄的热气体或带电粒子的等离子体，由磁暴驱动的日冕爆发加热而成。这些粒子包括质子、电子和氦核。太阳引力并没有束缚热等离子体，从而产生了太阳风，太阳风会传播到地球及更远的地方。太阳风富含氦，氦的存在反映了太阳的组成。由于地球大气层的保护，太阳风不会对地球产生影响。在月球上，加热月壤将释放出大量由太阳产生的氦-3。

氦-3聚变作为一种能源是环保且可持续的，具有鲜明的未来感。当前，这一领域的研究正在深入进行中。中国月球探测计划负责人欧阳自远教授[*]正领导开展关于氦-3回收策略的研究。不少商业投资者正热切期盼着投资回报。氦-3有望在一个世纪之后成为未来热核聚变反应堆的首选元素。通过开采月球资源，我们可以为月球基地和月球科学的发展提供有力支持，甚至资金补贴。

039

月球村

欧洲航天局宣布计划建造一个月球村用于商业活动，预计涵盖旅游、建筑和采矿等领域。[9]在月球南极附近建造月球村极具可行性。该地区的陨石坑底蕴藏着丰富的冰资源，陨石坑边

---

[*]　欧阳自远（1935.10.9 —　　），天体化学与地球化学家。中国科学院院士，中国月球探测工程首席科学家。

缘则能够接收到持续的阳光照射，且极端温度适中。此外，这里还有充足的月壤和水资源来制造玻璃砖，以建造住宅。目前，一项特色设计展示了一座四层楼的建筑，该建筑坐落在一个永久阴影下的黑暗陨石坑中。

充满雄心壮志的技术不断得到开发。[10] 最先进的工业综合体已经具备利用月球上所有可用资源的能力，这些资源不仅包括月壤和水，还包括从月球采矿业中获得的各种其他资源。利用这些资源，可以制造出各种复杂的材料与机器。而远程机器人技术则将成为开采月球资源和利用月球资源的核心。

推动大型建筑业的发展，其主导方向应当是在人类的监控下由机器人来实施。通过使用 3D 打印设备，我们可以生产出大部分月球本土建设所需的建筑材料。此外，月球的低重力环境将促进全新制造技术的进步，这些技术可能与生物医学和制药行业密切相关。由于从地球运输物资成本高昂且只能运输质量相对较小的载荷，因此月球本土产业发挥着至关重要的作用。

作为国际月球探测活动的焦点，月球村计划致力于实现多个目标。其中，最为重要的目标是为人类在月球表面的持久生存和各种活动提供支持。这项宏伟计划将吸引众多参与者，他们将进行多样化的活动。月球村之所以成为首选目标，是因为它在政治、规划、技术、科学、运营、经济以及激励探索方面

040

具备众多优势。

我们正迈向一个崭新的时代，载人航天飞行将以前所未有的方式推动经济发展与国际合作。在这个进程中，创新将成为至关重要的驱动力，它不仅将激发未来从业者的热情，还将引领他们踏上探索宇宙的征程。可以预见，新兴的月球社区将成为公共和私人部门之间缔结新联盟的催化剂，携手共创人类太空探索的美好未来。

至今，人们尚未充分认识到月球平台在宇宙研究中的独特优势。月球望远镜应成为未来月球村的关键组成部分，通过制定科学目标推动行星科学的发展，帮助我们深入理解月球的起源。而天文学目标则将包括对遥远的行星和第一代恒星的成像。在这个新的探索前沿上，我们将探索宇宙的黑暗时代，就如同地质学家研究地球上逐渐古老的岩石层的起源一样。我们也将在太空中进行同样的研究，因为我们在那里看到的"岩石"将是遥远的氢云，星系就是从那里聚集起来的。

月球平台将引领生命科学的新潮流，使我们对生物风险问题有更深入的理解和认识。如果人类想要实现近乎永生，月球的低重力环境将在开发基本医疗技术方面发挥重要作用，特别是移植医学。我们将学会更换全身各个重要器官。随着计算机技术的不断发展，我们或许能够替换自己的大脑，或至少扩充大脑的存储容量。

在月球开发计划的早期阶段，我们应积极开拓新的科学愿景。月球探索可能带来的发现为科学项目与商业活动的结合提供了无可置疑的契机。虽然实现这些目标可能需要几十年的时间，甚至更长，但这并不应成为我们发展未来愿景的阻碍。

月球基地

人类首个可持续发展的前哨基地可能会选址于极地地区，因为这里能提供温和的温度条件。极地地区存在许多大型陨石坑，这些陨石坑是由早期小行星撞击形成的。月球两极与地球两极类似，具有独特优势，两极的太阳永远不会高悬。月球两极是避免极端高温或寒冷的理想环境。在陨石坑中，温度极低。NASA 的月球勘测轨道飞行器（Lunar Reconnaissance Orbiter，LRO）拍摄的红外图像显示，陨石坑中的最低温低至 30 开氏度（零下 243.15 摄氏度）。陨石坑底部已形成包含冰的挥发性沉积物。

陨石坑的深度通常可达几千米，直径则可能扩展到数百千米。陨石坑边缘地带是古老小行星撞击的遗迹，其高度形成了一个永久的阴影区域，最高可达 4 千米。在月球的一年中，有90% 的时间，陨石坑边缘的顶部都沐浴在阳光下。在此，我们可以安装太阳能发电塔，其支撑的太阳能电池板能够确保持续的能源供应。

在月球黑暗的极地陨石坑附近，太阳能和水源都相当丰富，是开发月球基地和架设望远镜的理想地点。陨石坑盆地在整个月球年中都是望远镜进行高分辨率成像的绝佳场所。而极低的温度将为建造红外望远镜提供得天独厚的条件，使其能够探测宇宙中最遥远的区域。

正如后面将详细描述的，我们计划在极地陨石坑的暗区建 042 造具有超大口径的光学望远镜，其规模超出了地球上所有望远镜的规模。想象一下，最终的超级望远镜口径能达到数千米，其分辨率将无可比拟。然而，架设这些望远镜将面临巨大挑战，尤其是必须解决月尘颗粒的磨蚀性问题。但一旦成功，我们将有能力探测到遥远恒星周围许多类地行星大气中的生物活动特征，这是一项前所未有的壮举。

巨大的熔岩管

月球表面有数百个天然的熔岩管空洞，这些空洞是复杂火山活动的历史遗迹。月球表面的大部分地区被火山活动喷发的玄武岩所覆盖。[11] 这些熔岩管的宽度估计超过一千米，长度可达数千米，并且顶部很高。这些隧道是在火山活动熔化岩石后留下的。熔岩流从冷却和硬化的月壳下排干，形成了这些洞穴。

玄武岩熔岩在冷却后流向较低的地点，形成了巨大的空洞或管道，这些空洞或管道至今仍然存在。

月球表面的轨道探测器发现月壳中可能存在巨大的熔岩管。2008年，日本"月亮女神号"（Kaguya）月球探测器在马里乌斯山地区发现了一个通往巨大熔岩管的洞口。NASA的月球勘测轨道飞行器在2011年对该洞口进行了跟踪观测，实现了对这个65米宽、36米深的坑口的成像。通过观测到的圆形孔或洞口顶部的天窗，直接推断出熔岩管的存在，而天窗是熔岩顶坍塌的部分。月球勘测轨道飞行器对地下洞穴中数百个类似的天窗进行了成像。

NASA于2011年成功实施了名为重力恢复与内部结构实验室（Gravity Recovery and Interior Laboratory，GRAIL）的月球科学任务，这项任务的目标是对月球表面进行高精度的重力测绘。在任务期间，两枚同时部署的航天器通过遥测技术精确测量了它们之间分离的微米级距离差。这种测量方式提供了关于月球重力场的详细资料。通过分析这些数据，科学家们得出了一个惊人的发现：月壳的孔隙率比之前认为的要高得多。这表明月球上存在着许多宽达1千米的熔岩管。如果这些管的深度达到数百米，那么可以预见的是，熔岩的自然顶部至少会有几米的厚度。这些熔岩顶就像一个天然屏障，为我们抵御致命的来自太阳耀斑的高能粒子、宇宙射线以及小陨石和小行星碎片的袭击。

熔岩管屏蔽了潜在的有害辐射，也阻止了磨蚀性的月尘，使其成为潜在的人类居住场所。其中一些巨大的熔岩管甚至可以为整座城市提供足够的空间和防护。这些巨大的熔岩管在月球表面分布在不同的地点，但通常位于月球高地和月海之间，具有极高的战略价值，因为从这里可以方便地抵达登陆点和矿产资源所在地。

熔岩管的深洞通过提供隔温保护，帮助人类应对月球上的极端日夜温差。在月球持续 14 天的白昼和黑夜中，温度可以从零下 130 摄氏度波动到零上 120 摄氏度。而深洞可以避免这种剧烈的温度变化对内部环境的影响。玄武岩顶的厚度可达 40 米，为岩洞内部提供了一个常年稳定在约零下 20 摄氏度的环境温度，这对于在其中进行科学实验等活动提供了极好的条件。

在熔岩管中建立一个适合人类长期居住的生物圈是必要的，而且丰富的水冰和提供氧气的月壤供应，将非常有利。可以预见的是，随着先进无人制造技术的开发与实施，月球建筑业将加快开发可供居住的先进设施。这是我们未来追求的目标。

044

目标：月球背面

月球背面为低频射电天文学研究提供了一个独特的环境。[12]

由于不存在电离层和地面的无线电干扰，月球背面提供了太阳系内部最为纯净的电磁环境。这一环境对于解决宇宙学中最为棘手的问题——人类的起源，所需的超高灵敏度提供了必要条件。只有在极低的无线电频率下，我们才有可能观察到星系的冷气态结构。在宇宙早期，虽然还没有光和恒星，但已经有了氢云。研究遥远宇宙中的无线电波提供了一种独特的方式，让我们得以窥探来自宇宙黑暗时代的信号。

无论人类的足迹遍布何处，均会受到来自电视信号传输、手机通信、雷达以及其他诸多陆地活动的无线电干扰。然而，月球背离地球的那一面，却是一片寂静的无线电环境，其中最安静的区域位于月球的中部。相较于月球正面，这里的来自地球的无线电干扰程度只有其亿分之一。这片独特的环境，为我们提供了一个静听宇宙之音的宝贵场所。当然，值得注意的是，在这般极寒极热交替的恶劣环境下，人类尚无法亲临此地；然而，无须人类值守的射电望远镜设备应能够解决这一问题。

我们可以在月球上建造一台射电望远镜，其分辨率将超越任何单一的碟形天线。有方案提议将数以万计的无线电天线布置在数百千米的范围内。这些天线阵列的布局可以进行优化，以提高在月球背面的灵敏度。在这个极端的无线电静默环境中，由于地球永远不会出现在视野中，因此可以避免所有来自地球表面的无线电噪声源。

我们仍需要对来自月球活动的无线电干扰进行规范，犹如我们在地球上为射电天文学保留特定频率信道一样。低频射电天文学将为早期宇宙的宇宙学研究开辟新的道路。

现在让我们回归基本问题，我们有一个伟大的梦想，但要如何实现它呢？

第 2 章

深度开发月球

我们对自然奥秘的探索事业，从未起始，亦无终点
可言。探索，如同对话一般，是人类与生俱来的本
能活动。

——弗里曼·戴森

化石记录

　　月球表面是太阳系宇宙历史的资料档案馆。自宇宙诞生以来，陨石雨持续不断地轰击着月球表面。这些陨石和小行星在太阳系历史早期异常活跃，仿佛一场浩大的风暴，在行星系统形成数百万年之后才逐渐消退。因此，月球表面堆积了丰富的陨石碎片。宛如一部宇宙纪年的厚重史书，月球表面不仅深刻记录了数十亿年来陨石撞击的历史痕迹，在它被陨石撞击留下的碎片下面，还保存着古代地质活动和火山熔岩流挤压过的痕迹。

　　月球是如何形成的？主流理论认为，在地球形成后不久，与一颗火星大小的小行星——忒伊亚（Theia）发生了剧烈撞击。这个早已消失的天体与地球的这次碰撞产生了大量的岩石碎片。较重的碎片落入地球被撞击产生的液态岩浆中，并在轨道上凝结，形成了月球的金属内核。密度较大的矿物质沉降形 成了月球的岩石月幔，而较轻的晶体则漂浮形成了月壳。年轻的月球在离母星地球很近的地方绕轨道运行。地球的熔融铁芯基本上完好无损。地核中铁元素含量缺失较少，这解释了为什么月球与地核不同，铁含量相对较低。[1]

然而，事情并非全如想象般简单。月球的化学成分与地球的地幔有着惊人的相似性，但小行星的化学成分却各不相同，差异极大。因此，单单一颗巨大的小行星的撞击，并不能完整地解释这种现象。有一种理论认为，忒伊亚小行星和年轻的地球可能有着共同的起源，因此它们才有着相似的化学成分。

自从月球形成以来，它一直在向着远离地球的方向漂移。太阳距离地球更远，且质量更为巨大，但它对地球施加的引力几乎与月球对地球施加的引力相当，这是宇宙中一个惊人的巧合。月球施加的潮汐力与太阳施加的潮汐拉力协同作用，引发了每日两次的海洋潮汐。基于物理学的基本定律，这种引力还牵引着地球的自转，导致月球在轨道上逐渐漂移，但地月系统的总自转保持不变。

在遥远的过去，地球一天的长度比现在要短得多，这是因为月球在形成时距离地球只有几千米，那时候地球上的一天仅有 6 小时。如今，月球与地球相隔 239000 英里之遥。[2]

月球的起源被广泛认为是源自一颗小行星与地球发生的剧烈碰撞，而月球逐渐向外漂移的现象为这一理论提供了佐证。月球是由地幔的飞溅碎片构造而成的。月球的化学成分与地幔的化学成分更为相似，而与原始陨石的化学成分并不相同，这一事实进一步巩固了我们关于月球形成理论的关键环节。当然，这仅是众多理论中的一种。未来月球探测的重要目标之一就是通过详细测量月球不同区域和不同深度的成分来验证这一假说。

048

宇宙坍缩

包括太阳在内的众多年轻恒星，皆位于银河系的螺旋图案之中。我们在诸多恒星构成的星系中看到的螺旋臂，其实就像密度压缩波。每当可能来自轨道卫星星系的引力变化盖过轨道气体，星系云团就会被挤压在一起。随着云团的聚集和压缩，恒星得以诞生，并引发了恒星形成的螺旋模式。不过，内波的影响力并不会像外波那样蔓延过远，超越外波。螺旋臂，就是发光恒星群如同串珠般相继诞生的地方。受附近星体引力的牵引，螺旋波不断更新。大麦哲伦星系，就是驱动我们银河系螺旋臂的邻居。

两亿年前，年轻的气体云在银河系中完成了第一次绕行，并在运行过程中不断壮大，吸附了众多较小的气体云。质量之积累不可避免，当云团通过螺旋波时被压缩，引发坍缩。在宇宙环境中，巨型星云自身的引力占据上风时，会因质量过于庞大而开始自我压缩。最终，从引力坍缩中诞生了恒星。

太阳系的前身云团曾是极寒之地，冰质含量约占总质量的1%。这个数值是对距离太阳数光年之外的太阳系最外层的彗星冰库质量的最佳估计。彗星的核心是一块古老的冰，其直径可能达到30千米。这些彗星围绕着年轻的太阳旋转。许多彗星至今仍在远离太阳的轨道上运行。当彗星的轨道受到可能是来自木星的扰动时，引力将这些彗星拉向太阳系内部，最终使我们可以在地球上见到它们。在太阳的热量作用下，彗星排出蒸汽、尘埃和气态碎片，形成了彗星尾部绵延数百万公里的美丽的等离子体和尘埃尾。彗星是在太阳系中发现的最原始的天体。

大约46亿年前，太阳诞生于一个云团的中心。作为浩瀚宇宙家族中的一员，太阳与其他众多邻近的恒星形成于同一时期。这些恒星与我们紧密相邻，其中许多也拥有自己的小行星和行星系统。在所有这些灿烂的恒星中，离太阳系最近的当数比邻星，它与我们的距离仅有4光年。

这是太阳系的诞生历程。母星云在自转过程中，一些气体、尘埃和冰粒子被留在了形成恒星的盘状结构中，冰覆盖了尘埃颗粒。这些颗粒凝聚成为带有岩石内核的冰块，许多团块依次聚集在一起，形成了我们称之为星子的千米级冰块。星子是行星的雏形，它们好比巨大的脏雪球，含有致命的岩石内核。像雪球一样，许多被冰覆盖的岩石团聚在一起，就像一块巨大的冰块从陡峭的雪山上滚下来，积聚而成。随着行星从许多星子以及微小的冰尘粒子和岩石中积累质量，坍缩发生。太阳系就这样诞生了。这是我们关于太阳系形成的最完美的故事，它完整地解释了观测到的所有数据。

在太阳系形成之时，宇宙确实存在一场规模宏大的岩石碎片风暴。巨大的冰质行星，如木星、土星、天王星和海王星，聚集在太阳星云的边缘，与新生的太阳相距甚远。而岩质行星，如水星、地球、金星和火星，则在离太阳较近的地方形成。由于中央恒星的局部加热，内部区域的冰融化，使得岩石物质占据了主导地位。而剩余的碎片则在巨行星周围形成了冰质卫星。天王星是一个典型的与地球质量相似的原行星碰撞的例子，这种碰撞极有可能使一颗巨行星发生翻转。较小的气态巨行星天王星和海王星可能形成于木星轨道附近，那里有一个充满巨大岩石和冰碎片的圆盘。虽然大多数碎片被抛向内部，但它们是由较小的天体反复散布形成的。冥王星是一个遥远的冰质遗迹，与其说它是一颗行星，不如说它更像一颗卫星。在更为遥远的区域，来自外太阳系的星际幸存者就是原始的陨石和小行星。其中许多沿着极度拉长的轨道散布，指向盘外。这些陨石和小行星的轨道使它们能够周期性地进入太阳系内部。

当然，我们并未掌握直接证据来证实我们对宇宙过去任何事件的重建，然而，太阳系中确实包含了许多支持其真实性的线索。重建太阳系的诞生过程，就如同重建犯罪现场一样。我们可以合理地想象，行星形成的质量积累过程如何在年轻太阳周围的充满碎片的盘状吸积带上形成巨大的"脏雪球"。一些绕太阳轨道运行的岩石碎片盘被气态巨行星捕获，成为其卫星——这是过去的晚期遗迹。

土星环就是一个鲜明的例证，它展示了许多具有固定轨道周期的卫星环绕行星的景象。这些卫星的存在，让我们得以透视太阳系在形成初期的模样。木星、土星、海王星和天王星这四颗以气体为主的巨大行星，皆拥有一个微小的、岩石构成的类似地球的核心，同时亦保留了由甲烷冰构成的轻挥发物。这些行星的卫星也具有相同特性。木星拥有一个巨大的行星环系统 *，即使是天王星和海王星也有暗淡的行星环。

第一代星云

如今，恒星的形成相较于早期宇宙而言，变得更为高效且与当时截然不同。³ 星际空间中弥漫着的尘埃使得气体冷却变得容易许多。在比氢原子更重的原子的催化作用下，附近的星际气体云实现了快速冷却。在这些最寒冷的星云中，这些原子本

---

* 环系统是一个圆盘或环，围绕一个天体运行，由固体物质如尘埃和小卫星组成，是巨行星周围卫星系统的常见组成部分。行星周围的环系统也被称为行星环系统。

质上是由碳和石英组成的尘土状斑点。随着星云温度降至几十开氏度，星云开始破碎解体，恒星大量涌现。如今在典型的寒冷环境中形成的恒星，其典型质量接近太阳的质量，很少有大质量恒星，但正是这些大质量恒星的持续爆炸死亡，污染了宇宙环境。然而，早期宇宙的情形却大相径庭。

早期宇宙的冷却条件与如今恒星形成的常规环境存在显著差异。在第一代星云中，碳元素是不存在的，因为此时的碳元素还未形成。碳元素是数百万年来，通过氢和氦的热核聚变在恒星的核心中积累起来的。伴随着恒星的死亡，碳被生成并释放出去。在遥远的过去，恒星的形成是一种稀有现象，而恒星的死亡则更为罕见。早期宇宙并未受到重元素的污染。

星云主要由氢原子构成，而在宇宙形成的早期阶段，会残留少量电子。当一个氢原子捕获到一个自由电子后，最终将形成一个氢分子。星际气体中没有常见的碳等冷却剂，而氢原子也不算是一种很好的冷却剂，因为它们缺乏在低能级下将热量转化为辐射的能力。相比之下，氢分子能更好地起到冷却效果，因为它们的能级比原子更低。尽管其冷却效率不高，但仍可将第一代星云的温度降低到大约 1000 开氏度。这远高于恒星形成星云通常仅有几十开氏度的传统温度。

然而，这种冷却效果带来的一个关键后果是能量的损失。随着星云系统逐渐降温，星云开始收缩。此时引力与分子热力之间展开了一场拉锯战。最终，引力占据了上风。随着星云变得越来越密集，它分裂成了若干碎片。但是，这种碎片化的效率并不高，只有少量的氢分子能辐射出能量，且更多的热量被保留下来，增加了碎片的质量。于是，大质量恒星得以形成，但注定会在壮观的爆炸中迅速消亡。

第一代恒星

由于获得了额外的热量，第一代恒星的质量大多比今天的典型恒星大出数百倍，这种大质量恒星的寿命很短。[4]它们闪闪发光，然后便迅速死亡。100万年内，它们的燃料供应就会耗尽。随着恒星核心温度的升高，氢首先聚变成氦，然后氦聚变成碳。在核聚变燃烧生命的最后阶段，恒星由为其短暂存在提供能源的核反应产物组成，包含氦、碳、氧以及硅。氢的外层包裹着连续的多层富集重元素的类离子壳。铁是硅元素聚变后的终极产物，是最稳定的元素，最终形成铁核。

当核心燃料耗尽时，恒星将发生内爆，形成铁核。凡是在质量上超过太阳几倍的恒星，其核心都会内爆，并释放出巨大的能量，对外部富集层造成破坏，并以爆炸性的方式喷发出高浓度的污染物质。爆炸形成超新星，一颗明亮而又短暂的恒星，其亮度超过100万个太阳。然而，超新星的寿命很短，其亮度在一年内达到最大值。超新星和其他濒临死亡的恒星一起，在宇宙中进行着烟花表演。

化学成分富集的恒星碎片急速膨胀。第一代恒星碎片含有大量的重元素，诸如铁、氖、氧、硅以及镁，这些元素被喷射到附近的空间，最终促成全新气体云的形成。在这里，这些元素被循环利用，进入新一代恒星，并最终成为行星。未来的恒星将承载着其前身的尘埃和灰烬。超新星碎片是宇宙中重元素的主要来源。

下一代质量与太阳相当的恒星逐渐形成。随着时间的推移，化学富集的水平不断升高。不同于先前的一代，大多数新生的恒星质量较小，且拥有更长的寿命。现存最古老的一代恒星与其他许多邻近恒星的不同之处在于它们极度缺乏重元素。它们就像是漫长宇宙中的幸存者，见证了其早已消亡的先辈的命运。这些古老的恒星，就像是宇宙起源的活生生的印记，向我们揭示了宇宙的神秘与奇妙。

借助新一代大型月球望远镜，我们有望直接捕捉到宇宙中曾短暂闪耀的第一代恒星，它们犹如生命的绚烂烟花，最终将迎来壮丽的爆发。我们回首过去，深度探索宇宙，捕捉黑暗时代末期恒星诞生与死亡的最微弱的光。

氢的历史

在宇宙诞生 38 万年后，当电子和质子结合，氢原子形成了。在此之前，宇宙极为炽热，氢原子被电离，物质密度之高甚至使自由电子引发了背景辐射光子的多次散射。这就是我们通过宇宙微波背景辐射所观察到的景象。又经过 100 万年，宇宙才演变为纯原子时代。之后，我们进入了黑暗时代。在这个时期，宇宙一直保持其黑暗的面貌，直到 1 亿年后，随着第一代恒星的诞生，黑暗时代宣告结束。

我们可以探索宇宙的黑暗时代，回到那个没有恒星的时期。在那个时代，宇宙一片黑暗，因为没有恒星发出光芒。但是，那个时代仍然存在着氢原子。氢原子时代指的是宇宙大爆炸后 100 万年与 1 亿年之间的时间窗口，这段时间为我们提供了直接研究宇宙起源的最好机会。引力在这些氢云上留下的印迹不受恒星复杂性的影响，因此星云为我们提供了了解宇宙过去的清晰视角。通过研究这些星云在吸收背景辐射时所投射的阴影，我们可以利用射电天文学的力量来绘制这些阴影。我们能够揭示出孕育了结构体生长的最早印记的细节。第一代星云的出现是黑暗时代的最显著特征，同时也为第一代恒星的诞生搭建了舞台。

我们拥有一个宇宙放大镜，它能够以前所未有的精度捕捉宇宙演化证据的细致特征，并能极其精准地捕捉推动宇宙演化的原始力量。其分辨率远超研究数十亿星系来追踪大规模结构体所能达到的精度，就如同从使用锤子进行化石解剖转变为使用分子钳*一般。对于星云，分辨率提高了百万倍。而这些图像的获取之地，以月球为最佳之选。

自下而上的过程

首个星系在引力的作用下逐渐成形，我们将其称为引力不稳定性。[5]引力，这股宇宙中最强大的力量，一旦占据主导地位，便不可抗拒。随着宇宙的膨胀，第一代星云在自身引力的牵引下开始汇聚。在局部区域，引力胜过了宇宙的膨胀。这些星云开始相互合并，形成越来越大的集合体。星云内部通常非常寒冷，许多星云相互融合后产生了更大的星云。

物质不断积累。在通常情况下，星云的生长会受气体压力的限制。然而，在附近的星际空间中，这种压力并不存在，因此对星云的生长没有影响。随着时间的推移，热量会逐渐消散，压力也会随之降低。星云不会因吸收了过多的热量以及相关的热压力而受到抑制。在这种情况下，引力占据上风。随着越来

---

* 具有夹子一样形状的能够包合特定分子或离子的分子。

越多的气体聚集在一起，星云质量增加，从而自下而上地形成结构体。

在宇宙的膨胀过程中，随着时间的推移，质量越来越大的物质逐渐聚集。像银河系这样巨大的星系晕其实是由许多较小的星云聚集而成的。当这些巨大的星系晕受到引力的塑造时，依然保留了部分子星系晕。计算机模拟已经证实了这种自下而上的星系形成过程。一些原始的星云并未完全聚集，但最终形成了一个由许多剩余的小星系组成的星系群，这些星系被称为矮星系。矮星系的质量相当于数百万个太阳的质量或更多。我们预测，像银河系这样的星系都应该有很多矮星系。根据模拟的结果，曾经存在的矮星系数量可能达到数百万个。然而，根据目前的观测结果，现在剩下的矮星系只有数千个。这一差异需要我们进一步研究和理解。

恒星的存在与其形成初期的星云质量有关。星云必须有足够的引力去克服气体内部的压力，才能最终形成恒星。当气体冷却并收缩时，它们最终会形成恒星的形成云，即矮星系。较小的星云由于引力太弱，无法存在到最后，因此它们是"失败的矮星"。这在一定程度上导致了星云数量的减少。其他星云则因与密度较大的星系相遇而被迫中断了形成过程。

除此之外，早期消逝的小星系的蛛丝马迹仍然存在。在矮星分裂并形成星系的过程中，它们保留了恒星碎片的"化石"特性。这些特性被视作已停止生长的小星系中的恒星的持久印记。这些印记由若干在多个轨道上保持特定空间关系的抛射恒星所构成。我们周围的恒星晕中，隐藏着银河系形成时留存下的持久动态印记，而宇宙的秘密就永远"冻结"在这些印记中。[6]

当更深入观测太空时，我们将洞察星系的演变历程。数十亿年前，它们大多尚处幼年时期。在过去，幼年星系的气体含量更加丰富，并形成了数量众多的恒星。我们得以观测到远古时期恒星形成时的激烈场面。遥远的星系往往比现在更为明亮。

当前，我们所知的宇宙中存在着数以百万计的星系。随着星系气体含量的逐渐减少，它们会逐渐耗尽制造恒星所需的气体原料。研究星系中恒星形成的历史表明，在大爆炸后的约 40 亿年迎来了这一过程的巅峰。距今大约 100 亿年前，银河系也在这一过程中形成。银河系只是这浩瀚宇宙中的普通一员，作为一个典型星系，它承载着恒星辉煌过去的记忆。

暗物质

057

在宇宙中，大约 85% 的物质并非构成恒星的氢原子和氦原子，而是相互作用微弱的基本粒子，即所谓的暗物质。普通物质随辐射而散射，且随着时间升温达到均匀温度。然而，暗物质却并非如此，它不会随辐射而散射，并一直保持低温状态。

暗物质的温度确实非常低。如果物质处于低温状态，那么其引力效应就会变得相当重要，从而在本质上就是不稳定的。低温物质会发生分裂，导致在所有尺度上都会产生暗物质的子结构。然而，这些结构中仅有极小一部分包含足够多的普通物质以形成恒星，这些恒星可作为小星系被观测到。为了实现这一点，需要耗费能量进行冷却，并且必须达到很大的气体密度。但是暗物质无法冷却，因此无法达到很大的密度。所以，暗物质无法形成恒星。在形成恒星的过程中，普通物质无缝融合在一起，形成了一个致密的恒星系统，我们称其为亮星系。

我们认为银河系本身就被一个巨大的暗物质晕所环绕。尽管暗物质本身并不发光，但通过测量银河系的旋转，天文学家能够切实追踪到暗物质晕的踪迹。假设所有的银河系质量都集中在我们可见的范围内，那恒星和气体云的轨道速度应随距离银河系中心的增加而逐渐降低。牛顿的引力理论也预测了类似的效应，即引力会随着距离的增加而减弱。同样，约翰内斯·开普勒（Johannes Kepler）也是通过类似的推理，成功证明了引力可以解释行星围绕太阳的运动规律。

银河系以及其他众多星系中的恒星和星云呈现出了不同的

运动状态。根据现代观测手段所测量到的数据，银河系边缘发光恒星的速度并未出现任何降低。这一现象似乎表明存在质量缺失，这或许需要一个新的引力理论来做出合理解释。另一种可能性是存在我们看不见的暗物质。我们将会发现越来越多暗物质存在的证据，这种解释最符合我们对引力的认知。

暗物质领域的先驱者是维拉·鲁宾（Vera Rubin）。作为最早的现代女性天文学家之一，她于 20 世纪 60 年代在位于帕萨迪纳的威尔逊山天文台工作，当时威尔逊山天文台是一个以男性为主的科研机构，女性天文学家极为罕见。她们通常会受到阻碍，无法使用加州的大型望远镜进行观测研究。据鲁宾博士回忆，当时阻碍女性天文学家的一个手段是限制她们使用山顶设施进行观测的权利。事实上，关于望远镜观测时间的提案中，明确规定了对女性天文学家的这一限制。

鲁宾的目标是观测星云光学辐射。仙女座星系的大质量恒星激发了星云中的原子，从而产生了辐射。这些辐射包括与气体原子激发能级相对应的离散频率或谱线的峰值。鲁宾通过测量星系周围气体云旋转产生的多普勒频移，发现物质的非发光成分是导致旋转曲线"变平"的原因。恒星速度并没有随着离星系距离的增加而降低，这与引力服从星光分布的预期不符。然而，仍存在一些模糊之处，也许外层恒星本质上更暗，没有被观测到，这需要更深入地研究仙女座星系的最外层区域以获得确定的结论。

天文学家很快采用了一项新技术，对仙女座星系中最黑暗的区域进行了进一步的观察，这里几乎看不到可见的恒星。但恒星不是必需的。针对原子气体云，射电天文学家莫顿·罗伯茨（Morton Roberts）测量了延伸到恒星以外更远距离的氢云。氢原子的辐射被用于探测仙女座星系外围云层的轨道速度。

天文学家发现，这些星云以近乎圆形的轨道绕仙女座旋转。然而，随着它们越来越远离这个明亮的星系，轨道速度却并没有降低。在基本上没有恒星的地方，轨道速度仍然保持不变。星云所受到的额外引力不可能是已知恒星的引力累积效应。一定还有别的东西在起作用，增加了引力。

这表明必然存在一种不可见的暗物质，其引力作用为它们的运动速度提供了合理解释。所需暗物质的质量是可见发光物质的 10 倍。暗物质的影响范围甚至可以延伸到发光物质半径的 10 倍之远。当然，不能排除阿尔伯特·爱因斯坦（Albert Einstein）的引力理论在星系最外层区域可能不再适用。然而，这种较为激进的假设并未获得广泛的支持。

在仙女座星系历史性地发现暗物质后不久，科学家们便在众多星系，尤其是在银河系，也发现了暗物质的身影。[7]这些暗物质就在我们的家园附近，发挥着不可忽视的作用。那么，是什么力量在维持着这些星体的轨道速度呢？显然，恒星的引力过于微弱，无法解释这一现象。答案就是暗物质。

计算机中的宇宙

宇宙学家喜欢将星系的形成过程嵌入一个计算程序中，使宇宙能够按照时间顺序演进。我们可以仿真模拟星系形成过程，而且可以做得非常好，以至模拟星系看起来就像真的一样。然而，这种表面上的相似性并不能保证模拟的准确性。虽然如此，仿真模拟仍然是一种有用的工具，虽然它缺少一些关键细节，例如我们无法匹配从恒星到星系的动态范围。以数字方式获得所需的分辨率非常困难，但是随着计算机变得越来越强大，仿真模拟已成为天文学快速发展的一个重要领域。

实际上，我们在理解暗物质分布方面取得的一项重大进展就得益于计算机模拟，它让天文学家能够证实暗物质是宇宙物质的主要成分。暗物质的引力效应在星系的大尺度分布中发挥了至关重要的作用。如果没有暗物质，模拟的结果就无法与观测数据相吻合。

暗物质的引力维系着星系间的巨型星云。在星云内部，普通物质碎片聚集成恒星。构成恒星的物质主要是氢和氦，这些统称为普通重子物质。星系则处于旋转状态。随着物质的聚集，它保持了角动量守恒。在周围的暗晕中，一个旋转的常规重子物质盘逐渐形成。同时，一个中央球状星团也得以形成。我们已经在计算机上构建了银河系的模型。

令人惊奇的是，暗晕并非巨大的无定形斑点，相反，它充满了暗物质的子结构。暗物质的成分——星系周围的暗晕——保留了其原始子结构的痕迹，就好像暗晕形成的记忆一般，是由许多较小的暗团块合并而成的。计算机模型显示，母环内还存在着成千上万的较小矮星系晕（Dwarf Halos）在轨道上运行。

实际上，银河系由恒星盘和中心凸起组成。盘的形态相当薄，而凸起则呈现出略微拉长的厚实形态。仿真模拟已经成功地还原了这些特征，但在最外层部分仍然存在一些问题。周围的星系晕显示出一系列出乎意料的特征。我们只观察到数百个矮星系，而不是预测的数万个。因此，我们的模拟是否真实有待进一步探究。

数字模拟的效果取决于我们在建立模型时所依据的物理学原理的准确性。深入理解物理学原理是一项极大的挑战，尤其是对恒星形成过程的理解，这需要极高的精准度。然而，我们对银河系的观察往往难以做到这一点。恒星的形成地点深藏于宇宙尘埃之中，被新生恒星产生的湍流所影响，还受到磁场的影响，这是一个复杂且令人振奋的混合体，至今仍令天文学家

061

感到困扰。

此外，我们还面临另一个棘手的问题。我们对恒星形成的观察研究存在很大的局限性。在宇宙的早期阶段，各种不同的物理条件可能起着主导作用，但是距离我们非常遥远，而我们望远镜的分辨率还无法做到足够细致入微。再加上我们目前无法模拟从行星和恒星到星系和外行星的广阔范围，其结果就是我们对恒星形成的建模存在很大的不确定性，而且这个问题变得越来越复杂。

我们预测的天体究竟出现了何种状况？矮星系在缔造恒星方面的效率极为低下，这一因素导致了上述差异。许多矮星系实际上是"无恒星"的，由于太过黯淡，甚至难以被观测到。在矮星系中，只需要一颗早期超新星发生爆炸，便可以引爆大部分残余的星际云。结果，矮星系中只剩下一些早期形成的恒星。[8]

似乎，这还不是终点，更多的灾难在等待着这些劫后余生的恒星。矮星系的逃逸速度极低，这就意味着，只需轻微的引力作用，其中的恒星就可能被抛出去。而穿越星系盘的通道，便通过引力的相互作用提供了这种契机。当矮星系与恒星群擦肩而过时，恒星就会因引力作用被拉出矮星系。因此，我们推断，许多矮星系在不断遭受着毁灭的命运。

我们之前获知，通过晕族星的斑纹和潮汐尾可以追踪到长

062

期未发生演化的矮星。这些早期的矮星也许勉强得以幸存，从而保留了最初形成阶段的一些恒星。尽管这些矮星的能量非常微弱，但在理论上仍然是可以被探测到的。根据我们的模型预测，银河系边缘可能存在着数百颗非常黯淡的矮星，它们被认为是最后的幸存者。

目前已经研制出了一款精密的望远镜，专门用于寻找附近极其微弱的星系。其中一些被探测到的星系被归类为超弥散矮星系，它们在星空中几乎无法用肉眼观测到。然而，观察得越仔细，我们就越能发现宇宙中隐藏的奥秘。因此，宇宙演化之谜的各个片段正在慢慢地拼凑在一起。

星际污染

宇宙学已迈向另一个成果丰硕的领域。[9]幸存的遗迹、矮星和极其古老的恒星，满足了化学上原始的预期属性。这些天体在很久以前形成，远在连续几代恒星造成污染并丰富星际介质之前。老恒星的重元素含量很低。通过比较矮星中最古老的恒星的光谱与盘状恒星的光谱，我们可以推知它们的年龄。最古老的盘状恒星在其矮星对应物形成数十亿年后才形成。它们的形成时间相对较晚。许多矮星确实极为古老。

重元素是由连续几代恒星合成的。当大质量恒星发生爆炸时，它们的碎片被喷射到矮星系周围。随着时间的推移，较小矮星的集聚结合以及其碎片聚集形成了较大的星系。巨大的星系在其星际介质中保留了恒星的污染物。这些污染物气体被回收形成新的恒星，从而系统地形成更为丰富的恒星。银河系就是由许多较小的聚合体相互混合而成。

通过深入研究不同星系区域中发现的丰富化学元素的分布，我们可以揭示星系的化学演化史。我们对不同年龄的恒星进行了细致分析。这些恒星就像化学成分的时间胶囊，其化学成分揭示了其年龄的线索。我们通过观察不同元素在时间和空间上的相对数量变化，来探讨化学演化的过程。

铁元素是研究中最简单的元素之一，同时也是宇宙年龄最直接的见证者。在很久以前的超新星爆炸中，铁元素被合成，随着时间的推移，越来越多的大质量恒星爆炸导致铁元素的丰度逐渐增加。氢元素是恒星的主要成分，而铁元素相对于氢元素的含量越少，恒星的年龄就越大。我们目前所探讨的时间跨度是数十亿年，银河系中第一批类似太阳的恒星的铁含量仅为太阳的百万分之一，这些金属贫乏的恒星在太阳形成前 50 亿年就已经形成，因此它们可以被认为是十分古老的恒星。

这些古老恒星的行星同样历史悠久，从而引出一个饶有趣味的问题：生命是否拥有足够的时间在古老的类地行星上进化？重元素的富集达到什么程度才能支持生物进化？有数十亿年的时间可用。当我们为月球望远镜设立观测目标时会重拾这个问题。

星系最终形成

星系形成的初始阶段，发生在大爆炸后的约1亿年。

然而，星系并不会无限制地增长。随着孕育中的星系的母云质量的增加，引力的作用也日益增强，星系云的温度也会随之上升。正在形成的星系可能会变得非常热，从而导致其持续

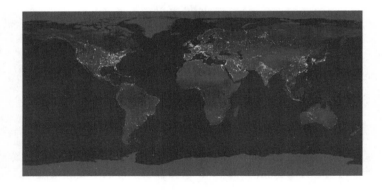

图2　地球夜晚的全球视野图。NASA 研究人员利用从 400 多张卫星图像中提取的夜间灯光图像来研究城市地区的天气。星系很稀疏；巨大的团块占据了主导地位。

图片来源：NASA Earth Observatory/NOAA NGDC，2012，https://www.nasa.gov/sites/default/files/images/712130main_8246931247_e60f3c09fb_ojpg

的能量辐射效率低下。这种情况通常发生在质量约为银河系 10 倍的星系中。这样的星系将会是质量最大的星系，进一步的形成过程将无法再提高其质量。

大星系通常被许多较小的星系所包围，这些星系组合成星系群或星系团。星系间的空间主要是已经被吹出星系的气体，这些气体大部分是星系形成时遗留下来的。由于在数百个星系团中增加的引力效应，这些星系间的气体被加热并辐射出 X 射线。利用 X 射线望远镜，我们经常可以在宇宙的遥远区域观测到成千上万的巨大星系团。

星系以极高的速度沿一个大质量星系团的轨道旋转，通常其速度可以达到每秒数千千米。它们冲入炽热的星系间气体中，就像撞向银河系中冷星际云的冲击波。特别是位于星系团内部的星系，会不断地受到剥离的影响。这也就成为大多数星系间气体的主要来源。这些气体包含了有关这些星系的化学历史的重要线索。星系际空间中的气体富含多种重元素。一部分重元素最终会被纳入恒星的构成之中，而另一部分则依然游离于星际介质之中，未被恒星吸纳。星系之间残存的气体构成了一个庞大的化学储存库，这些气体为探究第一代恒星如何合成宇宙中大部分铁元素的历史提供了证据。

成千上万的星系汇集成巨大的星系团，我们可以将其比作一个熙熙攘攘的足球场，而星系团中的星系就如同球场中的球迷。在一座繁华的大都市中，足球场寥寥无几，然而场内却人满为患。在这个拥挤的球场中，人口密度显然远超街道上的常态。而究其根源，距离近起着至关重要的作用。

星系团的密度相对稀疏。最近的大星系团距离我们也有数千万光年之遥。然而，在星系团中，星系的接近程度比低密度环境中典型星系的接近程度要高出数百倍。因此，星系团可以被视为一个"拥挤"的环境。事实上，星系间的碰撞是相当常见的现象，这会在星系的形态上留下明显的痕迹。而引力则是将星系团中的星系吸引并保留在一起的黏合剂。月球天文台的望远镜将帮助我们解开第一代恒星的诞生之谜，以及星系聚集隐藏的秘密，因为随着黑暗时代的即将结束，更多未知的天体和现象将会逐渐展现在我们眼前。

第 3 章

机器人与人类

我们能够追寻梦想的脚步，踏往遥远的星球，在太空中生活和工作，致力于实现和平、经济繁荣和科学探索的利益。

——罗纳德·里根

机器人能更好地完成任务，而且成本更低，因为你无须安排它们的回收。

——斯蒂芬·W. 霍金

危险的太空

太空是充满危险的地方，而月球在其中显得尤为脆弱。由于缺乏大气层的庇护，月球表面无法避免太阳耀斑和日冕物质抛射等极端天文现象的影响。地球磁场可以偏转太阳释放的高能带电粒子，从而保护地球免受其侵害；同时，进入地球大气层的微陨石也会在摩擦作用下被燃烧掉。然而，月球缺少这些防护措施。

月球表面对于航天员来说潜藏着巨大的危险。暴露在高能粒子中，辐射对人体细胞造成的损害至少是地球上的 100 倍。罕见的高能事件会极大地增加这种风险。太阳日冕偶尔发出的耀斑，使得宇宙射线通量在几天内达到极高的水平。更加危险的强太阳耀斑往往出现在太阳活动周期的 11 年高峰期附近。这些太阳耀斑所释放的高能粒子具有极强的穿透力。

银河系产生的高能宇宙射线，充斥着各个角落。在地球上，大气层像一道屏障，减轻了这些高能粒子对地表的冲击，为我们提供了一个相对安全的环境。然而，一旦离开地球，情况就完全不同。尽管相比人类登陆火星的漫长征程而言，月球之旅只是短暂的一瞬，但航天员在月球表面逗留的时间却必须被严格限制，因为他们的身体不可避免地会暴露在高能宇宙射线的辐射之下。

太阳日冕的剧烈爆发可能持续数百年，尽管高能粒子相较于银河系的宇宙射线而言穿透力较弱，但其可能引发的潜在破坏却更为严重。提前发出太阳日冕爆发预警对于保障航天员的生命安全至关重要，因为对于传播速度最快的太阳爆发，从太阳到达月球的时间大约为 15 小时。通过利用塑料或水箱等制造的庇护所，可以加强对月球表面航天员的防护。而防止高能宇宙射线的最佳解决方案可能是在巨型熔岩管中建造居住地。

地球表面通常被视为一个相对安全的环境。我们偶尔会在沙漠地带或陆地表面——在这些地方似乎更容易——发现陨石。陨石撞击的位置通常是我们发现陨石的关键。对于徒步旅行者来说，他们一般不会受到来自宇宙撞击的威胁。当较大的陨石撞击地球时，其强大的冲击力往往会使它碎裂成许多小碎片。但有些陨石在撞击地球之前就已经在空中爆炸，因此没有留下较大的碎片或撞击坑。

068　　通古斯事件（Tunguska event）是现代历史上最震撼的一次陨石撞击事件。它于 1908 年 6 月 30 日清晨在西伯利亚东部地区上演，据研究是由一颗直径约 100 米、主要由冰层构成而非岩石核心的陨石撞击所致。这颗陨石的能量相当于一枚小型热核弹，约 1000 万吨当量。爆炸发生在距离地球表面约 10000 米的高空，瞬间摧毁了 2000 平方千米范围内约 8000 万棵的树木。据估计，像通古斯空中爆炸这类事件大约每 1000 年发生一次。如今，每年都会发生原子弹级别能量（千吨级）的小型空中陨石爆炸事件，而预计陨石撞击地球表面的次数也与此相当。

最近一次大规模的陨石空中爆炸发生在 2013 年俄罗斯乌拉尔山脉附近的车里雅宾斯克上空。这是自通古斯大爆炸以来，已知进入地球大气层最大的小行星所引发的。这颗小行星的直径约 20 米，在离地面约 30 千米的高空爆炸。与通古斯事件不同，这次爆炸产生了许多较小的陨石碎片。这次爆炸的能量大约是广岛原子弹的 30 倍，其产生的闪光比太阳还要明亮。虽然并未直接伤害到旁观者，但其冲击波对建筑物造成的破坏却相当严重。

月球上缺乏保护性大气层，使得其情况与地球大相径庭。最小的陨石也能在月球上幸存下来，对航天员构成严重威胁。航天员在月球表面进行任何扩展活动时，都面临着巨大的风险。考虑到外太阳系中存在大量潜在的小行星杀手，灾难性的撞击事件将成为真正的大问题。小行星偶尔会被木星等巨行星的引力所吸引而偏转向月球。因此，我们需要预警系统来提供必要的安全保障，以便人们有时间疏散到安全的环境中。在极端情况下，在月球表面活动的任何人都可能需要疏散到地下洞穴或熔岩管中以寻求保护。

从居住地到火箭燃料

利用可用的原料建造的月球居住地需要考虑预防辐射风险。通过采用由厚铝板覆盖的圆顶庇护所设计，可以防御来自太阳的各种周期性粒子事件。为充分利用月球本地材料，月球生活区可以建造为圆顶结构。同时，月壤中的一种微小粉尘可以与水混合，进而压制成砖块，为月球基地建设提供基础建筑材料。此外，为了应对极端温度和微小陨石的冲击，月球建筑的砖块应具备特殊设计，以增强其耐用性和抗破坏能力。

但这些措施并不足以抵御陨石的冲击。天然的熔岩顶可以为巨大的熔岩管提供更强大的保护，这可能是月球居住地的最佳选址之一。最有效的陨石防护措施是加厚防护屋顶。圆顶结构必须至少几米厚，才能阻挡那些穿透力极强的高能粒子。熔岩圆顶可以作为一种天然的防陨石撞击的解决方案。它们虽然可以抵抗陨石的冲击，但如果是特别大的陨石，其撞击可能会带来毁灭性的后果。大多数陨石都有着岩石内核，会在撞击时破碎，即使是这些碎片，对未受保护的航天员来说也是极大的威胁。

未来的月球探测将更多地依赖机器人。由于月球表面的地形和环境极为复杂且危险，长时间暴露对人类来说是不适宜的。但是，人类仍需在现场进行指挥。在执行高度复杂、长时间和大规模的基础设施任务时，人机结合将面临有趣的挑战。机器人将被用于进行月球探测，调查月球表面潜在的着陆和采矿地点，采集表面和次表层的月壤样本，并进行实时分析。[1]

一旦在月球表面设立基地，水资源这个关键要素便开始发挥其重要作用。水既能够制造火箭燃料，同时也可以为月球基建提供重要的原料。幸运的是，我们在月球永久黑暗的极地陨石坑中发现了水冰沉积物的存在。除此之外，水也可以从月壤中提取。正如之前所提及的，我们已经发现了月壤中水分子的存在。这表明月球资源有提供充足水源的巨大潜力。一旦拥有了丰富的水资源，月球将可以成为星际旅行的天然推进剂的燃料库。

火箭发动机是利用氢气和氧气等化学燃烧来产生动力的。经过处理的 5 吨月球水可以制造出 1 吨液氧推进剂。这个方案是将水电解为氢气和氧气。氢气和氧气将取自月球陨石坑中的冰，并利用太阳能进行制冷。液氢和液氧将储存在月球上的大型燃料站中。

月球采矿将推动全新的氢经济向前发展。月球的低引力，使开发潜在的燃料供应成为可能，以发展低成本的太空飞行。

这也将使从月球出发的太空旅行拥有几乎无限的能源。最终，月球航天港将成为整个太阳系旅行的中转站，为星际探索提供服务。

部署机器人

随着机器人的功能和能力不断发展，未来机器人将具备与人机交互能力直接相结合的控制功能。[2]机器学习技术和先进的人工智能技术将使机器人能够承担复杂的自主功能。但是人类仍需要监控机器人，以确保它们能够正确地完成任务。

请想象一下，机器人在月球沙漠中忙碌穿梭。在不远的未来，直接的人机交互将会借助尖端科技实现，例如避障和自主导航等功能。通过增强现实和可视化技术的辅助，我们将可以生成大量信息来指引机器人的行动。移动操作机器人将配备复杂的任务规划系统，以控制导航、物体识别以及具备语义理解和语音操控的复杂通信。为了提高工作效率，人工监督的机器人操作需要尽可能节省时间，以便快速完成交互、操控和处理等任务。最终目标是在少数人员的监督下，能够同时操控多台机器人进行部署、操作和维护工作。

部署控制和机器人管理最好从月球轨道空间站远程实现。采矿地点将在远离居民区的位置进行部署和作业。人类监督将发挥关键作用。由于与地球之间的通信存在约 1.25 秒的时间延迟，因此本地自主控制至关重要。自主机器人仍然需要一些本地监管，以便进行现场决策。月球基地建设将是未来宏伟项目的基础设施建设的关键阶段。

在开发月球丰富的矿产资源时，我们应该谨记，开采可能会对环境造成一定程度的污染与破坏。月球上某些矿物质的沉积物可能在某些区域高度集中。例如，NASA 的"月球勘探者号"探测器在月球表面附近绘制了钍沉积物的分布图。钍，一种能发出伽马射线的弱放射性金属元素，可能与放射性铀和稀土元素一同存在。月球在遥远的过去经历了一次剧烈撞击，产生的熔融物形成了一片液态的岩浆海洋。较轻的岩石，包括含有钍和稀土元素的岩石，由于密度较小而漂浮到岩浆海洋的顶部，这些岩石如今位于月幔和月壳之间。它们可能因南极——艾特肯盆地的一次重大撞击事件而暴露出来，该盆地是月球背面最大的陨石坑之一，直径达 2500 千米。之前对钍的测绘显示，最大的月海——风暴洋中沉积物钍增强，面积约为 400 万平方千米。月海是古代火山爆发形成的富含玄武岩的黑暗平原。另一个富含钍的地点是另一个大型月球陨石坑，即雨海盆地。喀尔巴阡山脉将其与风暴洋隔开。

这些地方都是月球资源潜在的主要开采地点。正如之前所述，中国于 2020 年底成功使用嫦娥五号探测器从风暴洋中采集到了第一批岩石样本。未来的计划不仅设想开采金属，还考虑利用月壤，因为它易于挖掘且富含氧气。同时，我们还发现永久阴影陨石坑中蕴藏着丰富的水冰，并且太阳能资源也相当丰富。

为了防止科学探索和人类居住地受到不利影响，我们有必要开发无污染资源开采技术。自主机器人将能够支持大部分开采活动。月球开采的一个必然结果是有必要制定协调程序，以协助在相互竞争或相邻的矿产开采权之间进行谈判。这些采矿权的法律含义将在后续章节中详细讨论。

未来，科学家们有望迎来舒心日子。机器人技术将协助射电望远镜与红外望远镜寻觅理想观测地，维护科学仪器，同时融入模块化运输工具，从而实时观察并监控遥测数据。天文测量与地质调查的成果将与月球地表的机械、通信以及电气设施完美结合。此项工作必能迅速推进。用于部署与运营的通信基础设施以及人类主管的交互界面，将发展得远远超出我们目前的想象。

月尘

月壤是覆盖在月球表面的一层数米厚的灰色粉末状尘埃。这是数十亿年来无数小行星撞击月球表面的产物。由于月壤中的颗粒被太阳光照射而发生电离，这些颗粒会失去电子并获得微弱的正电荷。这些带电颗粒间产生的静电力导致彼此间产生轻微的排斥，使得它们在月球表面呈现漂浮状态。不过在月球夜晚开始时，这些飘浮的尘埃颗粒会逐渐沉降下来。

月尘主要由二氧化硅构成，其性状类似面粉，呈黏稠的玻璃状颗粒。这种颗粒极易受到扰动，具有极强的磨蚀性，对人类和机器都会构成潜在的危险。此外，月尘对望远镜的操作也十分不利。在月球表面的恶劣环境中，为防止遭受灰尘、电离太阳辐射以及太阳高能粒子事件的侵袭，必须对望远镜进行精心维护。同时，安装在月球黑暗陨石坑中的望远镜镜面，同样需要永久性的保护措施。

月尘的起源可追溯至陨石撞击和古老火山活动的复杂历程。我们可以地球为参照物进行探讨。地球表面是由高能事件所塑造的，我们可以研究过去数百万年的事件。然而，剧烈的风化和地质活动隐藏了地球早期记录的大部分信息。相比之下，月球表面则更像一本可供直接阅读的书。由于缺少大气层和水流，月球土壤的记忆比地球土壤长久得多。

074

月尘几乎无处不在，尤其在月球高地最古老的地区，其覆盖深度从几米到十几米甚至更深。我们已经发现，月尘与古代陆地熔岩流中的火山灰类似，可以与水混合，制造出砖块作为建筑材料。因此，月尘具有极高的利用价值。未来的月球开发计划可能包括利用月尘修建道路和发射场，以及建造建筑物。此外，有人建议利用月尘和水制造抛光玻璃望远镜镜片，并用环氧树脂将它们黏合在一起。

月尘富含氧化物，可以从中提取氧气。这些氧气有许多潜在的应用，例如生产燃料，甚至在熔岩管等受控环境中构建生态环境。

旅游业

人们对太空旅游的需求已被压抑太久。现在，由机器人在月球上进行的建设，将专注于满足这一需求。22 世纪，观赏地球从月球上升起的景象，将成为游客们梦寐以求的巅峰体验。

如今地球上世界各地的顶级奇观，包括印度的泰姬陵、中国的长城、罗马的斗兽场、柬埔寨的吴哥窟、约旦的佩特拉沙漠城、墨西哥的奇琴伊察、秘鲁的安第斯山脉马丘比丘、巴西里约热内卢的救世主基督像、法国巴黎的埃菲尔铁塔以及埃及的基奥普斯大金字塔。在过去的几十年里，这些景观让人类惊叹不已。然而，观赏地球从月球上升起，无疑将超越所有这些体验。

大型连锁酒店对在月球上开发大型度假综合设施的未来充满憧憬。在月球上，休闲设施可以提供一系列独特活动，从月

075

球高尔夫到四轮车穿越月球表面。但这些活动需要的不仅仅是住宿，更需要对永久性设施进行全面的规划。如同我们最伟大的城市一样，月球上的旅游活动将融入更多的文化和科学元素。未来，月球可能会拥有文化中心、博物馆、科学基础设施、医院、体育中心、交通枢纽、大学等设施，当然还有必不可少的商业机构，包括购物中心、月球工厂和数据中心等。

这或许有如科幻小说，但我坚信，在21世纪结束前，我们将实现这一目标。今天，月球旅游的庞大需求已初见端倪，而此需求将首先通过绕月球轨道旅行得到满足。诸如SpaceX等公司已开始销售预计五年内发射的太空旅行航班的门票。尽管游客登月目前看似是一种纯粹的幻想，但人们的意愿却是强烈的。这种由商业利益驱动的活动，一旦成功，将带来不可估量的回报，这正深深吸引着我们这个星球上一些最富有、最具创新精神的企业家，包括维珍银河公司（Virgin Galactic）的理查德·布兰森（Richard Branson）、亚马逊/蓝色起源公司（Blue Origin）的杰夫·贝佐斯（Jeff Bezos），以及特斯拉/SpaceX公司的埃隆·马斯克。旅游业似乎将不可避免地发展成为月球上的主要活动之一。月球旅行、月球漫步，甚至月球高尔夫等特色活动应运而生，与早期航天员的活动相映生辉。

在更长的时间尺度上，我们可以建造庞大的度假胜地，为顶级富豪们提供地球上无法提供的奢华享受。运动设施将包括月球高尔夫球场。在仅有地球15%重力的月球上，高尔夫球可能会飞出两英里远，球会在空中停留近一分钟，这将会是一项激动人心的活动。此外，月球的微重力环境也将为太空旅游带来新的可能性。你可以想象参观小行星甚至彗星的情景吗？

毫无疑问，商业赞助商会首选豪华旅游作为其赞助对象。考虑到月球旅行在初期阶段的人数有限，其利润率自然颇具吸引力。然而，试想一下大型载人航天器的发展潜力。最终，我们可以将月球旅游开发成面向大众市场的服务。或许，月球度假套餐将由中国率先推出，中国已成为全球旅游业中扩展速度最快的市场之一。关于分享月球资源的讨论已经有很多，中国已计划成为月球基地的领先开发者。虽然采矿可能是中国的主要目标，但旅游业似乎会不可避免地随之发展起来。

科学的基础

月球科学活动包括钻探活动，以揭示月球表面的历史。数十亿年来，月球一直遭受着陨石的撞击，这些撞击形成了覆盖月球表面的土壤。通过钻探局部地表碎片，我们可以获得未受干扰的土壤层，其中包含早期月球事件的原始矿物学记录。这段历史可以让我们了解早期陨石撞击月球表面的强度以及古代火山引起的熔岩流。通过这些信息，我们将能够更好地了解月球的起源。

由于月球重力较低，且月球环境没有大气层和风的影响，我们能够在其表面建造比地球上更高的建筑。月球上可能会有超级摩天大楼拔地而起，但这些建筑并非全都为商业活动而兴建，科学也将拥有一席之地。

一项创新活动即将在月球表面展开，我们将部署大量的机器人来开发和维护望远镜基础设施。这些基础设施的建立是为了实现在地球甚至太空环境无法达成的科学目标。关键的步骤将包括善用这个稳定宽阔的月球平台，以及利用月球上缺少大气层的特性来建造大口径望远镜。这些望远镜的观测视野将比地球上建造的任何望远镜都要宽广得多。这些望远镜将让我们对遥远宇宙的观测达到前所未有的清晰度。我们将有机会寻找到遥远系外行星上可能存在生命特征的证据。

接下来是无线电领域。我们需要观测地球上无法分辨的低频无线电信号，而要做到这一点，我们需要前往月球背面，以避开地球船用雷达、手机和其他活动的无线电干扰，以及地球电离层的影响（无线电信号会通过电离层发生闪烁）。这些问题在月球上是可以避免的，在那里我们可以看得更远，更接近我们的宇宙起源。

当然，考虑到其他的月球活动，包括商业活动，我们需要设立月球无线电静默区。低频射电天文设备将是首批开发和部署的月球科学基础设施之一，这也提供了最直接的工程挑战。

　　观测的目标位于遥远的宇宙中，且被红移到相应的低无线电频率，因此其辐射信号在地球上不易被发现。另外在地球上观测还有接收信号频率过低、无线电干扰过多等问题，这些挑战都需要克服。为了克服这些噪声的影响，可以在月球背面部署无线电接收天线，以利用无线电静默环境以及远离地球的广阔地形。月球轨道的中继卫星将建立地月之间的通信。

　　低频射电望远镜的技术原理相对简单。低频天线的基本结构就是一个独立天线系统的两个交叉金属棒。其外观类似于电视天线。为了提高探测灵敏度，需要将许多这样的偶极子天线分布在大面积区域内，并借助微波传输线或激光通信进行相互连接。大面积天线的部署方式可以提高月球望远镜的空间分辨率。在这台巨型望远镜中，每一个偶极子都相当于一个阵元。

　　低频射电望远镜设计中的一个关键要素在于，如何将每个偶极子的信号相参地积累起来，进而反演出信号图像。每个无线电信号都可以视作具有峰和谷的电磁波。然而，这些电磁波会随机地到达每个偶极子，导致输入波峰的相位存在差异。为了将这些数据组合成清晰的图像，我们需要通过将波峰进行相加来消除相位差异。而实现这一目标，我们需要通过精确的时间控制来达到波峰的同步。为了实现精确的时间控制，我们需要安装一种能够实现最精确计时的时钟，这种时钟主要利用晶体的振动来标记时间。通过在每根天线的信号中引入无限小的时延，利用高精度时钟相参来积累信号。利用波干涉原理来对齐这些波，优化波模式，使得波峰相互加强，进而反演形成我们所需的信号图像。

最终目的是建造一台无线电干涉仪，干涉仪的天线阵阵列遍布月球表面，其本质上相当于一台由众多独立天线组成的巨型望远镜。如此，就能实现相当于单台巨型望远镜才能实现的分辨率。广泛分布的阵列天线所形成的等效口径可达到数百千米。而且，只要不断增加更多的天线，就能持续地构建更大的望远镜。天线阵面的面积越大，空间分辨率越高。

我们已成功研制出性能卓越的射电干涉仪望远镜，并用于天文观测。最大望远镜口径已达数千千米，横跨多个大陆。将现有技术迁移至月球相对简单，部署大型偶极子天线阵列也不是重大难题。技术实现方面并不复杂，然而真正的挑战在于信号的积累。需要功能强大的信号处理器将来自众多天线的数据进行组合，以便能够以数字方式合成所需的图像。[3]

079

这是多么未来主义！目前正在进行或计划中的无线电观测任务只使用了较少数量的天线。2019年初，中国嫦娥四号探测器成功实现了月球背面的首次软着陆，嫦娥四号月球车配备了一根简单的偶极子天线。而在数月前，中国成功发射了月球轨道中继卫星"鹊桥号"，为月背探测任务提供支持。

作为中国和荷兰联合探索月球的重大项目之一，嫦娥四号正是为了观测射电宇宙中的低频部分，以探索宇宙的黑暗时代。由于技术原因，这个双天线项目的数据产出并不丰富，但为后续中国和美国相关的探测任务奠定了坚实的基础。值得注意的是，欧洲航天局也加入了这场探月热潮，其计划研发一款月球重型运载火箭。预计在21世纪20年代末之前，这款运载火箭将实现在月球表面定期部署数吨有效载荷，用于科学和商业用途。

目前正在进行一项工程设计研究实验，计划使用月球车在月球背面部署128根简单的偶极子天线。科罗拉多大学的首席研究员杰克·伯恩斯（Jock Burns）希望在2027年开始在月球部署低频无线电干涉仪。天线对实现组合信号相参积累的本地计算能力要求极高。但是，鉴于计算机计算能力的增长速度，这个目标在未来10年内应该可以实现。此外，我们还将发射绕月小卫星群来补充月球表面设施，这些小型卫星每颗只有几米大小，负责将无线电数据中继转发回地球。

月球无线电干涉仪可设计成提供超高分辨率的设备，是探测点状无线电发射源的理想之选。然而，我们还需要一台灵敏的射电望远镜用于接收来自宇宙中更为微弱弥散的射电星系信号。在银河系以及类似的星系中，存在许多虚假的前景噪声源。若我们想要探索宇宙的黑暗时代，一根巨大的碟形天线是干涉

080

仪必不可少的补充。

要达成这个目标，技术层面并不复杂。我们计划在月球背面的陨石坑盆地中架设一台巨大的单体射电望远镜，以此屏蔽来自地球的无线电干扰。望远镜的表面将通过在大型陨石坑盆地表面填充金属丝网来实现。由于我们将搜索的无线电波长达到几十米，因此不需要光滑的表面。我们将通过横跨陨石坑边缘的电缆将无线电接收器悬挂在焦平面上，望远镜的直径可能达到 5 千米或更大。该月球望远镜的结构与我们已经在地球上成功运行的基于坑口的望远镜没有太大差异。然而，月球望远镜将针对低频无线电信号进行优化，以调谐对准宇宙黑暗时代。

这款月球射电望远镜将使我们能够探测宇宙的黑暗时代，即大爆炸后数百万年，第一代恒星出现之前的时期。这个时期，宇宙中只存在氢云。我们稍后会了解，这些氢云可以利用已知和经过试验的技术，在宇宙微波背景辐射的吸收下进行探测。当然，建设月球射电望远镜并不便宜，但其成本只占月球开发总支出的一小部分。

在古老的探索精神的指引下，我们正步入一个探索宇宙黑暗时代的新领域。没有任何理由能阻止我们在月球上建造前所未有的射电望远镜。我们已经掌握了这项技术。尽管可能需要花费半个世纪的时间，但是对知识的追求将推动我们一直前进，直到成功地达到目标。

月球天文台

射电望远镜仅仅是月球科学探索计划的冰山一角。[4] 月球对于建造光学和红外望远镜来说，是一个理想之地。由于没有大气层的干扰，月球为观测恒星提供了宛如太空般的清晰度，这些恒星如同夜空中璀璨的光点般引人注目。月球的重力仅有地球重力的 15%，将使我们能够建造出超越地球上同类结构的巨型望远镜。

欧洲特大望远镜（European Extremely Large Telescope）是全球最大的地面望远镜，其主镜直径达 39 米，坐落于智利北部阿塔卡马沙漠一座海拔 3000 米高的山峰上。这被认为是地球上可以建造的最大口径望远镜。建造更大望远镜的计划被搁置了，因为人们很快发现，由于必要的支撑结构和由重力、震动以及环境风引起的应力之间的冲突，维持足够高刚性的结构极具挑战。建造任何更大结构的望远镜都有倒塌的风险。

月球的重力要小得多，这样就大大增加了在月球上建造大型设施的可行性。在没有风或显著地震活动的情况下，更容易保持望远镜结构的完整性。因此，建造一个口径为 100 米甚至 300 米的望远镜成为可能。与全球最大的地面望远镜相比，它收集光线的能力增强了 100 倍，可见距离增加了 10 倍，清晰度也提高了 10 倍。月球大型望远镜的实现不仅在天文学领域代表

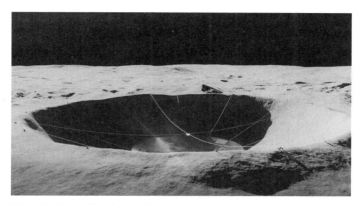

图 3　月球环形山射电望远镜（Lunar Crater Kadio Telescope）将成为太阳系中规模最大的全口径射电望远镜，其设计直径达 5000 米，将超越地球上的任何射电望远镜。该射电望远镜将会在月球背面的一座陨石坑中由机器人进行建造。金属网设计将会是重大挑战：它必须坚固、灵活、轻便，并且能够保持精确间距和抛物线形状，同时能够承受从零下 173 摄氏度到零上 127 摄氏度的巨大温差。

图片来源：Saptarshi Bandyopadhyay/NASA，https://www.nasa.gov/sites/default/files/thumbnails/image/3lcrt-crater-view-1041jpg

了人类的一大进步，而且鉴于其探测潜力，也代表着人类科技发展的又一大跨越。

　　月球环形山射电望远镜的理想建造地点是位于月球两极附近的黑暗陨石坑，可以利用这里永久寒冷和持续黑暗的有利环境条件。极地位置使得太阳既不会高出陨石坑边缘太多，也不会低过地平线太多，从而保持陨石坑内全年温度稳定。由于陨石坑边缘几乎总是被阳光照亮，因此可以全年利用太阳能。此外，陨石坑底部可能覆盖着一层薄薄的冰层。

我们能够建造一台超大口径的望远镜。这台望远镜的结构主要由大量镜面组成，最可能采用抛物面的形式，这些镜面被安装在柔性的支架上，形成一系列的六角形。这种构造方式实际上是39米口径的欧洲特大望远镜的放大版。望远镜周围极低的温度环境将为红外天文学的研究提供理想条件。望远镜的探测器可以很容易地进行进一步冷却，以实现最佳的灵敏度。

但是，为什么月球望远镜的口径限制在几百米？我们可以设想采用整个陨石坑形态来支撑望远镜反射器。如若我们摒弃传统的整体结构方案，那么陨石坑的整体跨度将制约望远镜的规模。月球极地地区的陨石坑直径介于十至数百千米之间。月球的空间环境将有力避免所观测图像因大气扰动而劣化。我们可以通过在陨石坑中建造一系列小型望远镜阵列，来打造一台具有前所未有高分辨率的超级望远镜。

一项创新性的月球天文台方案，设想是利用一个由5米口径镜面构成的巨大网络覆盖陨石坑底部。每个镜面都会精准地单独安装于陨石坑内的确定位置，并协调一致观测同一片空域。所接收的信号将传输至一个独特的相机系统，该系统由一套横跨陨石坑边缘、悬挂于坑底数千米上方的电缆所支撑。相机作为焦点探测系统，将合成并生成观测空域的完整图像。这项技术的关键在于需要以极高的精度确保所有镜面的聚焦效果，这是面临的一大技术挑战。同时，我们将利用一种基于干涉测量原理的方法，结合无线电波束的原理进行图像的合成与处理。此外，聚焦技术还将用于连贯地聚集红外信号，以生成清晰、完整的单一图像。

如果我们成功地对大量光线进行相干处理，就相当于拥有了一台口径为 10 千米的巨型望远镜。超大望远镜的突出优势在于，它能够达到令人难以置信的分辨率，其分辨率将由镜面口径决定，镜面口径就如同陨石坑的直径。我们能以无与伦比的细节对最近的系外行星进行成像，而无须派出无人探测器耗费数个世纪的时间前往那里进行近距离观测！然而，超大望远镜存在一个缺点，即它占据了陨石坑底部的一小部分，因此它实际上就像一个稀疏的盘子，只能以极高的分辨率研究最明亮的天体。这些最明亮的天体将包括许多遥远的行星。我们还可以进一步深入宇宙，对第一代恒星进行成像，这样的直接成像将揭示它们的秘密。

然而这一愿景被阴影所笼罩。对于天文学家而言，至关重要的是各国航天机构应立法规范月球地面和空间活动，以保持月球夜空的黑暗和无线电静默的环境。地球上空的天空已经受到微型通信卫星激增的威胁。希望我们未来能对月球采取更好的措施。

第4章

探寻我们的起源

（人类的）选择是：宇宙……或者虚无。

—— H. G. 威尔斯

以现今科技的发展速度，未来五百年内几乎无法想象
有什么不能实现的技术奇迹。

—— 阿瑟·克拉克

创世伊始

在星系和第一代恒星出现之前，宇宙中唯有广袤无垠的氢云系统存在。那时，氢云的数量之多堪称天文数字。这些氢云，若是能探测到的话，将极大地推动我们尝试开展精确宇宙学的研究。以数字来比喻，这些氢云就像是无线电天空中的潜在像素，是通向过去的路标，将成为我们研究第一代恒星诞生前的黑暗时代的探测器。

这一切是如何开始的？毫无疑问，自从智人第一次仰望天空，这个谜团便开始困扰人类。如今，在人迹罕至的山峰上架设的巨型望远镜就像是一部时间机器，带我们穿越到过去，回溯宇宙的起源。到目前为止，我们已经研究利用可见光或红外谱段对宇宙进行观测。

自大爆炸伊始，整个宇宙就以无线电微波的形式发出微弱的光芒。当你打开电视，并调至一个没有广播的频道，屏幕上一小部分模糊的亮点就类似大爆炸后的微波辉光。1964 年，人

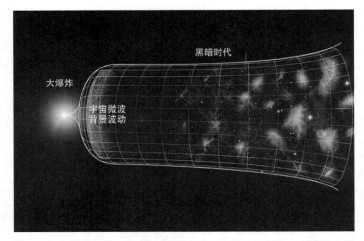

图4 自大爆炸伊始，至今已经度过了一段漫长的岁月。在描绘大爆炸演化的图表中，时间轴由左向右延伸。在那个最初始的瞬间，物理学还处于未知领域。随后，是发生在138亿年前的快速膨胀阶段。若从图的右边开始，可以回溯到大约38万年前。此时宇宙微波背景辐射的温度开始出现波动，这些波动是大爆炸留下的化石辉光，也是我们能够直接观测到的宇宙最久远的时间印记。随着时间的推移，宇宙进入了所谓的黑暗时代。在这个时期，星云首先形成，随后星系也逐步诞生。

图片来源：由作者创建

类有史以来最重要的科学发现之一就是探测到宇宙诞生初期的微波背景辐射。

尽管这并非真正的起点，因为在数十万年之后，宇宙微波背景辐射让我们开始了解宇宙的奥秘。我们不禁要问，宇宙在遥远的过去是什么样的？如果人类足够聪明，是否有可能深入探索这朦胧的光辉？我们能了解宇宙在多久之前的形态？我们对于这个深奥谜团的探索是否存在某些限制？大爆炸初期的物理学开始挑战我们对物质本身的理解。曾经的宇宙如此密集和炽热，甚至粒子都无法存在。那里没有质子，也没有中子。大爆炸后仅仅一纳秒，宇宙就变成了夸克汤[*]。我们能否突破时间的束缚，及时抵达这个神秘的时刻吗？

最后，让我们进行一次想象中的时间之旅，探索宇宙的起源。因为宇宙在第一纳秒内就产生了所有物质。探索时间的起源可能是我们理解自然的终极尝试。随着宇宙的膨胀和冷却，物质的状态发生了变化，就像冰融化成水一样。就像冰融化时会释放出大量的能量，一种能量被注入早期的宇宙中。这种能量如此强大，以至于它瞬间膨胀到了宇宙的大小，达到了巨大的比例。这就是膨胀理论，一个强大的且范式转换的概念。现在让我们来寻找一下宇宙膨胀理论的证据。

今天，人类对宇宙的认识让我们相信，宇宙的起源是源于一个密度极大的阶段，其密度比中子星的密度要大得多。中子星是迄今为止我们发现的密度最大的恒星。仅仅一茶匙中子星物质就重达数万亿吨。在观测了数千颗中子星后，我们对这种

---

[*] 粒子物理学的"标准模型"认为，在超过 1 万亿摄氏度的温度下，质子和中子也会"熔化"，变成夸克和胶子组成的等离子体，这种夸克－胶子等离子体就是"夸克汤"。

高密度恒星的物理学特性有了一定了解。有些中子星是脉冲星，它们在旋转时会发出无线电信号。有些脉冲星很年轻，有些则很古老。另外，有些中子星是 X 射线恒星，它们会从附近的恒星邻居那吸收气体。当被吸收的气体落入中子星并被加热时，就会发出 X 射线。借助 X 射线太空望远镜，可以探测到许多中子星。X 射线天文学已开始揭示中子星物质的秘密。

我们身边缺乏关于宇宙起始时的极大密度的例证，这种密度甚至超过了中子星中心的密度。尽管微小的遗迹黑洞可能幸存了下来，但它们并不能提供太多信息，因为原始黑洞早已吸收了周围环境中的物质，并吞噬了与其起源相关的任何线索。大爆炸理论能够将宇宙追溯到接近中子星 80 倍密度的时期，这个密度通常比超新星的密度还大，这是一种难以想象的密度，同时也难以证明。

要理解如此极端的密度数据，我们需要一种超越爱因斯坦引力理论的新理论，需要将预测如此高值的引力与量子力学结合起来。正是量子理论预测了极大密度物质的性质。只有将引力与量子力学结合起来的理论才能告诉我们，这种极端值是否真的真实存在于自然界中。

问题在于我们尚未掌握这样的理论。从宏观的宇宙到微观的电子或夸克，我们根本不知道如何将密度极大的物质统一起来。尽管缺乏这样的统一理论，宇宙学家们仍在不懈努力，并取得了一些进展。

量子理论提出了一个令人叹为观止的假设。在最小的尺度上，不确定性起着举足轻重的作用。对最小粒子大小的物理解释对应于其位置的不确定性，我们可以将这种不确定性视为一个波长。在宏观宇宙中，粒子呈现为点状物体。然而量子理论将粒子视为波。普朗克尺度对应于黑洞的大小，即纯引力积，是如此之小，以至于其接近粒子自身的量子波长。这种情况发生在宇宙大爆炸的早期阶段。实际上，无论从哪个角度来看，这都是一切的起点。

我们可以在短短的一秒，甚至十亿分之一秒的时间内，深入理解宇宙的全貌。我们可以根据物理模型精准地模拟宇宙在后期的发展，也可以通过粒子对撞机获取与之类似的能量。从本质上讲我们可以尝试重现大爆炸的早期时刻，但永远无法完全复刻大爆炸发生初期的环境。

我们的推测所面对的不确定性比我们想的要更为久远，即使拥有最先进的粒子对撞机也无济于事。宇宙起源的奥秘就隐藏在普朗克时间（当可见宇宙只有普朗克尺度时）里，那是大爆炸后的 10^{-43} 秒。在这一极短的时间里，宇宙便孕育出了物质和能量，进而形成了现今所见的宇宙。更准确地说，自那一刻开始，宇宙理论便有了开端。

根据现有理论，或者说根据我们尚未完全掌握的理论，我们能够逐步揭开宇宙的创世之谜，这无疑是一个令人振奋的消息。由于目前将引力与量子理论完美结合的终极理论尚未发现，这一领域仍充满未知与挑战。但令人惊奇的是，在大爆炸后的万亿万亿万亿分之一纳秒内，宇宙逐渐变得有规律可循。这些理论虽然还有待完善，但其中一些假设已经可以通过实验进行验证，这使得我们对宇宙的探索更加充满趣味与期待。

如何证明我们能够接近大爆炸之前的那个瞬间呢？量子不确定性原理，作为微观粒子波的固有属性，让我们不再能精确得知粒子的具体位置。这种不确定性导致粒子数量出现无穷小的波动。这些粒子无时无刻不在互换位置，并会突然间消失无踪。正是这些微小的波动，即大爆炸初期的量子波动，催生了这个世界。

这些创造物的波动最终促成了宇宙结构的演化壮大。而这些波动本身的不断起伏是一种暗能量，给宇宙的膨胀留下了戏剧性的烙印，这些是我们理论的推论。然而，这些理论预测还有待验证。我们将看到，月球望远镜最终将实现对创造物波动的探测。

黑暗时代

在宇宙早期，曾经有一段时间，连一颗恒星都没有，整个宇宙沉浸在一片黑暗之中。就在黑暗的起始时刻，一次史无前例的大爆炸产生的"化石"辐射，发出了微弱而模糊的光芒。如今，我们可以在宇宙微波辐射中寻找到这一抹遗迹，那是一种由宇宙膨胀所调制的长波长背景光。在过去，宇宙的大小每增加一倍，光的波长就相应地增加一倍。

"化石"微波背景辐射直接从大爆炸后约38万年的一个时代传播到地球，这一时代也被称为辐射的最后散射时代。在此之前，我们观测宇宙就像透过浓雾看东西，模糊不清。尽管如此，我们仍能观察到宇宙微波背景辐射强度的微小变化。这些波动揭示了宇宙在这个早期时刻的结构，为我们描绘出一幅宇宙演化的清晰画面。

这些光的波动是宇宙中所有物质结构起源的示踪剂。这些波动能够精准地测定能量，而能量或其等效的质量控制的正是引力。与此紧密相关的物质波动呈现为宇宙密度的微小压缩。当物质被压缩时，其辐射也会跟着压缩，就像空气中传播的声波一样。尽管我们无法直接观测到物质本身，因为它隐匿在黑暗中，但能根据辐射推测出其存在。这些无限小的密度压缩将不可避免地在引力作用下逐渐增强。

最初，氢以电子和质子的形式存在。辐射犹如电离气体的制动器。但一旦宇宙的密度和温度降至一定水平，氢便结合起来形成透明的原子，辐射的散射也因此结束。原子时代由此开

091

启，原子在引力作用下自由移动。在大爆炸发生的100万年之后，星云开始形成。最小、最弱的星云，也就是第一代星云，占据了主导地位。这些小型星云控制着宇宙结构的后续演化。事实上，计算机模拟显示，小型星云在生长过程中会与较大的星云结合，这是一个自下而上的发展过程。[1]

这是宇宙的黑暗时代。在星系开始形成之前，需要经历数亿年的演化。但从引力的角度来看，星系的形成是不可避免的。微小的超密度区域逐渐增长，直至达到足以经历引力坍缩的程度。星系和恒星的形成标志着黑暗时代的结束。近似均匀状态的宇宙，经历剧烈的转变，形成了团状结构。最终，在10亿年之后，众多的巨型星云出现，它们注定会演变成像银河系这样的星系的前身。

探寻构建宇宙的基石

在第一代恒星和星系出现前的约1000万年，宇宙进入了一个新的阶段。这一时期，宇宙中充满了冷星云，它们就像是宇宙未来的种子，是构建宇宙金字塔的基石。这些早期星云无处不在，不断集聚，不可避免地达到了自身坍缩的密度。这些星云首先坍缩成为矮星系，然后逐渐演化成为今天我们所见的大星系。然而，我们想要捕捉到的是它们在形成星系之前的状态，那时的它们还未成为宇宙多产的主人、未占据主导地位。

许多星云主要由暗物质构成，这种物质就像是一种无形的黏合剂，通过引力将星云聚集在一起。从宇宙的尺度来看，暗物质很可能由与普通物质相互作用微弱的基本粒子组成，它们实际上是不可见的。现代天体物理学面临的最大挑战之一就是识别这些粒子。当前正在对这些粒子进行各种不同类型的搜索，但到目前为止还没有明确的结果。然而我们确信，暗物质无处不在，且对引力起着控制作用。

暗物质云中也含有普通物质，主要是氢元素。这些星云中约有 15% 的物质是氢。这些云中有数十亿个是在宇宙大爆炸后新形成的，氢原子气体云则嵌入在暗物质云中。当这些星云中的氢原子冷却到大约 10000 开氏度时，引力开始发挥作用，将星云聚集在一起。这个极限是由氢原子无法通过辐射失去更多能量所决定的，但它仍然太热，无法形成恒星。但我们发现，以氢分子形式存在的小型物质能够进一步冷却。

在宇宙的早期阶段，分子的热运动可以抵抗气体的引力压缩。然而，随着时间的推移，气体不可避免地开始降温，最终引力取得了这场斗争的胜利，引发了星云的坍缩。这个过程是如此漫长，第一代恒星的形成需要数千万年的时间。这一现象象征着宇宙黑暗时代的结束，迎来了宇宙黎明的第一缕曙光。

我们渴望利用下一代望远镜揭开这个重要时刻的神秘面纱。我们也可以回溯到更为遥远的时代，深入探索那个没有光的黑暗时代。

探寻第一代星云

我们如何重返黑暗时代呢？[2]我们无法依赖恒星，因为在最初的1000万年里，宇宙中还没有恒星。而是通过寻找它们的前身，即宇宙中最早的氢气云，来追溯过去。

这些星云是冷的，随着宇宙的膨胀，气体会进一步冷却。引力在抵抗大部分氢的膨胀方面并不起作用。暗物质过于分散，星云体积也过小。因此，冷星云可以被视为宇宙微波背景辐射的无线电阴影。这个阴影是由"化石"背景辐射中低频光子的冷氢原子吸收所造成的。后来，由于暗物质的自引力逐渐占据上风，气体开始逐渐升温。这就是第一代恒星的形成时刻。在此之前，它仅仅是冷气体。为了探测到这种微弱的背景信号，我们必须在精确的无线电频率下聆听宇宙，因为我们所凝视的黑暗时代，是大爆炸后最初的1000万年。

在极低的无线电频率下，我们探测到了来自宇宙黑暗时代的无线电波。自那时起，宇宙膨胀了大约50倍。在某些局部区域，无线电吸收的波长为21厘米。随着宇宙的膨胀，观测到的波长信号已经延伸到今天的 10 米。然而，地球表面甚至地球轨道的无线电环境都太过嘈杂，导致微弱的信号难以被探测到。

我们提出的月球无线电阵列将运用数百万根简单的无线电天线，每根天线的双极结构间距约为 10 米。选择这种天线尺寸是为了与预期的宇宙辐射的无线电波长相匹配，从而提供最佳的探测效率。天文台将位于月球背面，天线将由人类与机器人协同部署和操作，分布在 100 千米的月球地形之上。收集到的数据将被传输到月球轨道卫星，然后发回地球。

在如此长的波长下，无线电信号极其微弱，而地球上的电子信号又十分嘈杂。因此，我们唯一能确定信号开始的方法是检测与星系构建块前体相对应的数万亿个数据点。这个巨大的倍增因子，或者说每个最终星系的数百万星云，是实现高精度测量的关键。月球背面是唯一一个可以建造足够强大的低频望远镜以瞄准宇宙学终极目标的地方：那里没有光和恒星，但到处都是大量的冷星云。

洞穿黑暗时代

使用高灵敏度的射电望远镜探索宇宙黑暗时代是可行的。在宇宙诞生初期，星云的原子温度比宇宙微波背景辐射的温度要低。我们得以在非常早期，红移极大的时候，也就是在任何恒星、星系或类星体形成之前，探测到这些星云。

我们知道在何时去观察。如果我们提早一些，星云会因散射而紧锁在宇宙微波背景中。因此，它们保持了相同的温度。然而，随着宇宙膨胀，密度变小，散射效率也随之降低。若我们延迟观察，星云将在恒星诞生时被加热。氢原子会迅速被第一代恒星和黑洞的辐射破坏。所有这些能量输入都会使星云的温度上升到数万开氏度，从而导致氢再次被电离。

因此，机遇应运而生。当需要对第一代星云成像时，在任何恒星形成开始对它们进行加热之前，它们仍处于原子云的状态，温度大约在 1000 开氏度。这些原子云暂时处于比背景辐射更冷的状态，这是捕捉氢原子所需信号的最佳时刻。我们可以捕捉到宇宙诞生后约 100 万年的第一代星云，若非因为这种吸收作用，我们将永远无法观测到它们。原子云发出的信号太弱，无法被检测到。

为了真正探测到它们，需要一种特殊的方法，这种方法允许在非常低的温度下探测氢元素。荷兰天文学家亨德里克·范德胡斯特（Hendrik van de Hulst）在 1944 年预测，冷氢星际原子应该通过触发氢原子中电子轨道排列的轻微能量变化来吸收特定波长的无线电能量。这种能量变化对应于 21.1 厘米的精确波长，或 1420.4 兆赫的频率。自此之后，我们在银河系以及附近数千个星系的各个角落都观测到了这种 21 厘米波长的辐射。

这种辐射的源头是冷氢星际云。这种方法也是我们用来绘制宇宙中氢元素分布的主要工具。[3]

我们可以利用这种经过充分验证的射电天文学技术来揭开黑暗时代的神秘面纱。目标是在早期宇宙的"化石"微波辐射的背景下描绘出遥远的氢云地图。我们正在寻找这个特殊的频率，恒星尚未形成时的效应最为明显，因为那是氢云最冷的时刻。21 厘米波长的氢线在宇宙形成的早期探测到了许多小的中性氢气云，甚至在它们发生坍缩之前。这些氢云只是高密度的冷气体。我们预计，每个大质量星系都有数百万个这样的前体氢气云。如果我们能够尽早发现它们，宇宙学的测量精度将提高 100 倍。这代表着精确宇宙学向前迈出了一大步。

机会之窗

我们的挑战在于测量对抗宇宙微波背景辐射吸收的第一代星云。[4] 随后，宇宙膨胀将无线电波的波长拉伸至约 10 米，即射频为 30 兆赫的无线电波。但在如此低频的情况下进行天文学研究难度极高，因为地球地面条件下的无线电干扰太过严重。因此，我们认为月球背面提供了唯一的解决办法。

故事还未结束，还有更多的奥秘等待着我们去揭示。大量的星云增强了辐射信号，只要利用足够大的射电望远镜将这些辐射信号累积起来，就应该能够探测到它们。但我们必须抓住最佳时机。如果我们过早地观察——那时宇宙大爆炸发生还不到 100 万年——那时它们还处于极度炽热的状态。而如果我们过晚地观察，它们又几乎完全电离，剩余的冷氢原子很少，因此无法为我们提供可靠的信息。我们已经观测到了第一代恒星、第一批黑洞和第一代星系的出现。但是无处不在的氢原子受到了宇宙演化的热量污染，使得它们不再能够成为追踪大爆炸100 万年后的那部分历史的可靠介质。

因此，我们拥有一个得天独厚的窗口，得以研究遥远的过去：宇宙大爆炸后的 100 万年至 1 亿年。这一时间段转化为红移机会窗口，这是衡量时间的另一种尺度。红移，即光的波长延伸至红色频段，是测量宇宙空间膨胀的指标。在阴影最深之处，存在一个最佳观测点。我们需要探测氢辐射的红移系数。那时，宇宙体积只有如今的 1/50。氢原子的 21 厘米波长被拉伸至大约 10 米的可观测波长，或仅有 30 兆赫的射频频率。

30 兆赫对于无线电波来说是一个极低的频率，使其能够无阻碍地穿透地球大气层。但这个频率却是吸收信号的理想选择，因为在这个频率下，星云处于最冷的状态，与背景光相比，它的印迹更容易被发现。实际上，我们正在尝试倾听宇宙，并从中提取其最深层的结构。然而，这种低频率在地球上很难被观测到，因为自然和人为的无线电噪声太多。幸运的是，月球背面是一处理想的监听站，我们可以借助它来更好地聆听宇宙的秘密。

通常来说，如果能把灵敏度提高 10 倍，那便能充分证明投资一台新的粒子对撞机或望远镜的合理性。然而，对于重大投资，其首选标准是灵敏度提高 100 倍。我们期望通过月球战略来实现这一进步。我们将借助月球进行宇宙学研究，并以前所未有的精度研究遥远星云的结构，这将使我们能够揭示宇宙起源的奥秘。

第一步尝试

当前正在进行的一项重大课题是借助地面望远镜来研究宇宙后黑暗时代，因为无线电频率已经触手可及。这是探测寒冷黑暗宇宙与第一代恒星形成时的宇宙黎明初现之间的过渡时期的最简单途径。然而，即使在这个阶段，随着越来越多的热电离氢气团的形成，情况也变得越发复杂。因为不久之后，所有的星际气体都将被电离。原子很少存在。

观察这一转变的最简单方法，就是寻找氢信号红移的边缘。098起初，冷气体尚且存在，但很快就消失了，被电离气体所取代。虽然我们没有足够的天线来观测单个星云，但即使只有一根天线无法给出太多细节，我们依旧应当能够捕捉到随着冷气体在第一代恒星诞生后逐渐消散的阶梯状转变。这一瞬间，便是宇宙黎明的曙光。

我们可以用单根天线来进行基本的宇宙学研究，实际上，已经有几个这样的实验正在进行。这类实验需要一个特殊的环境，通常是在偏远的岛屿。此处必须没有人为的无线电噪声源。还有一个障碍是来自银河系的无线电信号受到地面多径散射的影响进入接收天线的波束中。只有一根天线，很难控制来自远区辐射源散射的影响。接收天线周围的水可以更好地控制可能破坏来自宇宙的微弱辐射信号的多径干扰。

还有一种方法是建设一个密集的天线网络，使偶极子相互贴近。通过将天线信号组合起来，元件数量的增加确保了灵敏度和分辨率。天线的数量越多，分辨率就越高。南非和澳大利亚正在着手建设这样的系统。

南非卡鲁沙漠正在建造 HERA（氢化纪元阵列）[*]，那里来自原住民的无线电信号最少。项目的目标观测频率是约 100 兆赫的无线电信号。这一频率与宇宙黎明开始时氢 21 厘米线的红移时期相对应。从地球的角度来看，很难进行更早时期的探索，因为这需要用更低的无线电频率来进行观测。该项目将包括最

---

[*]　HERA 已经建成，是世界上最敏感的射电望远镜，致力于探索宇宙的黎明。HERA 团队已经将其对大爆炸后约 6.5 亿年发射的无线电波的灵敏度提高了 2.1 倍，对大爆炸后约 4.5 亿年发射的无线电波的灵敏度提高了 2.6 倍。

图 5 氢化纪元阵列（HERA）

图片来源：HERA Collaboration，https://reionization.org/

099

多 400 个偶极子，但这对于探测构建宇宙的基石——冷气体——
还远远不够。相反，该项目的目的是测量宇宙黎明的开始。信
号强度将间接地告诉我们原子和电离宇宙之间的过渡时期的性
质。但这将是一幅模糊的画面。

　　在未来十年，月球的背面将为探测宇宙黎明信号提供终极
环境。相较于地球上的偏远地区，那里的无线电污染得到了更
好的控制。数十万根天线可以组装在月球背面大型盆地的地面
上，以建造一台具有超高分辨率的射电望远镜。最重要的是，
它将具备探测黑暗时代所需的低无线电频率范围，而这些信号
无法从地球上进行有效的探测。随后，月球射电望远镜将有能
力揭开宇宙学最深奥的秘密。

坚持客观判断力

让我们暂停一下。大约半个世纪前，我开始了在宇宙学领域的工作。那个时候，我们讨论的任何可测量参数的精度都最多只有 50%。我的博士学位论文主题是关于新发现的宇宙微波背景辐射在星系形成理论中的应用。然而，数据相当粗糙。宇宙学尚未了解宇宙的膨胀率已超出原先认识的两倍之多。同时，他们对宇宙中暗物质的含量也缺乏足够的认识，实际上其含量可能超过先前估计的 10 倍。从宇宙学的角度来看，当时的我们知之甚少。

从积极的一面来看，我们提出了正确的问题。但由于我们离确切答案尚有距离，因此怀疑论者比比皆是。人们需要一定程度的信心才能接受未经证实的大爆炸理论。而要接受大爆炸最初的宇宙是如此之热的假设，则需要更多的信心。

在过去几十年里，宇宙学发生了翻天覆地的变化，其中太空卫星上的宇宙学望远镜功不可没。这些卫星包括 1989 年发射的宇宙背景探测器（COBE）、2001 年的威尔金森微波各向异性探测器（WMAP）和 2009 年的普朗克卫星（PLANCK）*。

"化石"微波背景的完美黑体性质明确地表明了宇宙的热起

---

* 普朗克卫星是欧洲空间局于 2009 年至 2013 年运营的太空天文台。它旨在以高灵敏度和小角分辨率绘制微波和红外频率下宇宙微波背景辐射的各向异性图。普朗克卫星将提供宇宙学和天体物理学的一些重要信息，例如测试早期宇宙的理论和宇宙结构的起源。

源。在我的博士学位论文中，我就预测到一定会有波动。否则，我们就不会存在于这里，星系也无法形成。经过几十年的实验，新一代实验绘制出了微波宇宙中的波动图。我们终于在阳光下找到了大爆炸的直接证据。虽然总有一些怀疑论者，但实验结果胜过一切幻想，接近 1% 的精度已成为常态。宇宙学已经变成了一门精确的科学，这是一个惊人的进步。

"化石"发光

以下是如何优化未来搜索以测试宇宙膨胀理论的途径。下一代微波背景实验将专注于探测膨胀时期信号的原始扭曲，我们将之称为信号极化，这是我们最优秀的开端理论。你知道吗？在散射的阳光中，我们可以看到灰尘引起的极化现象。而通过使用特殊的偏振玻璃滤光片来改变极化角度，就能够去除眩光。这种极化眩光是灰尘的特性，它使我们能够发现并检测到灰尘。

微波背景的极化是由宇宙最初时刻产生的古老引力波引起的。当宇宙最后一次被辐射主导时，该信号被印在了"化石"辐射上。我们观察到的这个信号与未极化的纯黑体光谱有所不同。引力波的传播会优先将微波拉伸到一个方向，并赋予其极化特征。我们可以在"化石"光子的分布中检测到这种印记。

101

检测到的印记将验证膨胀宇宙学的一个关键假说。

宇宙微波背景的温度波动只有几百万分之一开氏度，这仅仅是我们测量到的残余宇宙微波背景温度（3开氏度）的一小部分。我的实验同事们经过艰苦的努力，才取得了探测和测绘的成功。我们还可以做得更好。最终，宇宙微波背景的最精确测量只是1除以像素数的平方根。通过这种测量方式，我们无法获得更多的信息。这限制了我们任何旨在提取宇宙学关键参数的测量的精度，最高只能达到1/1000。然而，这仍然比普朗克卫星的精度高10倍。

我们将在下一代微波背景实验中实现这一终极精度，这些实验将在阿塔卡马沙漠、南极和太空卫星上进行。然而，可观测的数据资源是有限的。最终，信号来自宇宙中约300万个独立的点。我们发现了宇宙创世的种子，孕育了星系的波动，并正在努力做得更好。但我们冒着微波宇宙中信息耗尽的风险。

预测的极化信号将我们带入了宇宙的黑暗时代。实际上，早在最后一次散射发生之前，这些微小的扭曲就已经探测到了更为早期的阶段。在某些理论中，这是一个有趣的结论，因为有许多理论无法解释这种难以捉摸的极化现象。这提醒我们，必须洞悉更深的宇宙，但并不能保证成功。

102 　　我们有必要进一步深入研究，以验证关于大爆炸主导理论的预测。仅仅追踪难以捕捉的微波极化信号，还不足以让我们有信心解答关于起源的问题。这并不是膨胀理论的必然结果。接下来的十年将为我们提供宇宙基本模型所需的所有精确度，这无疑将是一项卓越的成就。但是为了检验宇宙起源假说这一更为宏大的问题，我们需要更高的精确度。

宇宙是从大爆炸开始的吗？到目前为止，宇宙膨胀理论可能是我们最好的假说。为了检验这一点，我们需要更深入、更敏锐地研究宇宙的过去。一个真正令人担忧的问题是，如果我们无法保证检测到难以捉摸的极化信号，接下来会发生什么？我们不能止步于此，必须做得更好，收集更多的信息，同时考虑其他策略。

计算星系数量

让我们来探讨一下星系数量的计算。[5] 宇宙微波背景辐射波动研究的重点在于研究宇宙在星系形成之前的演化。星系的调查则专注于探究星系的特性、其所处的环境及其演变过程。随着数据质量的不断提高，我们开始观察到初始密度的波动，这些波动促使大范围的宇宙结构得以形成和演变。因此，我们需要这两种方法来深入探究原始的波动。这些科学目标具有高度互补性。相较于微波背景辐射波动，星系调查蕴含了更多的信息。毕竟，我们的宇宙中有数十亿个星系。接下来，我们将详细计算这些星系的数量，看看这会为我们揭示什么新的奥秘。

计划使用新一代望远镜进行的观测将识别多达数十亿的星系。与以前的数据相比，信息含量大幅增加。该计划使用的是具有数十亿像素的巨型相机。我们即将迎来一场星系观测革命，下一代望远镜将在地面和太空投入使用。

每个星系都各有不同，因此我们需要一个最小数量——至少 100 个星系，才能获得一个具有合理独立性的星系信息样本。据此估计，大约有 1 亿个独立样本。与微波宇宙中的信息量相比，这是巨大的进步。相较于宇宙微波背景，星系调查使我们能以前所未有的精度探索宇宙的起源。[6]

同样，数据点的平方根始终控制着不确定性，并识别任何一个独立数据样本的不确定性。这就是为什么我们在进行人口普查或医学试验时需要大量样本。数据量对于精度至关重要。在星系领域，存在众多的有效像素，在如今的夜空中数量达到一亿，且各自具备相应的精度。有了新的望远镜设施，我们将在宇宙学领域更上一层楼。即将展开的调查中，数十亿个星系将使我们能够重温宇宙前半世的详尽画面。

但是这还不足以实现探索宇宙起源的目标，因为我们已经无法获取所需精度的星系图像。任何星系信号的信息像素都已被挖掘殆尽。我们需要更多的数据。真正的挑战在于尚未设计出的巨型望远镜。即使望远镜获取的数据在信息内容上是受到限制的，但我们仍然会用尽星系的信息。[7]

我们将会发现，只有黑暗时代的氢云才能提供可靠的信号，以应对膨胀理论的终极挑战。黑暗时代将为我们提供对宇宙开端的最有力探索。在这个探索过程中，月球望远镜将发挥重要作用。

绘制宇宙创世图

我们必须从这些难以捉摸的信号中提取出所有可能的信息。实际上，只剩一个方向可以探索了，那就是黑暗时代的开启。那里潜藏着更多的信息。我们已经发现，月球的背面提供了一个可以实现最佳观测效果的位置。为了实现观测目标，我们将使用最大数量的独立比特。

比特是衡量灵敏度的关键指标，独立比特的数量是衡量信息内容容量的重要标准。计算比特就像计算 CCD 相机图像中的像素，图像包含了所有的信息。分辨率越高，蕴含的信息就越多，所需要的像素也就越多。在数码相机中，拥有更高的像素就能达到更高的分辨率。在追求望远镜更高灵敏度的过程中，分辨率是最为重要的。我们希望从尽可能多的目标中收集光子，尽管最终我们受到可检测星系数量的限制。

获取更多的信息是提升宇宙学精度的唯一路径。在每个典型的星系中，都有数以百万计的星云，这些星云是我们唯一的希望所在。这些星云是尚未开发的全新领域，它们当然带来了巨大的挑战，但同时也为探索宇宙起源的终极之谜提供了独特的视角。

当我们对信号的信息进行优化时，可以实现终极探测精度。探测黑暗时代将揭开万亿比特的信息，并显著提高可见宇宙中所有星系的测量精度。未来的典型调查将专注于数十亿个星系。通过转向黑暗时代并专注于低频无线电信号，我们可以实现巨大的进步。

我们绝对不能错过这个机会，因为这是我们面临的最严峻的挑战。21厘米氢线是对黑暗时代的清晰探测。对于注定形成第一代星系的氢，我们将测量冷氢气体的分布。我们将在宇宙的子宫中捕获这些气体，就在它们还未被用于形成星系之前。黑暗时代为宇宙历史提供了独特的一瞥，因为没有恒星或其他来源污染和加热原始氢。而且因为这些原始云的数量非常大——每个典型星系都有数百万个，其信息含量将大大超过任何星系调查。

即使像平方千米阵*这样的大型天文射电望远镜，也面临着

---

* 平方千米阵（Square Kilometer Array，简称 SKA）是当前国际射电天文学领域最为重要的望远镜项目。它是一个巨型射电望远镜阵列，其信号收集能力与一个面积为 1 平方千米的镜面的收集能力相当。SKA 致力于探索人类对宇宙的一些基本认识，尤其是关于第一代天体如何诞生、星系演化历程、宇宙磁场、引力的本质、地外生命与地外文明、暗物质和暗能量等诸多方面。

人为干扰的困扰，而地球的电离层是宇宙学上必需的低频无线电频率的另一个主要障碍。因此，我认为月球背面为低频无线电阵列提供了一个独特的环境，月球射电望远镜是我们探索宇宙起源的最佳选择。未来如何才能最好地利用这种新精度呢?

超越贝尔曲线

当前的主流理论指出，宇宙在遥远的过去曾经历过短暂的快速膨胀，这使得氢云的分布产生了微小却独特的扭曲。[8] 当我们思考这一理论时，它并非纯粹出于偶然。真正的随机性其实非常少见，除非我们研究的数据样本规模极大。在自然界中，许多过程本质上都是非随机的。当这些过程交织在一起时，我们便看到了随机性的表象。然而，随机性往往隐藏了自然的深层次秘密。我们需要揭示这些秘密，以便掌握关于宇宙起源的主流理论。

106

非随机性的数学术语指的是非高斯分布（非正态分布）。1777—1855 年，德国数学家和天文学家卡尔·弗里德里希·高斯（Carl Friedrich Gauss）发明了贝尔曲线*，这是一种衡量随机性的方法。贝尔曲线是指独立测量样本或随机变量的分布（正

---

* 贝尔曲线，又名正态分布曲线，揭示了随机变量的分布规律。在理论上，正态分布曲线呈现为一条中间高、两端逐渐下降，且完全对称的钟形曲线。

态分布）。对于许多独立的观测或数据集，被测变量的分布总是收敛于一条对称曲线。无论我们测量的是什么，重要的是要进行多次测量。贝尔曲线在统计学、社会科学和自然科学中是一个非常有用的预测指标。它被广泛应用于人口统计学、流行病学、心理学和经济学中。同样，贝尔曲线也适用于物理学和天文学，例如对宇宙创世之初的遗存信号进行分析。就像一句老话说的那样，条条大路通罗马，在任何过程中，只要有足够的样本数量，就会形成正态分布。

高斯提出的另一个观点是，利用数学方法任何复杂的图像都可以转化为一组数字。这些数字能够捕捉到图像的全部信息。例如，蒙娜丽莎的肖像画是高度非高斯分布的，它可以被分解为一组非常非随机的数字。这些数字捕捉到了这幅画的美丽和微妙之处。如果我们随机组合这些数字，只能得到类似于杰克逊·波洛克（Jackson Pollock）画作的东西。同样，如果我们将巴赫奏鸣曲的数字表示随机转化为更接近约翰·凯奇（John Cage）的作品，结果也会大相径庭。当然，即使是这些例子，也并非完全随机的。我们不能否认波洛克或凯奇的艺术天赋。

最为纯粹的随机性分布是纯噪声。我们可以推定，基本上所有最初的微妙之处——事实上，所有的原始美感——都在于一件艺术品的非高斯因素。但是要把艺术品和真正的随机噪声进行对比并不是一件容易的事情。因为纯粹的随机性是人工过程所难以实现的。无疑，现代美术和现代音乐绝非模式化的高斯分布。它们包含许多非随机的信息，但是它们并不以模式和对称性为主导，威尔第的歌剧、贝多芬的交响乐或伦勃朗的肖像画在和谐上肯定有所欠缺。这是一个关于信息的相位或对称性的问题，它们是非常非随机的，并且包含的方面远比抽象艺术的情况更具主导性，或者至少我是这么认为的。

宇宙的真相

现在让我们将目光转向早期宇宙。我们的模型通常包含一个非高斯性的独特元素，它能对宇宙创世之初的时刻进行测试验证。但是这种预测被高度非高斯性的前景噪声所掩盖。我们考虑将无线电波作为可能用于探测黑暗时代的工具，其前景噪声由地球大气、电离层、雷达、手机、电视广播、无线电传输、微波炉等决定。所有这些相对局部的噪声源掩盖了潜在的背景信号。在更远的地方，还有来自木星、太阳、银河系以及银河系之外的无线电辐射。我们需要深入研究这种前景噪声。

宇宙展现出高度的非线性特征，这源于星系的坍缩效应，即星系形成过程中产生了非高斯性。星系在形成过程中，某些区域发生坍缩，而另一些区域则保持稳定。星系通常在星系团和星系群中形成。在更大的尺度上，这些星系是沿着可观测宇

108

宙中的大尺度丝状网络分布的。可以形象地说,这些星系并不是随机散布在空间中,而是呈现出特定的排列和组合方式,使得无线电辐射无处不在。这些星系的大尺度排列和分组使其无线电辐射信号本质上具有非高斯性。星系辐射构成了掩盖早期宇宙遥远信号的前景,这类似于驾驶一辆挡风玻璃很脏的汽车,我们需要把玻璃擦干净,才能更深入地观察周围的环境和深入了解宇宙的过去。

天文学家们通过将星系图叠加到测量的信号上,来抵消前景辐射的干扰。我们通过寻找空间分布上的差异,对受前景辐射干扰的图像进行数字化清洗。当遵循这一程序时,我们将揭示潜在的宇宙真相,即原始的非高斯性,这是对早期宇宙膨胀唯一可靠且无可争议的预测。所有模型都做出了这样的预测,只是程度有所不同。未来的目标就是寻找这个难以捕捉的信号。只有月球背面的低频射电望远镜能提供足够高的初始灵敏度来捕捉这个信号。

我们利用所有能够反映宇宙结构的信息来描绘宇宙,以期发现那些难以捉摸的信号。降低噪声成为关键环节。我们利用对比信号与宇宙微波背景辐射的温度差来识别和捕获微弱的信号。这个温度差是以开氏度来衡量的。普朗克望远镜对信号的波动达到了 10 微开氏度的灵敏度,这使得它的灵敏度提高了近100 万倍。即使未来的灵敏度再提高 1000 倍,也未必能有力地验证宇宙膨胀假说。

我们探索宇宙中漫射低频无线电信号所需的灵敏度要比探测宇宙微波背景辐射的灵敏度高出 1000 倍。然而由于缺乏足够的信息，以目前的技术水平，我们尚未达到所需的灵敏度。在可预见的未来，我们可能无法获取足够的信息来满足这一需求。对于宇宙黑暗时代探测所需的灵敏度将会确保我们能够捕获到宇宙诞生以来唯一确定的信号。只有找到这样的证据，才能证明我们的主流理论是正确的。

让我们保持乐观态度。试想一下，在路灯的照耀下观赏星空，这种炫目不仅让人分心，而且让人眼花缭乱，因而无法察觉到比星星更微弱的存在。同理，抑制无线电的干扰将是我们面临的主要挑战。但我们以前也曾成功攻克类似的挑战。最终，月球科技将使我们能够洞察黑暗时代，探寻宇宙创世的最初时刻。

第 5 章

创世的第一个月

宇宙演变如烟火刚息，几丝红焰、灰飞与烟袅。立于冰冷残渣之上，观落日余晖，尝试追忆世界初创时消逝之光辉。

—— 乔治·勒梅特

这一切是如何开始的

宇宙膨胀理论是我们理解宇宙起源方面的最大突破，这一理论提供了关于宇宙早期状态的重要信息。为了更好地理解宇宙早期的状态，需要利用粒子物理学来探索宇宙实验室中的各种粒子和现象。

在物理学中，存在四种基本的相互作用力：电磁力、弱核力、强核力以及引力。时间越久远，宇宙的温度越高，粒子的能量就越高。在某个极为遥远的时间点，粒子能量高到足以将这四种力统一。我们正在努力探索这一现象的基本原理。

有一种力将电磁力和核力在所谓的统一尺度上结合起来，这一过程发生在相当于千万亿质子质量的能量上。若能量继续增长，这四种力便无法区分。但是目前对这一情况的描述仍依赖于我们熟知的、低能量世界的简单推论。我们有能力做得更

好。甚至在更早的时候，在 1000 倍的能量下，引力也融入其中，实现了四种作用力的最终统一结合。唯一的问题是我们尚

未建立一个包含引力在内的统一理论。

尽管这种力的和谐统一难以捉摸，但它理应于宇宙创世后的万亿万亿万亿分之一秒的某一时刻出现，这一时刻被视为宇宙的真正开端。正如乔治·勒梅特（Georges Lemaitre）所指出的："前天并不存在。"这个时刻被称为普朗克时间，然而我们尚未在物理学上获得清晰的认知。在此之前，相关的理论已然崩溃。

我们愿意相信引力与其他力在普朗克能量尺度之上是统一的。但是在这个能量之上，我们正处于量子引力的模糊地带，引力与量子理论在这里融合。当然，这并没有阻止宇宙学家进行大胆的猜测与不懈的探索。

当宇宙中充斥着的粒子与反粒子在极短的时间内来回碰撞时，就会发生膨胀。这会在真空状态下产生一种量子泡沫。换句话说，真空就有能量了。这个阶段不会持续很长时间；一旦空间膨胀，物质稍微冷却，量子波动就会结束。但会留下无法磨灭的印记。

真空的能量是爱因斯坦所说的宇宙学常数的一种表现。爱因斯坦和勒梅特意识到，这个常数就像反引力一样，因为它抵消了通常由宇宙膨胀导致的物质密度降低。在被宇宙观测数据说服之前，爱因斯坦曾赞成平衡、非膨胀、静态的宇宙理论。而勒梅特则全力支持加速理论，这要归功于宇宙学常数的主导地位。勒梅特意识到，由于量子波动，真空的能量密度表现为一种暗能量。最重要的是，他意识到真空的能量表现为一种负压。事实证明，如果负压足够大，爱因斯坦的理论就会表明负压会加速空间。负压确实足够大，足以补偿并最终主导普通物质的引力吸引效应，并在后期实现这种效应。

在未获得证实之前，宇宙加速曾是一个引发广泛好奇和探究的理论。著名天文学家阿瑟·爱丁顿爵士（Sir Arthur Eddington）是该理论的支持者。尽管该理论引发了很多关注，且宇宙学常数在后期逐渐成为主导观点，而这一观点在当时只是少数派。经过半个世纪的深入研究，人们对宇宙加速的全新理解对理论宇宙学产生了深远的影响。又过了 20 年，勒梅特关于宇宙学常数作为暗能量意义的观点才终于通过观测证据得到了证实。

下一步，我们需要更多来自其他物理学领域的宇宙学的新理论加入。就像 20 世纪 50 年代，核物理对我们理解化学元素演化产生了巨大影响一样，现在轮到粒子物理来改变我们对宇宙起源的理解。1981 年诞生的宇宙膨胀理论，本质上是借助真空能量来加速空间。随着量子时代的结束，膨胀只持续了极为短暂的一段时间。尽管如此，它所留下的印记却一直持续存在。[1]

宇宙瞬间的加速光芒四射，宇宙中光的传播和信息扩展达到超乎想象的尺度，远大于实际视界初始值。在这无与伦比的加速下，空间膨胀的速度在短暂的瞬间便超过了光速。这使得遥远的宇宙画卷开始逐渐展开。随着宇宙的急剧膨胀，空间逐渐变得均匀化，就像充气气球上的皱纹被抚平。但最微小的波动仍然存在。随着空间的膨胀，量子波动从无穷小扩展到更大的尺度。实际上，可见宇宙的大小没有限制；巨大的空间视野被打开。然而，随着膨胀的快速扩张阶段的结束，帷幕落下。因为从一开始，宇宙的膨胀速度就被限制在极短的一秒内。在过去极短的时间内，宇宙的正常膨胀速度就恢复到自大爆炸以来不超过光速的状态。

这有助于说明为什么遥远的宇宙看起来与当前的宇宙非常相似。宇宙空间承载着其膨胀起始的印记。由此，我们可以理解为何从当前视角看来，宇宙在所有方向上都呈现相同的景象。遥远的区域之间通过引力进行沟通，这使得我们可以解析宇宙的辽阔规模。在很久之前，宇宙变得巨大，尽管这只发生在最短暂的时间内。然而这也正是所需的时间。膨胀理论解释了为何空间由于极度膨胀而几乎趋近于平坦或欧几里得几何平面，空间曲率中的任何巨大褶皱都会逐渐消失。

所有物质结构的密度波动都起源于量子。关于波动起源的谜团，一直是宇宙学家们探索的重要问题。在此之前，科学家们普遍认为密度波动源于宇宙大爆炸。但是这些波动在宇宙初始的瞬间尺度上是完全不可见的。正是由于宇宙的膨胀，这些微小的密度波动被拉伸到巨大的尺度。直到很久以后，这些波动才重新进入可以被观测到的宇宙范围，在引力的作用下，它们相互靠近并成长为星系。

总的来说，宇宙各处的波动在统计上呈现出相似性，看起来几乎是一样的。这一事实已经过实验验证。这些波动被探测并绘制成宇宙微波背景辐射中数以百万计的微小温度波纹。而114这些波纹，正是我们在宇宙中所观察到的所有大规模结构的起源。但是当我们深入研究宇宙微波后发现，只有月球可以作为观测平台，引领我们进入下一个宇宙探索的前沿领域。

直面现实

这些奇迹揭示了宇宙膨胀起源的奥秘，对于理论家来说无疑是个好消息，现在关于起源的最基本疑问似乎得到了解答。但是该如何确凿地证明这些呢？这一切都发生在遥远的过去，这一切是否真的存在过？

截至目前，最佳的选择是研究宇宙中微小的温度波动。这些波动除了在光谱的短尺度端有个微小的系统性增加外，它们在不同尺度上的强度分布几乎相同。这就是我们通过宇宙微波背景辐射数据推断出的结论。星系的存在和膨胀都告诉我们，必然存在同质性的偏差，这就是波动。根据最简单的理论推测，这些波动应该非常小。事实上探测到这些微小的波动需要花费数十年的艰苦努力。

这些观测为大规模研究奠定了坚实的基础。宇宙膨胀这一现象与数据的吻合程度非常高，但其参数却非常有限。它只需要六个参数就能匹配观测到的宇宙。这种匹配是现代宇宙学的伟大成功理论之一。但这还不够完善，在没有数据的小尺度上，波动可能为任何值，它们完全不受宇宙微波背景辐射波动观测的限制。因此，尽管观测数据证明了宇宙膨胀的原理，但未能揭示更多细节。

宇宙微波背景辐射方法已经将宇宙学数值的精度限制提高到了最高1%，当然这是自发现宇宙微波背景辐射以来的显著进步。然而，这对于寻找膨胀证据的需求来说还远远不够。我们希望能够探索宇宙的最初阶段，唯一有保证的信号精度需要提高100倍甚至1000倍。这绝非易事。

宇宙之旅的启程，是在宇宙膨胀结束之际。人类对这一领域的探索，尚未详尽。实际上，可能只有一个可靠的预测。为了取得实质性的进展，我们需要探索早期宇宙那未曾被开发的边界，也就是所谓的黑暗时代。这个时代提供了在恒星形成之前，对宇宙最为清晰的一瞥。星系的气体结构单元，是当时存在的唯一结构。这些被视为大爆炸原始无线电辉光下的化石阴影，是宇宙过去的遗迹。空间的膨胀将这些无线电波的频率降低到可观察到的极限。研究这些早期气体云只能在非常低的无线电频率下进行。我们将看到，这可以通过月球背面的望远镜来实现。这将会引导我们对宇宙膨胀进行最终的探测。

氢元素吸收信号的波动并非完全随机，其强度分布存在轻微不对称性，即其分布偏离了通常的正态曲线。这意味着膨胀理论预测了初始密度波动的微小随机性偏差。虽然这种效应还有待测量，但这是一个可靠的预测，对所有膨胀模型都适用。这是一个非常小的效应，需要极大提高我们目前的实验灵敏度。这是对膨胀理论的最终验证。到目前为止，月球背面的望远镜是实现检测不同尺度上原始随机性偏差的最佳选择。

116

我们无法确定宇宙是否真的发生了膨胀。尽管大多数物理学家都相信宇宙膨胀理论，但这仍然是关于大爆炸后不久发生的事件的一种猜测。因此，我们的主要目标之一是展示人类探索宇宙的下一阶段，即我们最近的太空邻居，将如何提供一个独特的机会来探索宇宙起源。

大爆炸之前

在着手解决现实问题之前，我们的思路需稍作转换。当面对宇宙起源的科学理论时，每个人都会思索这样一个问题：大爆炸之前发生了什么？这通常会引出两种不同的解答，一种是基于宗教信仰，另一种则基于科学事实。这两者相互关联，因为现代物理宇宙学的奠基人就是受到这两种看似矛盾的解答方法的启发。约100年前，乔治·勒梅特尝试将宇宙学的这两个相互独立的方面调和在一起。他继而预测了当前宇宙学的标准模型——一个不断膨胀和加速的宇宙。

首先让我们追溯到5世纪，寻找一个今天仍然适用的答案。宇宙起源的问题是由位于现在的阿尔及利亚的希波主教奥勒留·奥古斯丁（Aurelius Augustinus）提出的。他死于430年，并于1298年被封为圣徒。奥古斯丁成长为一名杰出的哲学家和神学家，他对宇宙本质的许多深刻问题的思考留存在他的著作中。其中他提出了一个与宇宙起源特别相关的问题：宇宙在创世之前有什么？

117 圣奥古斯丁并没有回应经常被错误引用的"上帝正在为问这样问题的人准备地狱"这句话。更准确地说，他实际上写道：

> 毫无疑问，世界不是在时间中被创造的，反而是随着时间的推移而被创造的。时间中的事件都有其先后顺序，过去的事件已经发生，未来的事件还未发生。但在创造世界的时刻，可能不存在过去，因为没有过去的事件可供创造以产生时间的变化和运动。

让我们快进到 20 世纪的现代宇宙学。大爆炸理论的奠基人之一乔治·勒梅特，以简洁明了的词句阐述了他对宇宙初始时刻的看法。在取得广义相对论的博士学位后，勒梅特在比利时被任命为牧师。有趣的是，作为一位被任命的牧师，他通过论证"在我看来，真理有两条道路，我决定两条路都走"来调和大爆炸理论与他的宗教信仰。

大多数现代理论家认为，时间和空间确实始于大爆炸的最初瞬间。但关于如何真正实现这一点，目前尚未达成普遍的共识。

宇宙膨胀

1927 年，勒梅特发表了他的宇宙膨胀理论，该理论得到了红移数据和附近星系距离数据的支持，从而证明了宇宙正在不断膨胀。这一理论揭示了宇宙的起源，暗示宇宙有一个起始点。勒梅特因其卓越的科学贡献而声名远扬，后来成了红衣主教和教皇庇护十二世的科学顾问。1950 年，教皇庇护十二世发表教皇通谕，正式欢迎科学对宇宙创世的新见解。这一历史性的事件标志着科学和宗教之间的对话迈出了重要一步。尽管历史记录并不完整，但据传闻，勒梅特曾强调要谨慎解释这种科学与宗教之间的联系。

在过去，人们普遍认为宇宙是在大约 5000 年前被创造出来的。例如，1650 年，詹姆斯·厄谢尔（James Ussher）主教在其所著的《世界编年史》（*Annals of the World*）中，将宇宙的起源定在了公元前 4004 年 10 月 24 日。虽然宇宙创世论运动仍然支持这一《圣经》中的解释，但如今世界上的主要宗教都已经接受宇宙膨胀的事实，并认可宇宙存在了约 140 亿年。

当然，对宇宙年龄的修正并不是一个巨大的惊喜。早在19 世纪，地球地质年龄的悠久历史就已经被广泛接受。20 世纪初，通过放射性同位素定年法对富含铀的岩石进行测定，证实了地球至少有几十亿年的悠久历史。这些发现与早期关于宇宙起源和演化的辩论相互印证，新的宇宙学范式逐渐崭露头角。

1923 年，苏联科学家亚历山大·弗里德曼（Alexander Friedmann）成功地独立求解了爱因斯坦方程。与此同时，勒梅特的早期研究也在这一领域取得了突破性的成果，他的工作被誉为理解宇宙历史上的一个重要转折点。根据新的膨胀宇宙学理论，我们所处的宇宙拥有难以置信的古老年龄。考虑到地球上丰富的地质证据，这一观点很容易被接受。勒梅特因与弗里德曼共同发现并推动膨胀宇宙学理论而声名大噪。

在受到新的星系距离观测数据的启发后，美国天文学家埃德温·哈勃（Edwin Hubble）于 1929 年重新推导了勒梅特关于星系红移距离关系的结论。他并不知道这项重要工作实际上已经由一位年轻的比利时科学家勒梅特提前完成了。一年后，勒梅特的导师阿瑟·爱丁顿爵士将勒梅特的论文从法语翻译过来，让这一开创性的宇宙学理论获得了广泛认可和普及。在此之前，爱因斯坦曾对宇宙膨胀或更确切地说对空间膨胀持怀疑态度。随着勒梅特的理论逐渐得到认可，爱因斯坦最终被说服了。据说他在 1932 年帕萨迪纳的一次演讲中听到勒梅特的解释后，评论道："这是我听过的关于宇宙创世的最美丽和最令人满意的解释。"这句话无疑是对勒梅特及其理论的极高评价和肯定。

随着星系持续扩张证据的不断涌现，大爆炸理论逐渐取代了早期的宇宙学理论。在半个多世纪后，人们发现宇宙在晚期确实在加速膨胀，这是证实勒梅特的推理的最后一步。尽管暗能量在宇宙的膨胀中只在最后几十亿年才占据主导地位，但起到了决定性的推动作用。在过去的 20 年中，观测数据的精度不断提高，最终揭示了一个宇宙学常数，即能量密度的恒定值。这个常数值非常小，直到宇宙膨胀到目前的低密度状态时，它才真正发挥重要作用。即使暗能量的密度与勒梅特设想的大不相同，他也会对自己提出的理论感到高兴，因为这一理论在揭示宇宙的奥秘方面发挥了关键作用。

我们可以将宇宙加速的发现追溯到 1998 年。当时，两个相互竞争的天文学小组独立发现了宇宙学常数的证据。他们都发现，遥远的超新星比应有的亮度暗了约 20%。超新星，或称爆炸恒星，被认为是一种令人难以置信的精确信标，这是因为它们通过前体恒星坍缩过程中产生的放射性镍的衰变而爆炸，这个过程会产生半太阳质量左右的能量。由于这些超新星的光度巨大，即使在遥远的星系中也能被看到。其他相同的遥远超新星的系统性变暗只能用宇宙加速来解释。经过进一步的研究，天文学家们证明，遥远宇宙尘埃的变暗并不是导致这种现象的罪魁祸首。相反，宇宙学常数确实有一个非零值。因此，2011 年诺贝尔物理学奖被授予了索尔·珀尔马特（Saul Perlmutter）、布莱恩·施密特（Brian Schmidt）和亚当·里斯（Adam Riess）三位杰出科学家，以表彰他们对这一重要发现的卓越贡献。

在勒梅特和哈勃开创的现代宇宙学发展的几十年里，我们对基本粒子物理学的理解取得了显著进步。尽管如此，我们目前对真空能量的最佳估算结果却揭示了预测与观测之间的巨大差距。这个差距实际上代表了现代物理学中一个令人困惑的重大谜题——我的一些同行将其称为最伟大的谜题之一。为什么宇宙学常数的数值如此之小？为什么宇宙学常数直到最近才开始产生显著的影响？ [2]

最近有迹象表明，我们可能需要探索新的未知物理学。天文学家们对测量到的膨胀率存在分歧，不同技术之间的观测数据存在约 10% 的差异。而这种不一致的结果表明，测量的不确定性远小于这一差异。为了增加这种不一致性的趣味，一组数据通过宇宙微波背景辐射强调了早期宇宙的研究，而另一组数据则侧重于对附近星系的测量。

这些数据可能暗示着早期宇宙物理学中存在一些新的线索。但是我认为目前的数据问题还不足以激发新的物理学。对我而言，宇宙学常数只是自然界中无数未解之谜中的一个，自然界中仍有许多尚未被理解的现象，因为我们还没有一个完整的理论。任何观测结果的不确定性都可能是由于我们未能正确解释观测偏差。

目前最杰出的宇宙学理论——大爆炸理论，必然存在问题。大爆炸理论在描述宇宙初始阶段所达到的巨大密度时，揭示了经典物理学的局限性。为了克服这一局限性，需要将引力理论与量子理论相结合。目前将量子理论与引力理论完美结合的终极理论仍遥不可及，这是当前研究的重点和核心问题。或许有一天，这个理论会揭示宇宙学常数的值，如果它真的能被定义为一个恒定值的话。

至今，我们仍未成功推导出所谓的"万物理论"，主要是由于难以设计出对该理论的实验测试方法。要知道，宇宙起始时所获取的能量，远远超过了现有最大可想象的粒子对撞机所能产生的能量，这需要更为聪慧的理念。尽管无法探测到宇宙的起始，

121

但仍然有很多事情值得我们去做，去探索在宇宙起始之后究竟发生了什么。这正是月球望远镜再次展现其独特价值的地方。

探测天体之火

宇宙诞生之初，在炽热的熔炉中产生了无比完美的辐射，我们如今在太空中探测到的，就是它的余晖。那时的宇宙，温度高达数百万开氏度，犹如一个巨大的熔炉，熊熊燃烧。而今，所测得的宇宙温度约为 3 开氏度，相较于过去，已冷却了许多。随着空间的不断膨胀，辐射也在逐渐降温。在这广袤无垠的宇宙中，物质与辐射相互交织。在宇宙的早期，它紧凑而炽热，仿佛一颗炽热的火球，而我们如今所处的地方，就是那火球冷却后的遗迹。回望过去，宇宙曾是一个充满黑体辐射的完美熔炉。

我们是如何得知这些信息的呢？答案是 3 开氏度的辐射在微波频率上最为强烈。射电天文学家测量来自太空的辐射，然后排除由银河系和其他星系引起的所有无关信号。这样，剩下的辐射量还不到总辐射量的 1%，但它在整个天空中是均匀分布的。此外，背景辐射的频率分布与理想黑体的频率分布一致。已知的辐射源，如宇宙尘埃的辐射对宇宙辐射的总量几乎没有影响。因此，可以得出这样的结论：宇宙背景辐射是如此精确的黑体，它只能在宇宙大爆炸后的几周或几个月内，在早期宇

122

宙的致密和高温环境中产生。只有在那时，宇宙的密度和温度才足以确保所有可能的能源能产生一个完美的黑体。

长久以来，人们普遍认为太阳系中最冷的地方是最外层的矮行星——冥王星。但是最接近地球的天体邻居月球已经超越了冥王星的寒冷程度。在月球两极附近的永久阴影陨石坑中，存在着温度极低的冷阱。这个地方的温度非常低，而这也正是我们想要放置未来月球望远镜的地方。在这样的低温环境下，探测器对红外辐射具有极高的敏感度。

虽然宇宙如今已是一片寒冷，但在遥远的过去，它曾是炽热的。杰出的苏联物理学家雅科夫·鲍里索维奇·泽尔多维奇（Yakov Borisovich Zeldovich）是热大爆炸宇宙学的创始人之一。当宇宙微波背景辐射被发现时，他的丰富理论贡献使他在这一重大发现中独领风骚。泽尔多维奇深感兴趣的是我们测量的宇宙微波背景辐射的温度与我们推测出的过去宇宙密度很大时的温度之间存在 3 开氏度的温差。用他自己的话来说："一个罪人的观点是，教会承诺他将来会下地狱，但宇宙学证明，发光的地狱过去就存在。"或许，泽尔多维奇写下这段文字的部分原因，是他对早期职业生涯的反思。在苏联，他成功地设计出了第一颗氢弹。

从宇宙 140 亿年后的视角来看，我们对如此遥远的过去的回溯为何这样自信呢？尽管时光已逝，但我们掌握着众多间接证据——源自宇宙中丰富且最轻的元素——氦。氦是宇宙中第二丰富的元素，其质量约为氢质量的 30%。

在大爆炸理论中，持续的高温状态仅持续了短短的几分钟或几小时，但这足以验证该理论的一个重要预测。宇宙中氦的丰度是对宇宙开始前三分钟的预测的主要依据。这一观点最初是由乔治·伽莫夫（George Gamow）提出的。20 世纪 30 年代，伽莫夫从乌克兰来到美国，他对核物理有着重大贡献，同时他也因其科普作品而广为人知。作为亚历山大·弗里德曼的学生，他是大爆炸理论的共同发现者之一，也是将这一理论纳入主流宇宙学的先驱。20 世纪 40 年代末，伽莫夫意识到，大爆炸的极端环境是合成氦的理想场所。

创世之灰

太阳能是热核聚变能量释放的结果，也是地球上生命形成的关键因素。热核反应的原理在于，当氢原子聚变合成氦原子（第二轻元素）时，会产生能量，反应后整体质量之和小于反应前部分质量之和，因此能量得以释放。

在恒星内核，同样的过程在数十亿年的时间里缓慢而稳定地进行着。在这里，数千万摄氏度的温度足以引发热核聚变，而热核聚变正是太阳的能量来源。我们在太阳中所观察到的一些氦原子来源于前几代恒星。而大多数氦原子是在宇宙形成的最初几分钟产生的，其时间远在太阳形成之前。

氢元素的历史与几乎所有较重的元素存在显著差异。大部分重元素都是在恒星的核心区域形成的，通常伴随剧烈的爆炸过程，并在恒星消亡时被释放出来。但是恒星内部无法形成足够数量的氢。因此，氢的起源应与较重的元素有所区别，能够追溯到更为久远的源头。

图 6　巨大的椭圆形星系 M 87（Messier 87）。在距离 M 87 星系中心约 5500 万光年处，是第一个被成像的超大质量黑洞。这张照片是由世界上最大的光学望远镜之一——欧洲南方天文台的甚大望远镜（Very Large Telescope）拍摄的，其镜面直径约为 8 米。这个巨星系只包含古老的恒星，被认为是超大质量黑洞在很久以前生长和培育的宿主环境。

图片来源：David Malin，©Australian Astronomical Observatory，http://messier.obspm.fr/Jpg/m87jpg

宇宙在形成初期曾处于极端高温和高密度的状态，与太阳中心的环境十分相似。在这个时期，氢的热核聚变在宇宙大爆炸后的几分钟内迅速发生。氢和氦的质量差在核聚变过程中以核能的形式释放出来。想要直接观测到这种能量释放的唯一方法就是通过幽灵般的基本粒子，在核聚变反应中会有大量中微子产生。[3]

我们已经探测到了太阳中微子，其能量通常达数百万电子伏特。中微子是一种高能粒子，有助于实现对其的探测。太阳中微子能够在地下巨大的纯重水罐中触发反应。太阳中微子在重水中散射出中子，进而产生高能电子和 μ 介子。这些高能粒子在传播过程中会激发出微弱的蓝色闪光，而这些闪光则可以由大型光子探测器阵列进行捕捉与测量。

自大爆炸开始的最初几分钟，中微子从太空的各个角落喷涌而出。但时至今日，我们仍未能捕获到这些中微子，原因在于它们的温度极低，难以被探测。这些宇宙中微子的能量甚至低于千分之一电子伏特。通常，中微子望远镜能够探测到来自遥远天体物理源所释放的、能量高达数百千兆电子伏特的中微子。幸运的是，早期宇宙中还有另一种热核反应的产物——在最初三分钟内产生的氦。要解开氦的起源之谜，唯一合理的解释就是：它是在大爆炸最初的一分钟内产生的。在那个阶段，宇宙的温度之高如同太阳的中心，其密度也与之相差无几。

值得注意的是，大爆炸中产生的氦的预测量与我们观察到的相符。无论我观察宇宙的哪个区域，只要校正了恒星贡献微小的测量值，我们就会不可避免地发现相同的氦组分。这是一个普遍适用的宇宙中氦气组分值。在最初几分钟内探测到的氦的预测量，有力地证明了在遥远的过去，在任何恒星或星系出现之前，氦就已经存在。

另一种核反应产物是氘，或称重氢。虽然在星际介质中可以检测到氘，但氘会参与恒星的核聚变反应。因此，恒星不是氘的来源。唯一可能的来源，同样是大爆炸。作为合成氦的副产品，氘是在宇宙最初几分钟内产生的。剩下了足够多的氘——大约每 1000 个氦核中就有 1 个氘核——可以解释所观测到的氘含量。我们观测到的数量与预测的比例相吻合。因此，我们对氘起源于大爆炸的最初三分钟充满信心。

尽管宇宙已经经历了长达 140 亿年的膨胀和冷却，从氦元素的预测中产生的一个引人注目的结果是宇宙仍然应该保持着一种冷"化石"般的光芒。值得一提的是，1952 年，早在宇宙微波背景辐射被发现之前，伽莫夫的研究生之一拉尔夫·阿尔珀（Ralph Alpher）就预测过，今天的宇宙温度约为 5 开氏度。但是这一预测很快就被人们遗忘了。

10 年后，两个美国团队展开激烈竞争，寻找来自早期宇宙的微波背景辐射，这些辐射是揭示宇宙起源的微弱光辉。由罗伯特·迪克（Robert Dicke）领导的团队熟知要寻找的目标，并在新泽西州普林斯顿进行了一项实验。但他们在比赛中遭遇了挫败，败给了两位射电天文学家——阿诺·彭齐亚斯（Arno Penzias）和罗伯特·威尔逊（Robert Wilson）。1964年，彭齐亚斯和威尔逊在邻近的新泽西州霍尔姆德尔的贝尔实验室工作期间，当时他们正在绘制银河系地图，偶然发现了宇宙微波背景辐射的辉光，这种辉光是一种温度只有3开氏度的完全各向同性辐射。

如今，天文学家绘制了大爆炸最初几周产生的宇宙背景辐射的星空图，并证实了光谱的黑体性质。天文学家对最初几分钟产生的"化石"——氘和氦进行了多次测量。这是纯粹思维的胜利。理论家通过将测量到的宇宙膨胀数据依时间推算，就推断出这个炎热、高密度稠密的宇宙早期阶段。

目前关于大爆炸的证据主要基于三个基础——三个相继发现的空间膨胀现象、氦的丰度和宇宙微波背景辐射。这些证据形成了一个无可争议的科学事实，尽管这些证据都是间接的，但宇宙学说不会轻易将其排除在外。这些科学的事实很难被质疑。

探索完美

科学之所以能够取得进步，是因为它经得起测试和验证。

为了进一步证实宇宙微波背景辐射理论的真实性，我们需要对其进行验证。这种辐射是宇宙发展历史上保存完好的遗迹，也是我们接触宇宙开端信息的唯一直接证据。但需要注意的是，光谱不可能是完美的。随着早期宇宙的膨胀，能量不断累积，物质分布并非理想化的平滑。在这个过程中，波动正在增长，引力能正在产生，加热在某种程度上是不可避免的。因此，它可能与黑体光谱存在微小偏差。通过探测将有助于验证该理论的真实性和可靠性。

自然界并不存在所谓的完美，总会有一些微小的缺陷，可能只有借助显微镜我们才能发现。正是这些缺陷，让我们有机会从中汲取教训、总结经验，当然它们也可能成为我们失败的原因。一方面，在可观测尺度上，基因突变推动了人类的进化历程，因此对于遗传学的不同理解竞争异常激烈；另一方面，我们可以使用望远镜寻找宇宙这个超大结构中的缺陷。要想深入探索宇宙微波背景辐射的频率分布，就需要极高的探测灵敏度。[4]

根据相关理论，只有在没有星系干扰的情况下，宇宙微波背景辐射才能呈现为完美的黑体。尽管恒星由重子组成，但"化石"辐射中的光子数量却比重子数量多出约 1 亿个。当然，如今光子的能量已经非常低，但在遥远的过去，光子的能量甚至比电子的剩余质量以及质子质量还要大。因此，在宇宙早期质量估计中，光子占据了主导地位。

光子在力能学领域占据主导地位，因此很难检测到重子留下的任何影响。原则上，由于早期的一些加热效应，只要有能量注入，重子就会发生散射或辐射。这将增加宇宙黑体分布中的光子数量。但是如果这种情况发生得太早，就可能没有留下任何证据。

在宇宙演化的最初几个月里，注入的光子被吸收并转化为黑体光子。但是随着能量的进一步增加，物质密度开始下降，导致转换效率降低。即便如此，偏差仍然存在。与纯黑体的能量分布相比，光子的能量分布会略微失真，尽管这种失真的程度非常微小。

1990 年，COBE 太空望远镜首次进行了对这种偏差的精确搜索。它配备了一种仪器，用于比较宇宙微波背景辐射与内部理想黑体校准器。但是在广泛的频率范围内，并未发现偏差。科学家由此得出结论，宇宙微波背景辐射是一个完美的黑体。他们将黑体光谱的任何可能偏差限制在千分之一。这个限制仅仅与他们星载校准器的精度相当。尽管如此，这一发现仍然是非同寻常的。有史以来最完美的黑体可追溯到宇宙的最初几个月。

在接下来的几十年里，科学家们经过长时间的努力，试图改进这一结果。他们观察到包含恒星和星系的宇宙是非均匀分布的。在星系形成的过程中，不可避免地引入了宇宙早期黑体辐射的偏差。如果我们的宇宙结构形成理论是正确的，那么一定会有这样的偏差。检测这些影响将是对该理论的最终检验之一。

但是这种预测的影响非常小。我们必须在 COBE 的实验中增加一个很大的系数才能改善其探测性能。我们在太空中自由飞行的卫星上很难实现这一目标，同时所需的设备规模也是一个重大挑战。为了确保最佳的实验条件，理想的场所是月球上寒冷、黑暗的陨石坑。陨石坑底部永远无法照射到太阳光，也没有大气阻挡远红外频率的信号，因此非常适合进行太空探测实验。最重要的是，陨石坑内拥有一个稳定的表面，可以轻松安装大型实验设施。

月球项目的优势在于，无论成本高低，我们都将重返月球并着手建造基础设施。一旦登陆月球，我们便有可能在无法想象的规模上推进各种科学工程。月球将成为未来建造高精度望远镜的理想场所。

第 6 章

宇宙暴力的过去

在人类探索宇宙的过程中，我们这个时代可能将被永远铭记，因为这是人类第一次真正意识到宇宙是如此充满暴力。

——奈杰尔·考尔德

黑洞是完全坍缩的天体，其中不包含任何物质，仅有质量。就像《爱丽丝梦游仙境》中柴郡猫突然消失，只留下了它的笑容。当一颗恒星落入已存在的黑洞，或坍缩形成新的黑洞时，就会完全消失。恒星及其物质、太阳黑子和日珥，所有痕迹都彻底消失。唯一留下的，只有引力，那种无实体质量的引力。

——约翰·A.惠勒

暴力的起源

在宇宙演化的壮丽画卷中，第一代恒星的诞生早于星系，这些恒星不断聚集，最终形成第一代星系。这些历史性的事件发生在大爆炸后的 10 亿年内，犹如绚烂烟花在宇宙中绽放时观察到的印记。但这些发生在宇宙初期的事件距离地球实在太过遥远，以至于我们只能借助最强大的地面和太空望远镜，才能勉强捕捉到那些遥远过去的辉煌瞬间。

但是我们知道，当大质量恒星走向死亡时，它们会形成黑 洞。这些恒星的残骸在星系中大量存在。当物质被双星伴星的潮汐撕裂时，我们就可以观测到它们。这些被撕裂的物质会以接近光的速度涌入黑洞，并急剧升温。最终的结果是形成一个强大的 X 射线辐射源。[1] 为了探测宇宙中的 X 射线，太空望远镜是必不可少的。幸运的是，来自宇宙源的大部分 X 射线不会穿透地球大气层。几台不同的 X 射线望远镜已经测量到了来自恒星和星系的大量 X 射线，特别是来自遍布星系团的热气体的 X 射线。

X射线的一个重要来源是被吸积到黑洞的气体。黑洞是密度极大的天体，通常会有一颗近距离的伴星，伴星气体不断向外溢出。这些溢出的气体在落入黑洞的过程中，会受到黑洞强大引力场的影响，被加热并辐射出大量X射线。我们一直在监测银河系和许多邻近星系中的双星系统黑洞。通常情况下，由于气体流动可能不稳定，X射线会突然爆发。我们知道黑洞是一种密度非常大的天体，否则我们就不会观测到X射线。这类天体通常质量太大，不可能是中子星之类的致密星。质量最大的中子星大约是太阳质量的两倍，因此，黑洞成为这个天体的唯一可能。

尽管这些证据非常有说服力，但它们仍然只是间接证据。我们推测黑洞的质量是太阳质量的几倍。引力波提供了一种可以直接探测黑洞的方法。当两个黑洞发生碰撞并合并时，空间会发生震动，就像在引力场中引发了一场地震，进而产生巨大的引力波爆发。因此，科学家们可以利用引力波望远镜在遥远的星系中寻找黑洞形成的痕迹。目前，已经发现了许多这样的黑洞。展望未来，我们可能在月球上看到引力波天文学的突破。

预测黑洞

在科学推理的强大威力下，人们早在现代技术能够探测到黑洞之前，就预测到了黑洞的存在。这个故事开始于 17 世纪，当时年轻的剑桥大学教师艾萨克·牛顿（Isaac Newton）正在躲避席卷英国的黑死病。这场瘟疫在 1665 年最后一次席卷英国，造成了约 15% 的人口死亡。牛顿在他家的乡村花园里领悟到，控制月球轨道的与导致苹果从树上掉落的是同一种力量。地球的引力指引着巨大质量的月球的运动，但也同样作用于质量小的苹果。

牛顿认为，引力是一种普遍存在的力量。事实证明，他的理论在帮助天文学家理解行星轨道方面取得了巨大的成功。月球和太阳引力的相互作用解释了海洋潮汐运动，同时也解释了附近恒星的轨道运行规律。

但是牛顿的理论也存在一些瑕疵。人们最终清楚地认识到，牛顿的理论中缺少了一些关键的信息。一个被研究了几百年的行星轨道显示出异常：水星轨道近日点的进动。牛顿的理论给出的答案并不准确，该理论预测的近日点进动只有观测值的2/3。人们需要更多合理的理论解释。

阿尔伯特·爱因斯坦在 1916 年接受了这一挑战。在他获得第一个学术职务任命之前，爱因斯坦就提出了新的引力理论——广义相对论。解释水星近日点进动是爱因斯坦提出广义相对论的一个关键动机，他提出的这个激进理论在三年内得到了验证。

133

在两次日食活动的监测中，科学家们发现，恒星的光线在靠近太阳时会发生弯曲。日全食导致的黑暗使英国天文学家阿瑟·爱丁顿爵士（爱因斯坦新理论的倡导者）能够测量太阳边缘恒星的位置。根据光线因太阳引力而弯曲的预测，恒星的视位置发生了轻微的移动。这些实验有力证实了爱因斯坦的广义相对论。

但是新的引力理论仅在相对较弱的引力场范围内得到了验证。虽然更多的发现还在等待着我们去探索，但一个世纪的时间已经过去了。爱因斯坦曾预测，当引力变得极强时，必然会形成一个他当时并未称之为黑洞的区域。黑洞是一个强引力区域，甚至连光都无法逃脱它的束缚。黑洞受到物理学家们称之为"视界"的界面所限定。在这个界面之内，任何物质或粒子，甚至是光都无法逃脱。爱因斯坦曾认为，这种奇点不应该存在于自然界中。[2]

在黑洞的视界范围内，一切都无法逃脱。物质可能会在中心收缩成一个奇点，但外部的观察者永远无法观察到这一情况。实际上，当接近视界时，光线会发生强烈的弯曲，这就在视界边际处形成了一个隐形的斗篷状。远处的观察者只能看到一个模糊的黑影。黑洞的轮廓与任何围绕其旋转并绕其轨道运行的辐射物质形成了鲜明的对比。

"黑洞"一词是由广义相对论专家约翰·A. 惠勒（John A.

伽利略号航天器在飞行过程中发回的月球图像

伽利略号航天器在飞行过程中发回的地球与月球图像

阿波罗足迹

1969 年 7 月 20 日，巴兹·奥尔德林在阿波罗 11 号月球行走期间拍下了这张标志性的月球鞋印照片

艺术家设想的未来月球基地

艺术家设想的"奥陌陌"

星空背景下 WFIRST 航天器的高分辨率静态图像

氢化纪元阵列（HERA）

小行星贝努的拼接图像

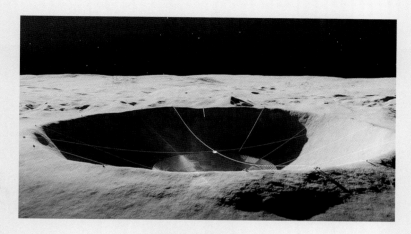

月球环形山射电望远镜概念图

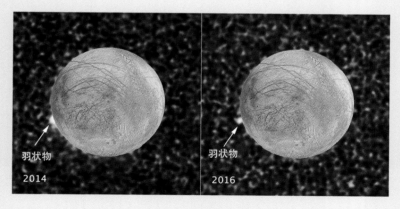

木卫二上的水羽流图像

偏振光中的 M87 超大质量黑洞

Wheeler）于 1967 年创造的。在爱因斯坦预测黑洞存在的半个世纪后，惠勒对那些坍缩的恒星产生了浓厚兴趣，他深知即使光也无法逃脱它们的吸引。在受到脉冲星发射无线电的启发后，他有了新的发现。这些脉冲星是迄今为止发现的密度最大的恒星，其天体密度大得令人难以置信。脉冲星每秒发出极其规律的无线电信号。事实上，脉冲星的规律性甚至可以超过原子钟的精度。原子钟是人类在短时间尺度上最精确的时间测量工具，也是我们设计出的最精确的计时装置。

134

　　脉冲星的这一特性让天文学家感到十分惊讶。它们只有几千米直径，但质量却与太阳相当。脉冲星极大的密度让它们有别于任何已知的恒星，因此可以断定它们属于中子星。如果中子星确实存在，随着它们的老化、燃烧以及引力不断拉扯的作用，质量更大的中子星将进一步坍缩。[3]

　　受到致密星发现的启发，惠勒推断黑洞应该存在。在强大的引力作用下，黑洞将不可阻止地发生坍缩。半个世纪后，爱因斯坦的开创性猜想终于得到了验证。人们早已怀疑黑洞的存在。黑洞的概念与 18 世纪两位自然哲学家，英国地质学家约翰·米歇尔（John Michell）和法国数学家皮埃尔 - 西蒙·拉普拉斯（Pierre-Simon Laplace）提出的致密暗恒星概念相呼应。新的创新是关于黑洞的天体物理学。光被捕获的半径是黑洞事件的视界。在视界区域内，任何事件都无法在远处被观察到。对于远处的观察者来说，这就是黑洞的视大小。

黑暗恒星遗迹

天文学为我们揭示了诸多致密星，比如类日恒星最终的归宿——白矮星。中子星由质量更大的恒星死亡形成，它的密度之大令人咋舌。白矮星的直径约为几千千米，而中子星的直径仅有约 10 千米。这些致密星的质量被限制在太阳质量的几倍之内。任何超过这个限制质量的最终都将不可避免地坍缩成黑洞。

当恒星燃尽燃料，其星体会膨胀并损失大量原始质量。那些初始质量小于 25 太阳质量的恒星最终会转变为中子星。这些恒星主要由密度极大的物质构成，原子核被高度压缩，以至于整个中子星基本处于核密度状态，就像一个巨大的中子。

我们知道，一颗生命开始时质量超过太阳 25 倍的恒星，是不可能失去足够的质量，最终成为中子星的。因为它质量太大了，注定会在自身质量的作用下坍缩，收缩成一个重量超过 3 太阳质量的致密天体。而其演化的最终终点只能是黑洞，没有其他选择。这就是大多数黑洞的形成过程。

大多数黑洞是由大质量恒星的死亡产生的，这些恒星在它们短暂生命中的大部分时间都在燃烧氢作为热核燃料。一旦核燃料耗尽，它们就会坍缩成黑洞。大多数大质量恒星都为双星系统，拥有伴星。轨道速度和距离取决于这对轨道恒星的质量。轨道参数为我们提供了一种测量黑洞质量的可靠方法。

让我们考虑一个双星系统，即两颗相互绕轨道运行的大质量恒星。大多数大质量恒星是以双星形式诞生的。许多恒星伴随着银河系的形成而诞生。双星中质量较大的恒星会首先死亡并形成黑洞。随着时间的推移，另一颗伴星会开始膨胀，这是其生命结束的开始，因为它的核心变成了一个失控的聚变反应堆。即使是太阳，也会在大约 40 亿年后膨胀成红巨星。现在，136伴星——一颗巨大的恒星——会膨胀到其伴星形成的黑洞上，黑洞会辐射出大量 X 射线。我们的星系中到处都是明亮的 X 射线源。许多 X 射线源被认为是吸积黑洞。

在恒星的伴星经历死亡后，会形成一个伴生的黑洞。随着时间的推移，在引力辐射的作用下，这对黑洞的轨道分离会逐渐缩小。此时，旋转的黑洞仿佛开始了一场惊心动魄的舞蹈。伴随着互相绕转的轨道收缩变得越来越快，能量损失越来越大，同时黑洞之间的引力也越来越大。一旦它们靠得太近，就没有回头路，两个黑洞注定要发生合并。当这对黑洞最终合并时，空间的曲率彻底动摇，形成一个更大的黑洞。在这个过程中，空间和时间经历了剧烈的振动，产生了强烈的引力波爆发。

图 7　偏振光中的 M87 超大质量黑洞。2019 年，人类首次通过事件视界望远镜（Event Horizon Telescope，EHT）捕捉到了黑洞的图像。在 M87 黑洞的新视图中，线条展示了偏振光的重建，这主要与黑洞阴影周围的磁场有关。这个发现为解释 5500 万光年外的 M87 星系如何从其核心发射高能射流提供了关键线索。为了实现这一壮举，EHT 合作项目将全球 8 台望远镜联合起来，包括智利北部的 ALMA（阿塔卡马大型毫米 / 亚毫米波阵）和 APEX（阿塔卡马探路者实验望远镜），它们一同组成了事件视界望远镜，犹如一台虚拟的地球大小的望远镜。

图片来源：The Event Horizon Telescope（EHT）collaboration，https://science.nasa.gov/m87s-central-black-hole-polarized-light

爱因斯坦认识到，引力场中的强烈扰动应该能逃逸到任何遥远的观察者那里。他预测，引力波是由于引力坍缩而产生的。引力波是黑洞合并的唯一见证。观测数据能为引力波存在提供最终证据，但一个世纪过去了，天文观测才赶上理论。

观测到黑洞!

爱因斯坦的引力理论告诉我们，质量会让空间发生弯曲。任何形式的质量，都会使空间产生弯曲。黑洞的存在更是如此。黑洞形成时产生的瞬态波会扰动空间的曲率。正是空间的这种抖动产生了引力波。随着能量的损失，黑洞最终会合并在一起，最后产生巨大的引力波爆发。这就像喇叭声。这是最后的冒险开始的地方。但到达地球的引力波信号十分微弱。对于遥远的观测者来说，空间抖动的幅度几乎可以忽略不计。

137

黑洞合并事件之所以如此微弱，是因为它们不仅罕见，而且距离我们非常遥远。在银河系中，预计每百万年才会发生一次这样的事件。因此，为了捕捉到一次黑洞合并事件，就需要对数百万个星系进行持续的监测。通过在宇宙中进行广泛的搜索，才有可能发现这些短暂的瞬态事件。但是发现并确认黑洞合并并不容易。引力波的最后一次爆发可能只有几秒钟或更短的时间，而且很容易被错过。为了能够及时捕捉到这种瞬间的

138

变化，需要时刻保持高度警惕和专注。经过几十年的不断努力，引力波探测器的发展终于取得了重大进展。2016 年，一对黑洞合并产生的引力波被成功捕获，这个发现震惊了期待已久的物理学界，也证实了爱因斯坦的广义相对论中关于引力波的预测。

位于地球表面的探测器接收到的引力波信号确实非常微弱。用实验来证实引力波困难重重。引力波以一种随时间和方向变化的方式，在空间进行微妙的弯曲。在早期的引力波探测中，科学家们曾尝试使用金属材质的棒状探测器，但这些探测器灵敏度太低。任何测量杆的长度都会发生微小变化。预测的长度变化相当于测量人类头发的直径相对于最近恒星的距离。实际上，探测灵敏度低的原因是单体棒探测器实在是太小了。要突破棒状引力波探测器的性能障碍，需要进行具有挑战性的实验。

为了探测引力波，需要开发特殊的技术。现代的引力波探测器通过测量相距几千米的镜子反射回来的激光束长度实现引力波的探测。其中两条垂直光束发出两个信号，再通过干涉原理来增强引力波信号。经过的引力波会轻微地拉伸其中一条光束，同时缩短另一条光束。观察者寻找两个波的波峰同相时的信号增加，以及它们异相时的强度抵消。通过这种方式，可以获得探测通过引力波的最佳灵敏度。[4]

激光干涉引力波观测台（Laser Interferometer Gravitational-wave Observatory，LIGO）实验是专门为探测宇宙中的引力波

而建立的。该实验有两个相距 3000 千米的观测地点，一个位于华盛顿州汉福德的前核反应堆保护区，另一个位于路易斯安那州利文斯顿的潮湿松林。这两个观测地点可以用来对引力波源的位置进行三角测量，从而精确定位引力波源。后来，引力波观测的规模进一步扩大，还包括了位于意大利比萨附近的第三台探测器——室女座引力波探测器（VIRGO），从而实现了跨大西洋观测。通过对激光光束进行对比，可以确定引力波信号在太空中产生的位置。这样，我们就拥有了一台引力波望远镜。但引力波源的方位估计误差仍然很大，达到数十度。

我们能够精确地测量镜子之间的距离，其精度可达到激光波长级别。当引力波经过时，会引起光束长度的微小变化，这个变化仅有头发直径的万亿分之一。这种超高精度的测量是通过干涉测量法实现的，它能够实现比激光波长更小的距离测量精度。

根据爱因斯坦的广义相对论，科学家们能够预测出实际可测量的引力波信号。尽管如此，当这个长期以来备受期待的引力波天文学领域终于迈向充满希望的曙光时，对于科学家们而言仍然是一种巨大的解脱。理论表明，随着黑洞的相互接近，引力波的频率将随着强度的增加而上升。同时，轨道速度将随着轨道半径的缩小而加快。科学家们能够观测到两个黑洞合并的惊悚过程，它们在最后的时刻会发出频率变化的"啁啾"*声。所有这一切都发生在极短的时间内，正如预期信号的计算机模拟所预测的一样。

引力波是黑洞形成的最直接证据，这一发现彻底改变了天体物理学的研究格局。科学家们实现对黑洞的直接探测历经了近一个世纪的时间，在此之前，关于黑洞的天体物理学证据都是间接的。基普·索恩（Kip Thorne）因为在期待已久的黑洞发现实验中发挥了关键作用而获得了诺贝尔奖，他曾写道："在人类头脑中从独角兽到怪兽再到氢弹的所有概念中，也许最神奇的是黑洞：一个空间中的洞，有一个明确的边缘，任何东西都可以掉进去，任何东西都不能逃脱；一个引力场如此强大的洞，甚至光都被捕获并被其控制；一个弯曲空间和扭曲时间的洞。"

黑洞发出的最后一点信号可以用来测量黑洞的质量，因为信号的持续时间能告诉我们黑洞的实际大小。第一次探测到的信号是两个黑洞合并产生的，每个黑洞的质量约是太阳质量的30倍。由于宇宙正在膨胀，信号的波形非常精确，可以通过它推断黑洞与我们之间的距离。当黑洞离我们越远时，任何发射信号的波长都更容易被宇宙膨胀拉伸。借助激光干涉引力波仪

---

* 信号在传播过程中，其频率在信号持续时间内线性增加，当将信号变到音频时，会发出一种声音，听起来像鸟叫的啁啾声，故名"啁啾"。

器探测到的激光束波峰间距，就可以推断出与引力波源的距离。

　　我们知道，黑洞合并这类事件通常发生在宇宙深处遥远的星系中，由于两个黑洞合并所需的时间极为漫长，可能长达几十亿年，因此这类事件在银河系中是十分罕见的。随着观测技术的进步，科学家们已经发现了数百个合并中的黑洞。这些黑洞的质量范围从太阳质量的 2 倍到太阳质量的 100 倍不等。引力波望远镜正在持续探测更多的黑洞合并事件，我们正在迈入研究黑洞天体物理学的全新时代。

　　不幸的是，目前能够探测引力波源的光学设备很少。由于天体物理黑洞素来以裸露状态闻名，它们的合并预计不会释放任何电磁辐射。2017 年的天文学观测取得了重大进展，两颗中子星合并产生了引力波爆发，以及相关的光辐射。质量较小的中子星产生的信号相比黑洞合并要短暂得多，因此更容易进行区分。在这次观测中，科学家们检测到了短伽马射线暴。电磁信号中包含了大量关于中子星合并的信息，以及射线暴中放射性能量的作用，还有喷射到星际介质中的稀有元素。我们甚至为这种现象起了一个新名字——"千新星"（kilonova）[*]。自此之后，科学家们陆续发现了其他中子星合并事件，也不断地在天

------

*　"千新星"是一种短暂出现于双致密天体（如双中子星、中子星与黑洞）合并过程中的天文现象。在合并过程中，会产生各向同性的物质抛射和重的 R- 过程元素的放射性衰变。因此，千新星被认为可以产生短伽马射线暴和强烈的电磁辐射。

空的大片区域定位黑洞合并事件。

最令人振奋的是，通过建造月球引力波观测台，我们将能够深入探究黑洞的合并历史。随着轨道时间尺度的缩短，引力波频率将逐渐上升。当黑洞最终合并在一起时，我们将能够追踪到众多坠入黑洞的轨道。我们将能够详细研究两个黑洞从最初捕获到最终合并的过程。最令人激动的是，月球的距离将允许对引力波的波源信号进行三角测量，从而计算出其精确位置。月球为引力波天文学开辟了新天地。

巨型黑洞潜伏之地

黑洞存在两种截然不同的类型，一种是恒星黑洞，另一种是超大质量黑洞。恒星黑洞通常是由恒星死亡形成的，其质量有数十太阳质量那么大。而超大质量黑洞则是由许多较小的黑洞和恒星合并或者星云整体坍缩形成的。超大质量黑洞存在于星系的中心，其质量可以从 100 万到 100 亿太阳质量不等，在很久以前就在星系的中央区域形成，因为那里的条件有利于巨型黑洞的生长。[5]

超大质量黑洞在吞噬气体和恒星的过程中，会表现出极高的活跃性。其释放出的巨大能量，使得类星体成为一种准恒星射电源。自 1964 年首次被发现以来，类星体就被公认为是一种极其强大的点状射电源。通过使用光学设备进行观测，可以发现类星体发射的光具有持续发光和辐射不同频率的光谱线的特点。这些星体辐射是由围绕黑洞旋转的热气体产生的。观测结果显示，这些辐射谱线出现了高度的红移，这是由于宇宙膨胀所造成的。此外，观测数据还表明，类星体非常亮且位于非常遥远的距离。

我们相信类星体是位于大质量星系中心的超大质量黑洞。在黑洞巨大的引力潮汐场的作用下，恒星碎片被撕裂并从其中倾泻而出。偶尔会有恒星过于靠近中心黑洞，而这些碎片会在巨大的引力作用下旋转并升温，形成一个围绕黑洞运行的致密盘。这个盘会不断吸积物质并产生大量的辐射，其中就包括强烈的 X 射线辉光。同时，围绕这个旋转的盘的磁场会被卷起。强大的射电发射流会沿着阻力最小的路径，即盘的轴线，在磁力的作用下加速并射出。

尽管类星体是宇宙中最明亮的天体，但它们也是密度极大的天体。相较于银河系产生的大部分星光分布在几千光年的半径内，类星体的光度分布在 1 光年宽的区域内，相当于 1000 个银河系星系的光度。目前，关于类星体的唯一可行解释是，被破坏的恒星的碎片在周围聚集并滋养超大质量黑洞时，会释放出大量的能量。在许多情况下，这种巨型黑洞的质量可能为数十亿太阳质量。

在太阳系附近，有一个相对较小但依然巨大的黑洞潜藏在银河系中心，这个黑洞位于射手座方向，是银河系的主要黑洞。通过研究环绕黑洞的恒星的轨道运动，可以精确测定黑洞的质量。在红外波长下，能够直接观测到这些恒星。10多年来，天文学家们一直在追踪这些恒星的运动轨道和运行速度。通过测量，银河系中心的超大质量黑洞的质量高达400万太阳质量。

银河系的巨大黑洞恰好是强烈的无线电波源，被命名为人马座A（Sagittarius A），该辐射源是太空中最强的无线电波源之一。虽然具有强烈的无线电辐射，但目前它并不是很活跃。与此相关的是，它的X射线发射也相对较低。维持其低水平的X射线发射所需的能量非常少。由此，我们推断人马座A从其周围宇宙介质中吸收的气体非常少。

在过去，情况与现在截然不同。我们知道人马座A曾经历过一次剧烈爆发。大约在1000万年前，发生了一次猛烈的伽马射线暴，并在宇宙中留下了明显的印记。通过费米伽马射线卫星望远镜所获取的图像显示，在银河系中心周围延伸数百光年的范围内，存在着巨大的伽马射线发射泡，被人们称为"费米气泡"。这一发现为我们揭示了银河系中心黑洞早期爆发的剧烈程度。

我们利用全球最大的望远镜回溯时空，探索宇宙中的第一批类星体。我们收集到的数据显示，超大质量黑洞几乎与第一代星系同时诞生，两者都出现在宇宙诞生后的 10 亿年内。我们观察到了黑洞对其所在环境产生的显著影响，然而对此仍缺乏足够的解释。最引人注目的是类星体射电源从一个仅有几光年宽的区域，释放出大量的能量，驱动气体快速流出星系。宿主星系因此失去了其气体储备。它在短时间内快速老化，注定会成为一个充满衰老恒星的大型椭圆星系。

如今，得益于引力波天文学最新的发展和先进技术的应用，我们得以实现更好的观测效果，得以一窥黑洞仍在增长的中心，对这个神秘的宇宙怪物进行深度探测。

超级黑洞的出现

基本上，所有星系都包含一个位于其中心的大质量黑洞。[6]其中，一些黑洞的质量甚至达到了太阳质量的数十亿倍。但是我们目前尚未完全理解这些巨型黑洞是如何形成的。根据推测，它们可能是通过许多较小的恒星黑洞合并而逐渐形成的。这就是引力波天文学能够给予我们的启示。

另一种有趣的可能性是，黑洞通过吞噬大量积聚在星系中心的星际气体或吞噬过于靠近的恒星而增长。恒星碎片会发出大量的 X 射线，这也是新一代 X 射线望远镜的主要观测目标。

为了解析如此微小的区域，我们需要极其巨大的望远镜，而且最好是不受地球大气层干扰的，以改善望远镜的视野清晰度。这就是月球望远镜将在未来类星体探索中发挥关键作用的原因之一。

黑洞捕获恒星和气体吸积得益于星系的合并。这些剧烈的相互作用搅动了引力场，其后果之一便是最内部的气体和恒星失去了角动量，这种现象在黑洞附近尤为显著。物质因此被导向中心黑洞，为这个怪物提供了能量来源。

天文学家们发现了间接线索，其中之一就是中心黑洞质量与内星系恒星总质量之间的联系。星系的内部区域是由密集的恒星组成的球状星团，其中包含星系中最古老的恒星。这些恒星在大爆炸后的前 10 亿年就已经开始形成，构成了宇宙中最古老的天体之一。大质量黑洞和球状星团似乎如同双子星一般相互依存，它们在宇宙的演化过程中共同成长。

星系盘是在宇宙演化后期形成的。圆盘围绕着球状星团，并包含许多由最近获得的气体形成的年轻恒星。当气体向内流动时，它的自转形成了一个巨大的圆盘。银河系就有这样一个圆盘，而太阳就位于这个圆盘之中。银河系还有一个凸起，其中心是一个质量为 400 万太阳质量的黑洞。

这些结果具有两个重要含义。首先，我们预期在大爆炸后的几亿年内会发现大质量黑洞。事实上，当宇宙诞生 10 亿年的时候，我们发现了质量高达 100 亿太阳质量的黑洞。其次，这些发现暗示了黑洞的形成需要"种子"，质量较小的黑洞通过吸积气体或进行合并，以形成更大的黑洞。否则，这些超级黑洞可能永远不会在足够早的时期形成。

如果从一个典型的恒星黑洞开始，其质量大约在 10 太阳质量与 20 太阳质量之间，那么几乎没有足够的时间来生长成为我们发现的超级黑洞。因此，一个有趣的发现是，最大质量的超级黑洞似乎在遥远的过去就已经存在。其中发现的最大黑洞的质量高达 200 亿太阳质量，在宇宙大爆炸的数亿年后就开始作为光源发挥其作用。超级黑洞的"种子"是如何形成的，这仍然是一个尚未完全解开的谜团。[7]

超大质量黑洞最有可能在大爆炸后从第一代星云中形成，其中一些星云包含 100 万太阳质量的气体。这些星云被认为是第一代恒星的所在地。氢分子的存在提供了所需的冷却条件。但其中许多星云可能没有充分冷却。分子气体云在黑洞潜伏的地方很容易被破坏。一些星云可能因太热而无法碎裂，但仍会因为失去足够的能量而坍缩。这些第一代星云中的大部分不会碎裂从而经历整体坍缩。

就这样，大质量黑洞形成了。我们预计这些黑洞的质量将达到数万太阳质量，质量介于由垂死恒星直接形成的黑洞和在大质量星系中心发现的超级黑洞之间。这些黑洞可能是超级黑洞的"种子"。事实上，我们已经发现了它们的存在。

146

我们如何验证这一假设呢？一个有效的方法是寻找黑洞形成的"种子"。矮星系可能是我们的最佳选择，因为许多矮星系的中心包含大质量的黑洞，这些可称为中等质量黑洞。当这些矮星系合并在一起时，它们的黑洞会逐渐沉入并最终形成大质量星系的中心，这就意味着黑洞的"种子"正在聚集。随后，这些种子黑洞发生合并，最终形成超大质量黑洞。因此，可以推断每个大质量星系在其中心都可能有这样一个潜伏的超级黑洞。此外，大多数矮星系可能都包含一个中等质量黑洞，虽然这些黑洞非常难以观察到，但最近我们还是发现了许多这样的黑洞。

见证超级黑洞

黑洞因吸收附近的气体云，导致其质量持续增长。这些气体云在年轻的星系中普遍存在。典型的超大质量黑洞，其质量加倍的时间大约需要 5000 万年。当气体云被捕获后，中心的超大质量黑洞，也就是类星体，便不断地吸积这些气体。类星体的爆发虽不连续，但仍在持续发生。观测结果显示，类星体在早期宇宙中大量存在，当时有充足的气体供应。

当黑洞缺少外部气体供给时，会变得相对不活跃。只有当有新的气体供应时，它们才会重新焕发活力。在附近的星系中心，那些超大质量黑洞就像是休眠的巨人。在很久以前，当它们还是年轻的类星体时是很活跃的。在宇宙的演化过程中，曾经的星系诞生了大量恒星，充满生机和活力。如今的大质量星系大多已经转变为红色，并逐渐迈向消亡，只留下一些冷却的、暗淡的老年恒星。这些大质量星系之所以走向"死亡"，主要是因为它们已经无法提供足够的分子气体云来滋养新恒星的诞生。[8]

星系与中心黑洞的增长之间存在错综复杂的联系。大质量星系内通常都有超大质量黑洞。但黑洞并不会无限制地增长，因为与黑洞形成相关的剧烈过程会导致气体外流。如果一个黑洞变得过大，气体外流就会增强，任何残留的气体都可能被更有效地驱散。这种外流成功清除了宿主星系的星际介质，导致星系中正在形成的恒星被湮灭。因此，黑洞与恒星质量的通用比率得以保持不变。此外，星系质量越大，其中心黑洞的质量就越大。

黑洞形成过程中存在着一种自我调节机制。我们观察到，从最小质量的星系到最大质量的星系，星系的质量与中心黑洞的质量之间存在一种特定的关系。这告诉我们，老年恒星和中心黑洞是相互依存的，它们都是在星系历史的早期形成的。来自中心黑洞的辐射限制了可能分裂成恒星的落入气体的数量，而抑制气体的吸积反过来又限制了黑洞的质量。这种自我调节机制确保了黑洞保持在一个合理的大小范围内。[9]

关于超大质量黑洞的第一个直接证据来自射电天文学。证明超大质量黑洞存在的最终证据是黑洞阴影的射电波成像。黑洞周围的吸积盘光线被捕获，形成了一个印记，与巨型黑洞的阴影相对应。来自黑洞周围物质轨道的光线无法逃逸，因此形成了一个近乎圆形的阴影。

我们首个选定目标是 M87（Messier 87）椭圆星系的核心，它是最接近我们的巨大星系，位于处女座，距离地球大约 5000万光年。阴影的大小代表着黑洞的视界。经过多年的精心筹备，全球射电望远镜终于在 2019 年成功观测到了 M87。这个巨大的事件视界望远镜项目利用分布在不同地点的 8 台射电望远镜同时采集数据，这些地点从南极横跨至美国，再到西班牙。

该技术是通过将每台望远镜接收的不同信号组合在一起，生成一幅单一的合成图像。这种技术被称为干涉测量，因为产生的干涉图是由各台望远镜的信号相互干涉形成的。这次观测利用了分布在数千英里之外的望远镜接收的信号。当来自不同望远镜的无线电波以相同的相位组合时，就会产生干涉图，即波峰与波峰、波谷与波谷相重合。通过精确校准的超精密时钟来对各个信号进行同步组合。通过这种技术，可以将单台望远镜接收的信号合并成一幅完整的单一图像。

通过协调无线电波的相位，全球望远镜网络能够像一台口径数千千米的巨型望远镜一样运作。通过无线电望远镜的最大间距，获得的角分辨率是 2500 万分之一弧秒。这个分辨率对应于黑洞的视界尺度，约为 0.001 秒差距。黑洞阴影的大小约为该尺寸的 2.5 倍。以 M87 星系的黑洞为例，其质量为 65 亿太阳质量。值得注意的是，周围光的不平衡现象是由于黑洞自转对周围时空产生的引力所导致的。这种效应已经被用来证明黑洞正在以接近光的速度旋转。

搜寻仍在继续

对超大质量黑洞的搜寻还在继续，寻找它们的终极方法是观测引力波。当两个超大质量黑洞在轨道上相互旋转时，会发出引力波。最终，这两个黑洞在引力波的最后爆发中合并。

预计黑洞合并将与星系合并相伴发生。黑洞合并所产生的引力波频率远低于恒星黑洞，因为涉及的轨道时间尺度要长得多。恒星黑洞合并发生在毫秒级，产生的引力波频率为千赫兹。超大质量黑洞合并则需要更长的时间。

超大质量黑洞在长时间尺度上合并，其合并频率随着黑洞质量的增加而增加。这是因为黑洞的视界大小与其质量成正比。超大质量黑洞合并的过程可能长达 10 分钟。这种长时间跨度使得其产生的引力波频率仅限于毫赫兹范围。在合并之前，超大质量黑洞会相互绕行多次，以接近光的速度穿越数百万英里。只有在相距 100 万英里的卫星探测器之间，通过多次反射激光束，才能实现检测数亿英里的信号波长所需的灵敏度。这个波长正好对应于超大质量黑洞最终合并时产生的低频引力波。[10]

这正是欧洲航天局计划于 2037 年发射的空间激光干涉仪（Laser Interferometer Space Antenna，LISA）。LISA 将由三颗卫星组成，将在远离地球的地方进行编队飞行。这些卫星将以等边三角形的形状进行编队飞行，每边的距离为 250 万千米。卫星将绕着太阳运行，与地球的距离约为 5000 万千米。每颗卫星都将包含一个"测试质量"的合金立方体（75% 金和 25% 铂），并对立方体的位置进行精确的测量。三颗卫星所组成的三角形的边长被精确校准，能够为引力波探测器提供一个完美的标尺。

为了确保实验的成功，"测试质量"必须实现零阻力飞行。在太空中，它的飞行路径只能由引力控制，不能受到如太阳风或太阳辐射压力等非引力的阻力影响。为了实现这一目标，要将"测试质量"放置在航天器内的真空腔中。这样，真空腔壁承受了太阳风或太阳辐射压力等非引力的阻力影响，每当航天器发生摆动，真空腔外壳都会通过星载推进器重新定位。这样一来，封闭在腔内的"测试质量"只会感受到局部的引力场。这种精心设计的隔离方式是为了探测可能经过的引力波的影响。

卫星之间的距离将通过激光进行监测。为确保能够检测到引力波，所需的测量精度必须极高。为实现这一目标，LISA 将必须以 10 亿分之一厘米的分辨率（甚至小于原子直径）在 100 万千米的距离上测量相对位移。不过请放心，当卫星发射时，我们完全有望在这项任务中实现技术突破。

月球引力波观测台

还有一种方法可以探测引力波。当一个实心圆柱受到引力波的冲击时，它会像铃铛一样产生振动，尽管这种振动很微弱，效果也不明显。至今，地球上建造棒探测器的尝试都以失败告终。但月球提供了一种新的途径，有望成为终极引力波探测器所在地。从地震学的角度来看，月球比地球安静得多。那么，为什么不在月球上建造引力波望远镜呢？月球就像一台巨大的棒探测器。下面介绍一下它的工作原理。

一个想法是在月球表面的不同区域安装几台地震仪。地震仪是一种类似于钟摆的装置，能够测量地面的微小震动，通常用于监测地震活动。阿波罗号航天员曾在月球上放置地震仪，并进行了几年的监测。月震大多是小规模震动，且不是由月球板块活动引起的。事实上，月球有一个固体内核，没有地球上那样浮动的构造板块——板块的运动和碰撞会导致地球的地震活动。

我们之前提到，月壳在缓慢的热收缩和月幔受到地球及太阳引力引起的潮汐扰动作用下，积累了应力。偶然发生的月震会释放这种应力。同时，陨石撞击也对月壳产生了扰动。总体来说，月球的地震活动要比地球弱数百万倍。这使得月球成为引力波天文学的理想场所，因为可以探测到经过的引力波引发的微小振动。为了实现这个想法，需要协调相隔数百千米的地震仪的信号，寻找共同的扰动。

月球在科学方面的前景是无可比拟的。我们将通过研究LISA 在太空和 LIGO 在地面之间的频率范围，开启探索大质量黑洞的新领域。这些黑洞的质量位于恒星遗迹和大质量星系核中的超大质量黑洞之间。研究这些中等质量黑洞——这些黑洞是难以捕捉的种子，预计会成为连接大小黑洞之间的桥梁，似乎是理解早期宇宙中超大质量黑洞存在的一个关键要素。月球引力波望远镜将通过观察这些黑洞合并过程中所产生的引力波暴，为我们更深入地了解宇宙的奥秘提供重要线索。

我们将努力填补十千米和百万千米基线之间的空白，这一空白决定了我们将能够探测到黑洞吸积并最终合并在一起的频率。随着黑洞轨道运行速度的加快，黑洞以更高的频率发射引力波，最终达到最后的调频"啁啾"信号。填补这一频率差距将使我们能够研究黑洞合并的全过程。月球表面为引力波探测器的运行提供了有利条件，这将有助于填补这一空白。监测月球振动的地震仪非常适合引力波探测。最终，我们将能够揭示大质量黑洞从诞生到灭亡的全过程。

除此之外，月球还有一个重要优势。通过将月球引力波探测器与地球引力波探测器相结合，进行三角测量，可以更准确地确定引力波源的方向。相比于地球探测器，该方法能够以百倍的角度精确引力波源的位置。至此，引力波天文学的研究将进入新的阶段。

第 7 章

我们是孤独的吗？

宇宙无比浩瀚，有无数繁星。我们仅能看见恒星，因为其发光；行星则因其小且暗，而不能被看见。宇宙中也有无数围绕其恒星旋转的类地行星。任何一个理智的人都不能假定，可能比我们地球更壮观的天体不会承载着类似于甚至优于我们地球上的生物。

——佐丹奴·布鲁诺

我相信浩瀚宇宙中，智慧生命充盈其间。因其智过于人，故未曾造访地球。

——阿瑟·克拉克

人类最大的疑问

他们在何处？这个关于宇宙中是否存在其他智慧生物的问题带来了巨大的挑战。我们能否推断出人类在宇宙中是孤独的？我们推测了答案，但唯有通过直接搜索，才能揭晓真相。

据说，1950 年左右，核物理学家恩里科·费米（Enrico Fermi）在夏季访问洛斯阿拉莫斯国家实验室时，提出了这个著名的问题。当时，他与同事们正在享用午餐。其中一位科学家后来回忆道，他们走在去吃午餐的路上，并就一部描绘外星人从城市街道上偷走公共垃圾桶的《纽约客》（New Yorker）卡通片开玩笑。这个话题后来被搁置了，但在午餐过程中，费米突然提出了这个问题。他对银河系中没有其他智慧文明存在的迹象表示惊讶。

多年来，人们针对费米悖论提出了诸多可能的解决方案。接下来，本章将对其中一些方案进行介绍。尽管研究人员尚未就其中任何一个方案达成共识，但是，任何合理的假设都告诉我们，技术文明可能已经扩展到整个银河系的各个角落，而且这一进程可能在比太阳系年龄短得多的时间内完成。尽管如此，人类尚未遇到任何来自外太空的访客。不过，关于人类是不是银河系甚至整个宇宙中的唯一智慧生命的问题，仍然是现代人类面临的最有趣的问题之一。[1]

太阳系形成于宇宙历史的中期，大约在 46 亿年前，相当于银河系历史的晚期。在太阳系诞生之前，宇宙中可能已经发生了沧桑巨变。许多类似太阳的恒星的年龄比太阳要大得多，甚至有几十亿年的差距；同样，许多行星系统的年龄也非常古老。在其他太阳系中找到生命证据的可能性完全是个未知数。

尽管如此，对外星生命的搜索仍在继续。天文学家们正在竭尽全力地观察银河系中的每一颗星星，寻找类地行星的踪迹，寻找那些可能存在生命的遥远星球的大气、成分和气候与地球相似的迹象。随着下一代大型太空望远镜的投入使用，我们有望深入探索最近的系外行星。这些望远镜将提供智慧生命可能存在的线索，例如氧气水平上升。众所周知，大气中的氧气是生命存在的必要条件。除此之外，我们将寻找更加复杂的生物特征。

"我们是孤独的吗？"的答案，其实是我们宣称自己在宇宙中与众不同的依据。除非能找到其他外星生物，否则我们永远不会知道人类有多特别。我认为，寻找其他外星生物的最终平台将会是月球。

外面有什么？

人们曾试图估计宇宙其他地方存在智慧生命的概率，但由于我们的无知，这些尝试变得异常复杂。在评估智慧生命出现的概率时，涉及太多的未知因素。

除了太阳系之外是否存在生命的问题外，关于生命的出现、进化和生存能力也存在巨大的不确定性。尽管近年来在实验室中创造生命方面取得了显著进展，但从有机物质的产生开始，生命的确切起源——从化学到生物学的巨大转变——仍然是一个谜。同样，尽管达尔文的进化论已被证明是理解生命多样性的一个非常成功的范例，但核心事实是地球上的生命是我们迄今为止拥有的唯一生命案例。基于如此有限的统计数据，其他地方存在生命的可能性仍然具有极端的不可预测性。

一个实验的目标是在太阳系的其他星球寻找生命。其中，两个具有潜力的星球分别是火星和木星的第四大卫星——木卫二。火星的环境干旱，表面没有生命迹象，但发现了水的痕迹。通过研究干涸的湖床和河流峡谷，我们推断过去这里曾经存在大量水和富氧环境。挖掘这些地区可能会发现化石生命的痕迹，

156

图 8　在距离我们太阳系最近的恒星系统中，可以看见绕轨道运行的系外行星。两颗明亮的恒星分别是半人马座阿尔法星（左）和半人马座贝塔星（右），它们是双星系统。圆圈中心位置的暗星是比邻星，位于半人马座阿尔法星的东南方。这颗较暗的红色小恒星是三星系统中的第三颗恒星，距离较近的主星是半人马座阿尔法星。由于它们具有类似地球的特征，是寻找外星生命迹象的主要目标。

图片来源：Skatebiker at English Wikipedia，CC BY-SA 3.0，https://commons. wikimedia.org/w/index.php?curid=46833562

或者至少能找到微生物存在的证据。这是未来行星探索的核心目标。

同样，木卫二上厚达千米的冰壳下隐藏的海洋，是水生生物能够生存的理想环境。木星的潮汐引力搅动着其卫星的深处，从而产生热量，为维持液态海洋提供了内在能量。欧洲航天局的冰质木卫探测器（JUICE）计划在 2029 年抵达木卫二，通过

157

提供详细的成像，届时将能更深入地了解这个潜在的生命绿洲。

土卫二，作为土星众多卫星中的一员，也被寄予厚望，它可能拥有地下咸水海洋。在土卫二上，冰和水的混合物会通过结冰表面的裂缝喷涌而出。卡西尼号（Cassini）探测器分析了液态水的成分，发现海洋中富含有机分子。这些有机分子是合成氨基酸和蛋白质的主要成分，而氨基酸和蛋白质是最简单形式的微生物生命的基本成分。

在地球之外发现生命迹象，将为"生命并非仅是地球的一次偶发事件"的观点提供佐证。这将为证明生命在宇宙中的普遍存在提供重要证据，从而帮助我们更深入地理解偶然性在地球生命发展过程中的决定性作用。例如，地球庆幸地拥有一个相对较大的卫星，它稳定了气候，为生命的繁衍提供了适宜的环境。小行星带或许是导致地球大规模物种灭绝的元凶。我们可以大胆设想，小行星碰撞产生的巨大火灾或许为生命的播种提供了有利条件。这些小行星碎片中可能包含有机物质，为生命的诞生提供了可能。

我们的太阳可能位于一个宜居的优越位置。太阳系位于银河系两条主旋臂之一的小分支上，相对于银河系中心的位置使我们免受潜在的伽马射线暴的破坏性影响。这源自高磁化、自转的中子星。幸运的是，我们距离任何可能对生命构成威胁的事件发生地都相当遥远。

我们对于复杂的生物体如何进化仍然知之甚少。无数的随机进化方向都未取得成功。尽管达尔文的进化论在地球上似乎行之有效，且被人们广为引用，但极有可能只是罕见的侥幸。试想，关于地球上的生命，我们的统计数据是不存在的。其他行星的环境即使不是恶劣的，也是极不稳定的。智慧生命有可能自我毁灭。或许生命注定要经历多个循环。生命永远无法足够稳定，以熬过通向高级文明所需的数百万年，且没有足够的时间去开发出能够进行星际旅行的技术。

另外，在数十亿年的岁月中，特别是其他类似太阳的恒星周围，智慧生命的存在或许是不可避免的。我们所能做的就是在宇宙中广泛地搜寻，因为我们无法估计外星生命存在的概率。但是我们的搜索面临着一个难题：我们并不真正知道应该寻找什么样的高级生命特征。能够完成星际旅行的智慧生命在科技上必然比我们领先数千年甚至数百万年，并且显然有更多的时间进化。如果这些外星生命就在我们面前，我们会认出他们吗？如果这些宇宙居民确实存在，人类所谓的高科技对他们来说将微不足道。

太阳系中的生命

谈论外星生命以及探测外星生命的方法显得格外适时。一种简单但重要的方式是寻找太阳系之内地球之外的生命迹象。

生命需要三个关键要素。首先，液态海洋的存在是必不可少的，它提供了溶剂，使分子能够结合。其次，一个无毒的大气层来屏蔽破坏生命的极端紫外线辐射是必需的。最后，需要能量来协助分子合成，证明并非所有辐射都是有害的。

在太阳系中，月球和水星没有大气层，这些都不是寻找生命的理想环境。另外，金星的大气层有毒，下硫酸雨，与生命不相容。最近，有报道称在金星大气层中探测到了磷化氢的存在，原因是其吸收了云层的无线电辐射。地球上已知磷化氢的唯一来源是微生物活动，但在木星和土星的云层中也发现了磷化氢，那里的磷化氢可能不是由微生物形成的。

除了温室气体失控的问题，金星与地球在某些方面更为相似。在金星大气中维持生命似乎极为困难。金星的火山活动为磷化氢提供了另一种可能的来源。但这并不是唯一的解释。最近，对原始无线电特征的重新分析表明，之前观测到的信号可能同样是由于金星大气中的常见气体二氧化硫引起的。关于在金星大气中可能探测到的磷化氢的实际意义，目前尚无定论。

火星是探索化石生命痕迹的首选之地。过去，火星曾经拥有浓厚的大气层，其表面由数十亿年前的水和风力侵蚀而形成。在土星的卫星土卫二上，其海洋可能为微生物生命提供了一片生存的天地。此外，太阳系中最大的卫星——土卫六（泰坦星）

也是一个令人着迷的世界。土卫六的甲烷大气层并不利于我们所知生命的存在。甲烷可以有机地产生，并且会有二氧化碳的痕迹，但天文学家们怀疑土卫六的情况并非如此，因为其环境似乎太过恶劣。

土卫六上弥漫的甲烷为天文学家们提供了一个理想的原型，以供其寻找存在于年轻类地行星上的有机生命形式的证据。我们推测，早期地球上的环境可能和土卫六有着惊人的相似之处。大约在 30 亿年前，地球也曾被一层富含甲烷的大气层所笼罩。然后，随着生命的不断繁衍与进化，大量的二氧化碳被释放出来。二氧化碳在受到年轻太阳的紫外线辐射后迅速分解，进而为地球塑造了如今富含氧气的大气层。

系外行星

即使我们未来在火星或木卫二的任务中有幸发现了微生物化石或其他生命痕迹，这也不能完全证明生命的普遍存在。因为来自地球的污染风险实在太大。毕竟，已经有一些地球陨石被证实来自火星。

我们的搜寻范围需要延伸至比太阳系更遥远的地方。借助开普勒太空望远镜进行观测，我们发现，对于银河系中的每一颗冷矮星，都有很大的机会发现至少一颗地球大小的行星在其所谓的宜居带运行。这个宜居带，即"金发姑娘"（Goldilocks）区，是指一个恒星星际中适宜生命生存的地带，其间有适宜的温度，水能够以液体形式存在，故而其离恒星不能太远，也不能太近。[2]

根据开普勒望远镜的统计数据，我们推测银河系中可能存在超过 10 亿颗的类地行星。若将可能存在的 M 型红矮星系纳入考量，这个数字将非常惊人。仅开普勒望远镜的搜索统计数据就发现了数千颗有希望的最接近和最容易研究的系外行星。或许在这个群体中藏匿着一些令人惊奇的发现——除非在适居区的行星上发展出具有技术能力的生命体的概率极低。在此情况下，我们可能需要搜索 100 万个甚至更多的候选者。如果生命真的很罕见，我们将很难发现高等生物的踪迹。

如果我们确实是孤独的，那么生命将是多么罕见？我们可以粗略估计，在十亿万亿颗系外行星上，生命爆发的概率不到一次。而这还仅仅是可观测宇宙中可居住区域内类地行星的预期数量。这种可能性确实微乎其微，但这也与我们目前对生命起源的无知相吻合。

也许这种想法过于悲观。除非非常不幸，否则得出这样的结论并不为过：地球上的人类不应该是宇宙中唯一存在的科技文明。当然，这已过去多年。但是我们也必须承认，这种先进的生命体可能不仅非常稀有，而且距离我们非常遥远，也许超出了我们目前能够观测的范围。

现在，我们有机会回答至少其中部分问题，而这正是建造更大更好的望远镜能够带来巨大回报的主要原因。只有看得更远，我们才能更深入地探索宇宙的奥秘。未来，我们将努力拓宽视野，而月球将成为关键的探索平台。

探索附近的星球自然是一种实用的试点策略。为了更准确地评估生命存在的可能性，我们亟须发现更多类似地球的系外行星作为参考。让我们以最近的候选星球为起点。比邻星，作为距离地球仅 4.2 光年的恒星，是离太阳最近的恒星邻居。它是一颗红矮星，其质量仅有太阳的 12%。比邻星的光度为太阳光度的 17%。因此，宜居带相对于太阳的位置更靠近恒星。在这个区域中，一颗类似地球的行星每 11 天围绕比邻星一周，接收到的能量通量约为地球从太阳接收到的能量的 70%。这足以形成一个具有生命可能性的生物圈。

我们已有一个理想的起点来展开搜索。当然，怀疑论者可能会质疑将所有鸡蛋放在一个篮子里的策略。我们确实需要探索更远的宇宙，但必须从某个地方开始。

生命的特征

为了更广泛地搜寻生命迹象，我们需要研究尽可能多的系外行星的大气层。我们需要寻找生物特征。生命特征的一个很好例子就是地球自身的大气层，它因植物生命的存在而呈现独特的光谱特性。我们知道，当新月时，它的光被反射为"地球光"*，即地球反照。地球反照光中包含一些吸收谱线，在月光的映衬下，呈现出"红边"现象。地球大气光谱中的这一特征源于紫外线被绿色植被吸收并在较长波长处重新辐射。因此，我们在光谱中看到了一种红色的吸收特征。由于植被的存在，这种红色光谱边缘甚至存在季节性变化。

最初的想法是在遥远的行星大气中寻找类似的光谱特征，这些特征可以揭示生物特征的存在。我们计划在行星对其母恒星照射产生的反光中测量吸收谱线。通过这种测量方法，我们甚至可以发现季节性的变化。到目前为止，我们尚未观察到这样的特征，但我们已有少数可实现吸收光谱测量的候选行星。

探测行星的红边现象将是未来太空望远镜的关键任务之一。由于地球大气层的限制，我们无法在生物标志物搜索所需的最理想光谱带获得足够的透明度。正如我所言，只有太空望远镜才具有必要的分辨率和不受大气层限制的自由，而月球望远镜则是未来的终极目标。

寻找生命的目标主要集中在类日恒星和较小的恒星上，因

---

* "地球光"即地球反照，地球表面反射太阳光照亮邻近天体的现象。

为据统计，绝大多数恒星的质量都小于太阳。这些较小的恒星通常被称为 M 型矮星，其质量大约为太阳的 1/3。在银河系中，M 型矮星占所有恒星的 70% 左右。就像离太阳系最近的比邻星，这些 M 型矮星中有很大一部分可能拥有行星。

有两个因素使得质量较大的恒星不适合作为生命支持能源：它们的寿命相对较短，并会发出强烈的紫外线辐射。生命所必需的生化过程可能需要数十亿年的时间才能展开。例如，质量超过太阳质量 3 倍的恒星，很可能在生命出现和进化之前就燃烧殆尽了。相比之下，像太阳这样的黄矮星以及更为常见的红矮星，它们的寿命更长。此外，围绕这些更红、更暗的主恒星运行和过境的行星更容易被发现。

扩大搜索范围以寻找其他区域的生命证据相对较为简单。这种策略可以包括寻找一些简单的迹象诸如微生物大气痕迹，或者退一步说，寻找可能有利于微生物繁衍的条件。如果能够在其他地方发现这种生命的存在，那么这将极大地推动我们对更复杂生命形式的探索。生命的出现需要满足三个基本条件：首先，需要一种溶剂，例如水；其次，需要有机物质；最后，需要能量。[3]

为了将化学物质运入和运出细胞，就需要某种形式的液体溶剂。液体环境对于分子间接触以形成长链有机物来说是不可或缺的。此外，液体环境还可以保护有机物免受紫外线辐射。

目前尚不完全清楚是否只有水可以发挥这种作用。可能还有其他选择，因此我们需要保留选择的余地。

要在遥远的距离探测到生命，生命必须进化到能够主宰行星表面化学变化，从而达到显著改变大气层的程度。只有这样，拥有生命的行星才会通过独特的化学生物特征暴露自身的存在。借助足够强大的望远镜，我们可以远程探测到这些生物特征。

在地球存在的最初 10 亿年甚至更长时间内，它可能不会被探测到是孕育生命的星球。氧气是一种重要的生物特征，它在相对较晚的阶段才成为地球大气的主要成分。这一重要变化几乎完全归功于大约 20 亿年前发展起来的最简单的光合生物。随着微生物细菌的繁殖，大气中的氧气含量开始缓慢上升。

大气中氧气的含量多少可以通过追踪其对含铁岩石的影响来大致估算。在海洋底部，我们发现了生锈的沉积物。通过对岩石年龄的测定，可以推断出富含氧气的大气何时首次形成。在利用太阳能的生物产生大量氧气之后，氧气开始丰富早期的地球大气。只有在那个时候，原始的多细胞生命前体才得以发展。

在考虑恒星周围可居住区中足够古老的岩石行星上生命存在的可能性时，我们需要明确：没有任何单一的生物特征是绝对可靠的。最原始的生命可能通过多种途径产生，这使得我们不能单纯依赖于某一种生物特征来确认生命的存在。尽管如此，大气中富含氧气仍然被视为一个非常有希望的指标。如果某颗行星的大气中氧气含量非常高，比如达到百分之几十的水平，这可能是一个非常有希望的迹象。为了确保结论的准确性，我们还需要对其他生物特征进行补充性的搜索。

非生物过程也可以在行星大气中产生氧气。这些过程包括通过强烈的太阳紫外线辐射分解二氧化碳。伴随着水蒸气的蒸发，氢会消失。但这些过程产生的氧气往往不稳定，并且数量较少，因此很难达到生命所需的高水平稳定氧气富集。可以想象一个不需要生物产生氧气的情况：火山活动可能产生大量二氧化碳，这些二氧化碳随后暴露在年轻太阳的紫外线辐射下，被分解成氧气。

为了证明氧气的生物起源，我们需要找到氧气与其他潜在生物特征共同存在的证据。一种可能性是极端的热化学不平衡的化学效应。在这种情况下，氧气和甲烷的同时存在将作为重要的生物存在指标，因为氧气和甲烷通常不会同时产生。甲烷是生物活动的主要废物，它的存在对于确定臭氧与氧气的比例也会有帮助。只有结合了几种化学标记物，才能显著增强氧气基于生物起源的可信度。

我们将寻找具有显著生物特征的适宜居住的地表条件，例如水蒸气和温室气体（如氯氟烃、臭氧和一氧化二氮）。在地球大气中，甲烷可由牛打嗝时的细菌产生，沼泽中的植物腐烂也会产生甲烷。我们还将寻找有机霾和植被引起的红边现象等其他目标，红边现象是由于叶状结构引起的反射率增加诱发的。此外，我们还将关注与光合作用相关的大气生物标志物的季节性变化，包括二氧化碳的变化。同时，我们还将寻找海洋的季节性反光。但这些研究需要在类似太空的条件下使用超大口径望远镜进行，而这只有在月球上才能做到。

宜居性的无线电特征

假设一颗系外行星克服了产生生命的障碍。[4] 在典型的系外行星环境中，生命仍然可能因为各种因素而消亡。年轻的恒星会释放出强烈的辐射，同时还会产生大量的宇宙射线和 X 射线，这些都会对系外行星上的生命产生极大的负面影响。此外，强烈的恒星风也会削弱系外行星上的可居住性前景。因此，即使一颗系外行星克服了生命产生的障碍，它仍然可能会受到来自恒星辐射的影响，大大降低了生命存在的可能性。

地球的磁层可以有效地保护地球免受太阳风和太阳宇宙射线暴发的伤害。因为磁层可以偏转进入的电离粒子，使它们无法直接冲击地球。如果一颗年轻的系外行星周围也拥有磁层，那么它也可以免受类似的环境破坏现象的侵害。

众所周知，磁场物理学在探测系外行星周围是否存在保护性磁场方面提供了一种有效方法。磁场与太阳风的相互作用会产生独特的低频无线电信号，这些信号被称为无线电"耀斑"*。例如，巨大的木星就存在强大的无线电耀斑源，通常是由拥有强大磁场的木卫一经过所触发。当行星经过其主恒星附近时，恒星的磁层会产生巨大的电流。这些电流会触发行星的磁场产生极光现象和无线电辐射。计划在月球背面进行的类似低频无线电实验，将监测附近的系外行星，并能够推断出该行星是否存在磁层。

坠落的彗星有可能为无菌的系外行星提供有机物质。彗星被认为是地球水的重要来源之一，同时也有可能为年轻的地球提供有机物。但目前我们还无法确定彗星为地球提供了多少有机物质。

克服眩光

在不久的将来，寻找太阳系外生命迹象的一种有效途径是观测大气中富含氧气的行星。为实现这一目标，我们可以构建一台大型的低成本地基磁通量采集阵列望远镜。另一种途径是利用当前正在打造的欧洲特大望远镜，其光收集区域相当于几

---

* 耀斑通常是指太阳活动的一种重要表现，是太阳表面局部区域突然和大规模的能量释放过程，引起局部区域瞬时加热，向外发射各种电磁辐射。

个足球场的大小。这台世界最大的望远镜将配备甚高色散光谱仪，这对于寻找生物痕迹具有至关重要的意义。

要直接观察系外行星，首先需要克服一个巨大的挑战。主恒星的光芒过于明亮，以至于它掩盖了系外行星的微弱信号。为了在强光的背景中识别出这些微小的信号，需要将其抑制到十亿分之一的亮度。但在地球表面进行这样的观察是极其困难的，因为大气的散射作用会干扰我们对恒星和行星的观测。即使成功地抑制了恒星的光芒，我们仍然需要在地球大气阻挡的光谱区域进行观察。为了实现这个目标，最理想的方式就是将望远镜送入太空。[5]

为了寻找宇宙中的生命迹象，我们必须超越地球大气层的限制，因为大气层阻挡了大部分可能揭示生命存在的电磁波谱。因此，我们需要利用红外和远红外波长在整个电磁频段上进行观测。目前，我们正处于迈向解决方案的第一步。南希·罗曼太空望远镜（Nancy Roman Space Telescope）是一种大视场红外巡天望远镜，计划在 21 世纪 20 年代中期发射。这台望远镜将配备遮星板，这种装置能够保护系外行星免受主恒星发出的大部分光线的干扰，从而能够更准确地观测这些行星。

想象一下在路灯下观测星空的情景。夜空不会很暗。但在太空这样的极端环境中，观测需要得到必要的防护，以抑制遥远行星的主恒星发出的强烈光线。这些光线可能会淹没有可能存在的微弱信号，从而阻碍我们对系外行星的准确观测。在太空中，恒星就像一个明亮的亮点，为了遮挡它的光芒，可以使用一种叫做遮星板（Starshade）的装置。遮星板是由聚酯薄膜制成的巨型遮阳伞，大约有网球场那么大。遮星板被单独发射到太空中，然后在几十千米外展开，部署在望远镜的前方。这种配置旨在将遮星板置于望远镜和可能产生干扰的星光之间。遮星板和望远镜都位于距离地球 100 万英里的环太阳轨道上。遮星板的作用是阻挡恒星光照射到望远镜上，就像一个不透明的遮光盾，挡住了恒星的光芒，但不会遮挡绕轨道运行的系外行星。

幸运的是，由于恒星的光强在红外波段相对较弱，大部分恒星目标在红外波段看起来都较为黯淡。即使在这种情况下，仍然需要阻挡 99.999999999% 或更多的恒星光，以准确观测绕轨道运行的行星。只有当我们能够精确地定位遮星板，才有可能解析出绕轨道运行的行星。

我们的任务是刻画遥远类地质量行星的特性，同时找到生物活动的信号。但考虑到这些信号可能非常微弱，最佳策略是在更长的波长范围内进行探测，特别是那些通过反射恒星光而呈现微弱发光的行星。太空望远镜优化了在红外光谱段的灵敏度和对比度，因此，这个谱段是我们应当关注的重点。

即使能够充分控制恒星的强光，我们也只能对最近的恒星实现强光抑制。因为望远镜分辨率受到限制。而太空望远镜的口径和聚光能力限制了可以探测到的行星数量。未来的月球观测站将有望突破这一限制。

除非基本生命形式普遍存在，并且能够通过远程探测来发现，否则探测的成功率并不高。我们目前的估计本身也具有很大的不确定性。大多数位于宜居带的行星很可能没有富含氧气的大气层。像火星一样，因为其质量太小，引力无法维持大气层的稳定存在。

除了上述障碍，还有其他必须克服的问题。主恒星可能会频繁爆发破坏生命的耀斑活动。此外，合成有机物所需的活性元素可能不足，因为化学条件也必须适合生命的出现。至少对于我们所了解的生命形式来说，行星必须具备液态海洋和富氧大气。虽然这些条件是可以满足的，但寻找这样的系外行星无疑是一个旷日持久的过程。为了提高发现具有生命特征的行星的概率，我们需要利用多种特征进行综合分析。

下一代太空望远镜发现外星生命特征的可能性非常小，主要原因是其计划中的调查区域过于局限，同时望远镜的口径也偏小。为了提高探测类地系外行星上生物标志物的成功率，我们需要采取更为大胆的策略，使用更大口径的望远镜。超大口径将成为未来月球望远镜最显著的特征，对于提高探测能力起着至关重要的作用。

月球是人类的平台

未来的望远镜成功搜寻到生命的基本要求是什么？归根结底是尺寸。假设这样的任务恰好没有检测到任何生物特征。我们需要能够至少对太阳系外生命的稀有性进行有意义的解释。不幸的是，模拟表明，可能很难对搜寻不到生命意味着什么做出明确的说明。由于观测数量有限，仍存在许多未探索的潜在信号途径。如果能获取更多的样本，将会对探测外星生命任务的完成有所帮助。

一个具有实际意义的目标是获取一系列最显著的生物活动特征。在类太阳恒星周围的宜居带中，即使类地行星中生物活动现象很罕见，也必须获取足够多的目标样本，以获得其是否存在任何生物特征的证据。只有一小部分的目标系外行星——可能只有1%甚至更少，可能具备合适的条件来显示这些有趣的生物活动特征。因此，为了实现成功的生物活动探测，我们需要具备对数千颗候选类地行星的大气层进行成像和特征描述的能力。

在未来的10年里，我们计划实施一项雄心勃勃的工程，即建造一台能够覆盖紫外、光学和红外光谱带的大型太空望远镜。这台望远镜的口径将达到10米级，自然是作为寻找最简单生命迹象的任务候选者。我们可以对距离地球大约100光年的生命稀有性设定一些有趣的限制。但是 10 米口径的望远镜可能根本不足以在附近的系外行星中检测到有意义数量的生命迹象。为了进行重大的生命搜索，我们需要更深入地搜索，探索数千光年外的生命迹象。

任何更大规模的望远镜项目都面临着极高的经费挑战。当前我们面临的现实限制是空间望远镜的尺寸问题。这种限制在很大程度上是预算问题。我们该如何扩大搜索范围？如何探测银河系中数十亿可能存在生命的类地行星？我们需要一种能够在太空环境下运行的超大型望远镜，以进行针对实际生命特征的有意义的搜索，而望远镜的尺寸是一个关键因素。

类地行星搜索的真正未来是在月球上建造望远镜。只有在月球上，我们才有希望建造足够大的望远镜。在月球上，尺寸不再是问题，预算也不是大问题。虽然为月球计划所做的一切都非常昂贵，但所需的月球基础设施也将为其他目的而开发。月球天文台将依托于计划中的月球开发任务，其建造成本比建造一座月球旅游酒店综合体高不了多少。

月球正在发出召唤。在月球极地陨石坑的黑暗环境中，我们可以设计出光学和红外望远镜，用于实现在地球或太空观测中无法达成的目标。月球环境与太空相似，陨石坑永久处于黑暗和寒冷的状态，并提供了一个巨大的稳定平台。最重要的是，月球上能够实现建造超大口径的望远镜。现在是将大型月球望远镜与月球探测计划同步的正确时机。一台口径为 300 米的望远镜将彻底改变我们对系外行星生物标志物的搜索方式，为我们收集到的大量可居住带岩态行星的生物特征数据提供了具有显著统计意义的支持。

我们调查的空间体积决定了一切。一台超大口径的月球望远镜将改变游戏规则。与调查少数行星不同，它将观测的样本数量大幅增加，即便是流行病学家也会认为这样的规模适合作为罕见疾病统计样本。月球望远镜将为人类打开一扇新的门户，使我们能够深入观察周围的环境，探索范围从 100 光年到数千光年。300 米口径的望远镜的观测目标体积是数十亿立方光年。这意味着人类将能够访问多达 100 万个可居住的系外行星目标。即使宇宙中其他地方生命相对稀少，但因为有了如此庞大的样本量，我们将有机会探测到明确的生物特征。因此为了更好地在宇宙中寻找生命，我们需要建造前所未有的大口径望远镜。

为了在红外光谱区工作，我们可以利用月球两极附近的深坑。这些坑高耸且太阳仰角较低，因此永久黑暗和寒冷。设想建造一台口径为 400 米的抛物面望远镜，比最大地面望远镜口径大 10 倍。与未来 50 年计划中任何可想象的太空望远镜相比，这台巨大的月球望远镜分辨率将是其 30 倍，并且集光面积将是其 1000 倍。通过使用这台望远镜，我们可以调查具有现实意义数量的系外行星，以寻找遥远类地行星上生物活动的可靠迹象。

172

普遍性

在地球上，最基本的多细胞生命形式花了 30 亿年才出现并再经过 15 亿年的进化，才达到今天的地步。这一进程受到了一系列偶然事件的影响，包括地球板块构造的形成和小行星的撞击。不知什么原因，人类得以幸存并不断进化。如今，我们初步具备太空旅行以及通过无线电的接收和传输进行星际通信的能力。

我们尚不明确这样的时间尺度对于揭示复杂和智慧生命出现的实质性限制有多大影响。我们是处在发展的中点，还是正濒临文明的尽头？等待我们的将是一场生存灾难吗？或许，在条件更为有利的环境中，进化会加速发展。但是这一切或许只是巨大的侥幸，毕竟人类没有足够的时间去见证任何形式的竞争。

我们当前在宇宙中的位置在一个与太阳保持安全距离的行星轨道上，这确实表明地球发生过一些神奇的事件。天文学家所面临的挑战在于确定在银河系中是否存在比太阳系更古老且能维持生物圈的行星系统。实际上，近期对太阳系外生命的搜索将集中在附近的恒星上。

在可观测的宇宙中，存在着数百亿个星系。寻找可能存在于其中的生命，将成为未来的长期目标。考虑到巨大的时间尺度，太阳系的当前年龄大约是银河系年龄的一半，也是太阳预

173

测寿命的一半。因此，我们可以推断，银河系中大约有一半的恒星比太阳更古老。

这个数字本身并不足以判断能够形成生物圈的古老行星的普遍性。我们需要考虑生物圈的预期寿命，而不仅仅是主恒星的寿命。以地球为例，其生物圈预计还将继续存在约 10 亿年，随后在另外 10 亿年内，地球将失去所有的水。这两种情况都是由太阳光度不断增加造成的。

生命所依托的宿主行星仍然依赖于行星的物理寿命，因为它们必须具备进行行星化学循环的能力。例如，碳循环——碳元素在大气层、陆地和海洋之间的循环——在决定行星的反照率（即反射光的能力）和温度方面起着至关重要的作用。因此，碳循环控制并自我调节着行星的适应能力。但是目前地球大规模的碳燃烧活动正在威胁这种稳定性。

有趣的是，最近对宇宙行星形成历史的研究得出了一个结论，即太阳系的形成时间与银河系现有行星的中值年龄相差无几。这意味着银河系中的大多数恒星都比太阳还要古老。因此，根据这一研究结果，可以推断出目前存在的类地行星中，约有 80% 可能在地球形成时就已经形成了。如果这一推断成立的话，那么这些行星中的大多数都比地球早数十亿年。这个发现提出了一个令人不安的问题：人类或许是宇宙中存在的智慧生命之一，但也有可能是唯一幸存下来的智慧生命。

174

大气层之外

为何不去寻找大气之外的特征呢？超高分辨率成像技术在其中具有决定性的作用。如果目标是观测地表特征、海洋波动、季节变迁等，所需要的远不止是拍摄一个淡蓝色的小点。试想，在理想的天文观测点，我们拥有一台真正的大型望远镜，如月球两极附近长年黑暗且寒冷的陨石坑，在这样的环境下进行观测才是我们的终极目标。

此处正是实现极致成像分辨率的理想之地。我们可以通过将众多小型望远镜的观测数据进行相干组合，以构造出一台真正的大型望远镜。由于地球大气层的衍射效应，这种设计对于地球光学望远镜来说效果并不显著。月球的无大气层环境是实施此项技术的理想场所。

法国天文学家安托万·拉贝里（Antoine Labeyrie）曾提议在一处完整的黑暗陨石坑中安装一系列 5 米口径的红外镜，这些镜子以抛物面结构排列，目的在于将光线聚焦在由电缆连接的陨石坑上方的相机上。这一设计预示着我们可以建造一台口径可达 10 千米的月球超级红外望远镜。如此规模的望远镜将能直接且详尽地揭示最近的系外行星邻居的秘密。10 千米口径的超级望远镜具备的分辨率为 10 微弧秒，这是我们目前难以想象的巨大提升。超级望远镜所拥有的这种精湛角度分辨率能让我们有能力分辨出距离我们 100 光年内的系外行星表面特征，甚至可以描绘出跨度达 1000 千米的海洋和大陆的图像。

我们致力于研究与地球质量相当的系外行星，因为这些行星围绕距离地球最近的红矮星或黄矮星运转。借助于对这些行星反射光的观察，我们可以识别出其地质特征和大气云层，甚至探测到液态海洋的特性。此外，我们还能分辨出云层的结构以及是否存在湖泊、山脉和森林。最引人注目的是，我们期望能探测到邻近系外行星上可能存在的外星城市的夜间灯光。如果这些城市确实存在，它们将很难被隐藏。这一前景充满了无限的可能性，令人惊叹。

一台千米口径的月球陨石坑望远镜将展现出卓越的成像能力，致力于解答一个令全人类痴迷的宇宙谜题：我们是孤独的吗？这台超级望远镜为探寻可能揭示先进技术存在的外星特征信号提供了完美平台。众多遥远的系外行星得益于比地球早数百万年甚至数十亿年的发展优势，可能广泛存在着揭示外星生命的潜在线索。当然，这些线索也有可能并不存在。只有通过人类的不懈探寻，才能揭开这个谜团。

目前，我们能够以高角分辨率观测到的地球附近目标的数量有限。因此，另一种通过寻找无线电信号的方法或许更为可行。这种先进文明的信号可能如同电视广播一样寻常，抑或成为揭示更复杂先进文明存在的指示器。显然，此类信号具有高度不可预测性，因为我们尚未掌握其确切规律。

虽然我们曾经试图寻找外星文明发出的无线电信号，但至今未能成功。这种信号或许是探测先进生命形式的最佳手段之一，因为它们可能会在全星系范围内传播。目前，无线电信号搜索已成为常规天文观测项目的一部分。1963 年，波多黎各岩石洼地建造了一台巨大的 300 米阿雷西博（Arecibo）射电望远镜。该射电望远镜的准球形碟面，位于天然灰岩坑内，接收器悬挂在碟面上方 150 米处。整个天线被可调节的金属板覆盖，这些金属板构成了巨型球面反射器的活动表面。阿雷西博对地外文明的搜索已经持续了几十年，但直到这台望远镜在 2020 年倒塌，也未搜寻到外星无线电信号。不过，随着中国建造的口径 0.5 千米的望远镜[*]于 2020 年投入使用，对宇宙无线电信号的搜索工作仍在继续。

176

月球望远镜将推动这一概念进一步发展。无线电搜索技术可以应用于月球背面，因为来自地球的无线电干扰被月球所阻挡。月球绕轴自转一周为一个农历月，其自转周期与 28 天的轨道周期潮汐保持一致，因此我们从地球上观测到的始终是月亮的同一面。

---

* 　即 FAST（Five-hundred-meter Aperture Spherical radio Telescope），500 米口径球面射电望远镜。FAST 于 2011 年 3 月 25 日动工兴建；于 2020 年 1 月 11 日通过验收，正式开放运行。

我们计划在月球背面建造一台巨型射电望远镜，以有效屏蔽来自地球的无线电干扰。相较于地球望远镜，该望远镜将具备更高的灵敏度，特别是在低无线电频率下。当然，该月球望远镜的主要任务是探索宇宙学中最后一个前沿领域——宇宙黑暗时代。可以预见，该望远镜能够识别虚假信号，并为更大规模的射电干涉仪提供重要补充。此外，其优势在于以较低成本进行引人注目的外星智能信号搜索。只有完全填充的天线口径才能具备足够高的灵敏度，从而捕捉到可能来自先进技术文明的闪烁的无线电噪声。

主动出击：让我们到那里去

距离我们最近的系外行星位于比邻星附近，距离地球大约4光年。这个距离对于航天器来说是可以接受的，我们可以想象将航天器发射到那里。为了实现这一目标，我们需要一枚性能卓越的航天器，能够以光速的1/10飞行。从技术角度来看，通过光帆推进的方式是可行的。光帆是一种利用强激光束照射在航天器上连接的聚酯薄膜上的推进技术。这种薄膜在激光束的持续照射下会产生一种持续的压力，从而推动航天器以接近光的速度飞行。地球上的激光器可以作为光帆推进的光源。通过这种方式，我们可以实现航天器以接近光的速度飞行。

177

该方案已经过深入研究，并且证明对于足够小的航天器来说是可行的。事实上，目前正在开展一个研究项目，旨在前往半人马座阿尔法星系并对该星系的行星进行成像。由风险投资家尤里·米尔纳（Yuri Milner）和 Facebook 创始人马克·扎克伯格（Mark Zuckerberg）共同资助的"星击计划"（Project Starshot）是一项私人研究计划，旨在发射小型星际探测器。"突破计划"（Project Breakthrough）提出了一种质量仅为几克的设备，该设备采用复杂的电子微型相机的形式，被植入克级硅片中，并由一米大小的光帆推进。

"星击计划"旨在发射一个由 1000 厘米级航天器组成的集群，每枚航天器都将配备由地球或月球上的巨大 100 吉瓦激光器驱动的光帆。这些微型相机将以接近光速的 1/10 飞行，经过 30 年的旅程后抵达半人马座阿尔法星。每枚微型航天器只需几分钟的时间就能够飞越这颗遥远的星球，并将拍摄到的图像传输回地球。在飞离地球 4 年后，我们可能会收到来自最近系外行星的高分辨率图像。

我们将能够分辨出该行星的地表特征和海洋，并捕捉到与地球最为相似的行星的短暂影像。遗憾的是，到那时再进行任何后续成像都为时已晚。"星击计划"中的相机舰队将以 1/10 的光速掠过目标，永不返回。

我们已经探讨了在月球上建造一台超级望远镜作为备选的

系外行星成像策略。这一方案有望在类似"星击计划"的时间尺度上实现。通过在永久黑暗的月球陨石坑中建造超级望远镜，我们将有可能实现对距离地球数百光年的遥远行星进行高分辨率成像。这是唯一能让我们了解最近邻居的更多信息的方法，而不仅仅是捕获瞬时的影像。

尽管"我们是孤独的吗？"这个问题的答案可能不会改变我们在宇宙中的独特地位，但其重要性怎么强调都不为过。无论如何，除非进行不懈的探索，否则我们永远无法得知答案。月球将成为人类继续探索外星生命的终极平台。

第 8 章

生存

人类的进步正以指数级速度加快。20世纪五六十年代，计算机的速度每两年翻一番，而如今每一年就会翻一番。预计到21世纪末，智能非生物部分将比人类智能强大数万亿倍。一旦纳米管电路技术得到充分开发，一立方英寸的纳米管电路的能力将比人脑强大一亿倍。……几十年内，以信息为基础的技术将涵盖人类的所有知识和技能，最终包括模式识别能力、解决问题的能力以及人脑本身的情感和道德智能。

——雷·库兹韦尔，《奇点临近》

"地球太空飞船"正在宇宙中飞驰，承载着人类的焦躁。地球的生命支持系统极易受到外界因素的干扰和破坏。但人类的计划太少，视野太窄，对长期风险的认识不足。

——马丁·里斯，《人类未来》

文明能幸存吗？

有充分理由相信，地球上的生命未来将面临长期严重的生存威胁。来自人类活动的影响提供了一个在原则上可被控制的例证。我们有可能通过这种方式或那种方式，不可逆转地污染地球，甚至有可能通过热核装置将其炸毁。大规模流行病的暴发有可能成为一场无法控制的灾难。小行星的撞击也有可能摧毁地球，尽管我们希望通过在足够远的距离探测和监测潜在杀手小行星的轨道来尽可能采取预防措施。如果人类有决心和意愿，其他风险相对容易管理。为了评估未来寻找先进外星生物特征的成功概率，我们必须更好地理解生存风险。这一评估将有助于推动月球望远镜计划。

从长远来看，太阳将逐渐演化成为一颗红巨星，其体积将膨胀 100 倍左右。这一过程将在大约 40 亿年后发生。而在此之前的数十亿年，地球上的海洋将逐渐蒸发殆尽。随着大气和海洋的消失，地球表面将被烧焦，变成一片荒芜之地。面对这样的灾难，人类或者任何残存的后代，应该已经找到了比太阳系内部更安全的避难所。

人类生存风险是指可能导致起源于地球的智能生命被毁灭或永久并彻底削弱其生存潜力的情况。以下是一些生存风险的例子：不可避免地会有毁灭性的小行星撞击；人类可能引发核灾难；纳米技术可能被滥用，造成不可逆转的环境影响；人工智能取得控制权；基因工程可能会失控；当然，这个列表中还应包括其他不可预见的事件。[1]

潜在的风险令人不寒而栗。我们的目标是在遥远的行星上寻找生命的踪迹，这是一个极具挑战性的任务。在执行搜索过程中，稀有性问题成了一个关键因素：需要搜索多远才能达到生物高级现象的最低检测率？此外，必须评估生存风险，以指导我们选择未来的月球望远镜。

当从更长远的角度来审视人类的未来时，我们应该质疑智能生命遭受永久挫折的概念。在自然界中，有许多生命在经历极端灾难后依然得以幸存。尽管这些幸存者的数量可能非常有限，但在漫长的岁月中，进化的力量将不断推动这些生命实现新的、前所未有的成就。这些成就有可能超越我们以往所有的历史记录，这是人类生存前景所展现的光明的一面。

小行星撞击

月球表面的形态在很大程度上是由小行星撞击和相关的火山活动所塑造的。地球也经历了类似的历史，这些痕迹在地球上比在月球上更难以追踪，因为风化、板块活动和陆地上的水流已经大大抹去了古老的痕迹。为了探测月球的撞击历史，我们可以借助地球上的主要地质特征作为参照，这些特征有可能反映出月球上类似但更为古老的撞击事件。小行星撞击地球的遗迹告诉我们，月球上可能发生过类似的撞击事件，而那些更古老的撞击痕迹也更有可能保存下来。最终，我们还将对月球表面进行实地地质调查，以验证并完善我们的初步推断。

地球上最著名的陨石事件是一颗直径约为数十千米的大质量小行星的撞击。大约 6600 万年前，一次巨大的撞击在尤卡坦海岸附近形成了一个宽达 300 千米的希克苏鲁伯（Chicxulub）陨石坑。这次撞击对全球产生了广泛影响，并摧毁了当时的地球环境。未来再次发生此类撞击的风险与乘坐商业飞机旅行时遭遇事故的风险大致相当。这种风险并非完全可以忽略不计。

造成希克苏鲁伯陨石坑的形成的撞击有可能引发了一个短暂但毁灭性的全球气候破坏阶段。撞击产生了大量的尘埃、灰烬、煤烟和其他化合物，这些物质形成了密集的大气层。大气层遮挡了阳光，导致地球温度迅速下降，形成了长时间的寒冬。

这些事件可能对地球的生态系统产生巨大冲击，引发许多物种的大规模灭绝。植物的光合作用停止，浮游生物大量死亡，地球上约 75% 的动植物物种突然被摧毁。地质记录显示，此时有一薄层中富含金属铱的沉积物。铱在地球上很少见，但在小行星中很常见，因此这可能是小行星撞击地球的证据。

火山活动也可能是由陨石撞击引发的。[2] 这些因素放大了小行星引发的气候突变的严重性。而所有这些变化都发生在相对较短的时间内，与行星撞击事件所预期的一致。我们最合理的推测是，此次撞击来自一颗直径约为数千米的小行星。试想一下，如果是一颗直径为 100 千米或 1000 千米的小行星撞击地球，会引发什么样的后果。

尽管这次灭绝事件带来了巨大的灾难，但其中也蕴含了一些益处。其影响并非全然负面，因为它创造了一些新的进化机会。例如，恐龙的灭绝为智人的祖先开辟了一条新的道路。此外，诸如马和鲸鱼等大型哺乳动物，以及蝙蝠、鸟类和鱼类等生物在新出现的生态位中迅速繁衍。当然，我们也要认识到，早期小行星撞击的后果可能要糟糕得多。

因为认识到对潜在的灾难性小行星撞击地球进行预警的重要性，所以我们正在积极寻找未来小行星与地球碰撞的轨道指标。目前，我们的研究重点是近地小行星"贝努"，其直径约为 0.5 千米。预计其撞击地球的爆炸力将是通古斯事件的 100

倍，若果真如此，它对地球的影响将是灾难性的。但由于其成分尚未完全确定，预测其撞击效应可能造成的影响还存在一定的不确定性。为了解决这个问题，OSIRIS-REx 探测器将于 2023 年将该小行星的岩石样本送回地球。[*]

"贝努"是一个绕太阳运行的小行星。对于那些关注未来可能撞击事件的人来说，它下一次最接近地球的时间是 2182 年 9 月 24 日，届时它将进入距离地球 4 万英里以内的范围，这是一个非常危险的距离。这个预测是基于对"贝努"距离地球最近距离的估计，但这个数值本身存在不确定性。目前我们能确定的是，在公元 2300 年前，"贝努"撞击地球的概率约为 1/2000。

平均而言，像"贝努"这样大小的小行星预计每 10 万年左右撞击地球一次。这些都将是可能导致广泛破坏的罕见事件，但它们对地球生命的生存并不会构成严重威胁。

地球在数亿年甚至数十亿年的时间尺度上，曾经发生过很多更为罕见、更具灾难性的事件。早期的地球曾遭受大量陨石的撞击，这一点我们可以从对月球研究中推断出来。月球表面仍保留着早期撞击的痕迹，这些痕迹并未因时间的流逝而完全

---

[*] 当地时间 2023 年 9 月 24 日，OSIRIS-REx 探测器装有"贝努"岩石样本的返回舱在美国国防部犹他州试验和训练场的目标区域降落，样本初步分析结果显示，该小行星上存在碳和水。

图 9　小行星贝努的拼接图像，由 OSIRIS–REx 探测器于 2018 年 12 月 2 日在 15 英里（24 公里）范围内收集的 12 张 PolyCam 图像合成。

图片来源：https://www.nasa.gov/solar-system/ten-things-to-know-about-bennu/

消失。这些陨石坑是月球历史中无法抹去的证据，提醒我们数十亿年前发生的陨石撞击事件。尤其是月球历史的第一个十亿年，撞击率明显高于其后续时期。

　　在未来的某一天，地球必定会再次遭受重大行星撞击事件的影响。其冲击力比导致恐龙灭绝的创造出希克苏鲁伯陨石坑的撞击要强几百倍。这对人类而言无疑是一个严峻的挑战。我们必须时刻保持警惕，做好应对准备。尽管人类或许能够幸存下来，但我们的文明很可能会因此遭受重创，甚至大幅倒退。这就像地球在宇宙的彩票游戏中随机抽签一样，虽然中奖的概率相对较低，但并非完全不可能。

存在的风险

人类面临着诸多风险，这些风险可能会极大地缩短其文明周期，从而降低其潜在的可探测性。为了更好地理解这些风险，我们必须深入评估其中最令人担忧的问题。

全球变暖

全球变暖的主要原因之一是气溶胶和二氧化碳的污染。[3] 此外，甲烷和水蒸气也起到了重要作用。这些气体能够吸收阳光并将其转化为红外辐射，从而形成温室效应。红外辐射被大气层捕获，导致地球表面温度升高。金星的高温大气就是温室效应失控的一个例证。

全球变暖所带来的海平面上升问题，无疑是未来最令人担忧的一个方面。据相关估计，全球最多将有 10% 的人口会受到其影响，且大都处于最为脆弱的国家。不仅如此，这还可能引发社会动荡和大规模移民的风险，这是否足以引发大规模的全

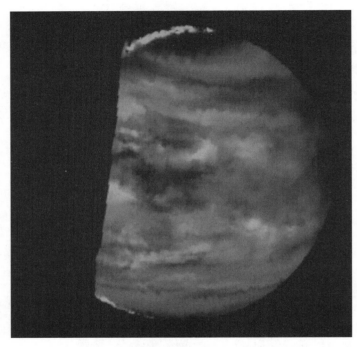

图 10　金星上存在的硫酸云和有毒的降雨。欧洲航天局的"金星快车"（Venus Express）航天器于 2006 年至 2014 年在轨道上对金星进行了观测。这幅在紫外线下拍摄的金星云图展示了其 20 千米厚的云层。根据相关研究，这些云层主要由降落在金星表面的微小硫酸液滴组成。厚厚的金星大气层锁住了地表辐射的太阳热量，导致了失控的温室效应。

图片来源：ESA©2007MPS/DLR-PF/IDA

球动荡？

大气污染物的排放主要是由于人类活动，其中包括化石燃料燃烧产生的二氧化碳等温室气体。自18世纪工业革命以来，我们可以监测到地球的大气温度呈现上升趋势。这个时代以大量燃烧煤炭为标志，随后二氧化碳浓度不断增加，气候也开始发生改变。自1750年左右工业革命开始以来，地球的平均温度上升了1摄氏度。这个看似微小的温度上升，在过去的200多年里，已经足以导致冰川融化，而使海平面上升了23厘米。这个上升仅仅是未来可能面临的类似情况的预演。目前，许多人居住在海平面或接近海平面的地区，预计未来将有数亿人因海平面进一步上升而流离失所。

还有其他自然灾害与全球变暖有关。地震和火山活动的发生率可能会增加，而化石燃料燃烧的后果也可能加剧全球变暖。几十年来，众所周知的燃煤效应无情地推动了全球变暖。酸雨是其主要副作用之一。酸雨已经影响了世界上许多以煤炭为燃料的地区，对森林和农业造成了灾难性的后果。即使我们成功控制了酸雨，全球变暖仍可能是我们不得不面对的问题。

热核屠杀

自20世纪40年代初科学家们开始深入研究核弹起，他们便开始担忧核灾难可能会在全球范围内发生。[4]当时，人们首次了解到核链式反应的概念，这一发现引发了人们对核弹威力的恐惧。随着越来越强大的核弹试验的进行，全球范围内的核链式反应风险是否会随之增加？

这些警告未能成功阻止核爆试验的进行。由于核物理学家的计算结果相对令人安心，核武器的大气层试验在 20 世纪 50 年代得以继续进行。最终在 1961 年，苏联沙皇氢弹在大气中爆炸，其爆炸当量高达 5000 万吨，威力比广岛原子弹还要强大 1000 倍。核事故所造成的破坏和大气层试验带来的健康风险，在 1963 年的禁止核试验条约谈判中发挥了关键作用。

尽管核武器试验不再被视为一个主要风险因素，但引发核战争仍然是另一种潜在的风险。在过去的半个世纪里，曾发生过一些险些引发核战争的事件，其中最引人注目的是 1962 年的古巴导弹危机。在这次危机中，苏联战略核导弹被部署在距离美国本土 70 英里之内，使得局势异常紧张。约翰·F. 肯尼迪总统本人估计，与赫鲁晓夫和卡斯特罗的冲突至少有 30% 的可能性以核战争告终。

幸运的是，理智和冷静占据了上风。有理由推测，如果 1962 年发生了局部核战争，可能会造成数千万人的伤亡。目前仍有大量的核武器处于部署状态，这构成了更大的风险，且其影响难以准确评估。如今，核武领域已经出现了新的参与者，虽然全球核冲突的可能性看似降低，但其潜在的毁灭性后果仍然不容忽视。

相比放射性污染，核冲突所引发的最极端风险情景就是所谓的"核冬天"。在核浩劫中，核爆炸所产生的火光和烟雾会升入平流层，根据大气环流和气候模型的预测，阳光可能被阻挡达 5 年之久。这将导致全球平均气温下降约 7 摄氏度，特别是在温带地区，这种温度下降将给农业带来巨大影响。粮食减产将引发大规模的饥荒，使社会发展倒退数十年甚至更长时间。但是人类具有足够的适应力和生存能力，或许我们的后代将会吸取这些教训，避免这种情况的发生。

基因工程

在错误的人手中，基因工程可能会成为一种生物危害。大规模疾病和瘟疫历来是人类面临的一种自然风险。欧洲的黑死病和西班牙大流感就是例子。最近，新冠疫情及其各种毒株已导致数百万人死亡。人类的聪明才智有能力应对这样的悲剧，我们可以通过实施全球疫苗接种计划来降低未来的风险以改善人类的健康状况。

生物技术的发展在一定程度上加剧了这些风险，并使其不断扩大。由于生物技术领域取得的进步具有根本性，因此难以对其进行有效的监控和控制。一些制药初创公司可能会将利润置于道德之上，导致无法遏制自我复制的病原体。根据未来学家雷·库兹韦尔（Ray Kurzweil）的说法："自我复制的病原体，无论是基于生物技术还是纳米技术，都可能在几天或几周内摧毁我们的文明。"

基因技术的快速发展引发了公众的担忧，恐怖分子甚至顽皮的青少年也可以设计出对人类造成致命后果的分子。此外，工业事故也可能导致致命病毒的意外传播。历史上已发生过几次危险细菌或病毒的意外泄漏事故。幸运的是，这些事故都得到了及时有效的控制。但评估此类生物危害的未来风险是高度不确定的，其可能引发的后果也难以预测。

其他潜在的风险还包括重大的人口迁移以及生活方式改变带来的影响。现代人类社会与历史上与世隔绝的社区之间的互动可能导致疾病传播给后者，从而产生毁灭性的后果。这正是美洲和澳大利亚原住民生活方式被摧毁的原因。也许这只是达尔文进化论在起作用的一种表现。在智人与尼安德特人共存了超过10万余年后，智人在20万年前战胜了尼安德特人。结果看似不可避免。我们仍需关注大脑能力在人类适应各种环境压力方面可能发挥的关键作用。尽管如此，我们还是会为那些在生存竞争中失败的人感到痛苦。

尽管人类的进化速度相对较慢，但其时间尺度仍比太阳的剩余寿命短得多。我们无法预测自然基因进化将在未来为人类带来什么。基因工程师正试图加快这一进程，也许最终可以实现人类的永生。

尤其当人工设计的优势可能超过其潜在的负面影响时，如何控制对永生的追求尚不明确。这条道路在道德层面上并不可取，因为它将导致少数科学家和政治家对未来拥有不可逆转的控制权，进而使我们的领导人拥有无限的权力。这并不是一个理想的解决方案。历史告诉我们，即使是民主选举产生的领导人也会在极少数场合滥用权力。因此，我们应该希望人类能够继续控制这种在道德上黯淡的未来前景。

微型黑洞

物理学的研究具有潜在的风险。[5] 在探索质子内部运作的过程中，物理学家利用粒子对撞机以极高的能量将质子相互碰撞。这一实验过程导致了夸克的发现。夸克是原子核内的基本粒子，它在受到核力约束时存在。夸克是原子核内的质子和中子的基本组成部分，并且与电子和中微子共同构成了粒子物理标准模型的基本元素。

我们对这个模型抱有充分的信心。该模型成功预测了希格斯粒子的存在。希格斯粒子在 2012 年被发现，并为我们揭示了其他粒子如何获得质量。但是这一模型留下了一个亟待填补的巨大理论空白。量子理论告诉我们，当考虑到引力时，基本粒子的最大质量约为 0.01 毫克，即约为 1000 亿亿质子质量，此即普朗克质量。由于在宇宙大爆炸后的短暂时间内有可利用的巨大能量，因此在宇宙大爆炸后不久，普朗克质量是有可能实现的。当然我们无法直接观测大爆炸时代所发生的事件。那么，我们如何测试粒子质量的极限呢？

粒子对撞实验将难以让我们触及这一极限。目前，欧洲核子研究中心的大型强子对撞机（LHC）作为世界上最大的粒子对撞机，其能量相当于 10000 余个质子的质量。为了验证量子理论，我们需要达到更高的普朗克能量，即相当于 1000 万亿质子质量的能量。在此之上，存在一个尚未探索的粒子领域，可能充满未知的新粒子，但这些粒子是瞬息即逝的。我们对此知之甚少。粒子加速器的规模越大，粉碎粒子时所能获得的能量也就越大。为了达到可想象到的最大能量尺度，我们需要一台巨型对撞机，其长度是地球和月球之间距离的数百亿倍，即约 1000 光年。但这显然是难以实现的。

随着人类建造日益强大的粒子对撞机，其中确实存在一些小小的风险。根据量子引力理论的预测，当粒子碰撞的能量达到一定程度时，可能会产生微型黑洞。这些理论同时指出，所需的能量远远超出了地球上任何现有的粒子对撞机所能达到的水平。此外，有理论提出在高维空间中也许可以制造微型黑洞，并通过高能粒子碰撞将其释放出来。这些黑洞很可能会立即消失。这些理论究竟有多可靠？由于缺乏实验验证，我们还无法确定。

一些科学家提出了一种担忧：在地球粒子实验中，如果有足够多的碰撞次数，可能会发生一次罕见事件，即达到量子极限。尽管这一事件发生的概率极低，但它确实有可能发生。通常，我们只能在比大型强子对撞机大得多的粒子对撞机中常规地再现这种极端且可能产生黑洞的能量。罕见的超能事件确实有可能发生。如果我们的量子猜想是正确的，那么黑洞可能会被创造出来。即使只是一个微型黑洞，也可能导致灾难性的内爆。一旦物质涌入黑洞，其规模就会不断扩大，给整个地球带来巨大风险。

在建造大型强子对撞机期间，核物理学家对这种可能性进行了深入研究。根据法院判决的要求，他们的目标是提交一份环境影响声明。在此之前，理论学家已经推测，在比普朗克尺度更小的尺度上可能存在更高维度的空间。尽管这个能量尺度仍然远大于目前粒子对撞机所能达到的能量尺度，但新的对撞机可能会让我们更接近这一理论极限。如果能够解锁更高维度，那么微型黑洞就有可能会形成。

研究人员得出的结论是，当来自外层空间的宇宙射线轰击地球大气层时，这些事件应该已经以更高的能量自然发生，只是我们从未见过这样的微型黑洞的产生。因此，大型强子对撞机的实验风险很低。大型强子对撞机的建造设计顺利通过了这项环境风险评估。

纳米技术失控

原子级纳米技术是制造业的新兴领域，它可以实现高度小型化的工厂，甚至能够生产出比细菌还小的机器人。这些纳米机器人可以用于生产工业产品，其组装方式类似于 3D 打印机，但精度达到了分子级别。尽管目前这还只是一个梦想，但原子级纳米技术在不久的将来是完全可以实现的。

尽管这个未来技术具有吸引人的应用，但也存在风险。其中之一是不可抗拒的商业驱动力来建造自我复制的机器。这将极大地提高制造设施的生产效率，原则上，唯一的限制来自原材料的供应。但是有人警告说，这种技术在建造纳米机器人工厂时可能会被滥用，可能会对经济，特别是环境造成严重破坏。因此，为自我复制而建造的系统可能会对环境产生广泛的影响。

其他的后果将更加难以控制。自我复制纳米技术有可能被用于制造更强大的武器，而意外或故意设计的突变可能同样具有破坏性，甚至可能导致生物圈的大屠杀。在极端情况下，我们可能会看到纳米机器人制造的失控复制，这种无限的自我复制可能会造成巨大的破坏。在这个最高效率的过程中，所有原材料都将被消耗殆尽。这种对未来的看法被悲观地描述为 "Grey Goo"（灰色黏性物质）的统治，一些可居住的行星可能已经达到了这种状态，这对其潜在的生物特征具有相应的影响。

当然，对于潜在不良副作用的警告不足以阻止纳米技术的研究，但我们必须认识到纳米技术的未来可能带来的风险。尽管当前的纳米技术应用为社会和商业带来了巨大的利益，但未来的发展可能会带来无法预测的后果。与其他新技术一样，纳米技术的进步也关系到人类未来的生存风险。因此，我们呼吁国际组织制定一个纳米技术保障体系，采取积极的保护措施，以确保我们能够从纳米技术的积极方面获益，同时控制其不利影响。

人工智能

随着前所未有的强大计算机的出现，人类可能会变得相对不重要。机器的崛起被视为一种可能的未来趋势。这是因为在身体和智力方面，机器人都将获得超越人类的巨大优势。计算机技术已经处于这样的一个阶段，即在世界上最复杂的围棋游戏中，计算机已经能够经常击败世界冠军级别的选手。

让我们将时间拨回到 2017 年。当时，谷歌的子公司、位于伦敦的人工智能开发商 Deep-Mind 刚刚发布了一个名为 AlphaGo 的包含神经网络学习的新型计算机程序。类似程序已经被证实优于世界上最好的国际象棋选手。但下一个挑战比国际象棋要复杂得多，那就是围棋。在短短不到 24 小时的训练和自我对弈中，**AlphaGo** 及其后续模型 **AlphaZero** 学会了如何战胜世界顶尖的围棋选手。樊麾，一位著名的围棋大师，是第一位在比赛中输给 **AlphaGo** 的职业围棋选手。他关于 **AlphaGo** 战胜世界职业围棋冠军柯洁的招式评论道："这不是人类的招式。我从未见过人类下过这样的招式。太美了。"

人工智能将很快在游戏之外超越人类大脑的智力能力。关于这需要多长时间还存在争议。专家估计，在 2050 年至 2090 年间发生的可能性很大，约为 50%。

但真正令人担忧的是，先进的计算机将能够制造出自我复制的人工智能机器人。由于深度学习技术，每一代人工智能机器人都会得到改进。这些人工智能机器人是否会与人类价值观保持一致是一个有争议的问题。人工智能可能对生命怀有恶意，将人类视为纯粹的刺激物和原始干扰的来源，甚至将人类贬为动物园里的动物。

为什么我们不能简单地关掉开关重新启动机器呢？当笔记本电脑发生故障时，我们可以轻松地关闭电源并重新启动。但是，高级人工智能系统可以很容易地绕过这种人为控制，将机器代码埋在无数的数字存储站点中。一旦进入数据云，它可能很难被隔离和压制。我们已经面临计算机病毒的类似问题，而这将只是人工智能机器人主导的世界中等待我们的最简单的预兆。

我们正致力于开发量子计算机，这些设备的计算能力可能会超越我们的想象。它们的能力可能是无限的，而生物大脑，例如人类大脑，其计算能力受到生物结构的限制。尽管我们拥有足够的计算能力，但关于人工智能能否发展出自我意识的问题仍然存在许多争议。目前，尚不清楚它们能否产生类似于人类意识的自我意识。考虑到相对于人脑的神经元限制相比，很难预测人工大脑的复杂性可以进化到什么程度。

那么，人工智能的这种不可避免的进步是否会对人类产生积极的影响呢？当然，人们可以利用人工智能提高编程效率，这无疑是有益的。人工智能不仅可以提高我们的工作效率，还可以使我们更富裕。通过编程的方式实现智慧或同情可能需要更高维度的神经网络和自我学习，这可能超出了我们目前的想象。

计算机能力的无限发展带来了一个更加奇特的预测：在遥远的未来，如果人类能够幸存下来，我们的后代将开发出强大的电脑游戏和模拟环境，能够详尽地重现人类的历史。哲学家尼克·博斯特罗姆（Nick Bostrom）认为，未来人类将创造出终极电脑游戏，其中模拟的环境将与真实事物无法区分。人们将能够探索人类和宇宙的反事实演化，即平行历史。我们将会生活在其中一个历史中。存在的风险是，未来有人可能会选择拔掉插头，从而导致我们灭绝。但希望一定存在，我们会有办法防止这种破坏行为。

人类的下一步

近年来，风险评估已成为一个庞大的产业。在短至几个世纪的时间范围内进行的风险评估，普遍存在悲观的情绪。未来的风险可能会导致危及生命的突变，因此我们对可能的结果并未抱有很高的信心。例如，由变异病毒引发的流行病对人类文明产生了深远的影响。无论是黑死病、流行性感冒还是新冠疫情，人类都已从这些困境中恢复过来，变得更聪明、更悲伤、更强大。

196
我们应采取平衡措施，但这可能超出了我们的控制范围。潜在的灾难性变化可归咎于自然灾害，如环境变化、大气现象和巨型火山爆发，甚至是小行星撞击等。生存是一个微妙而复杂的过程，但乐观的态度也起到了关键作用。某些事件甚至可能以积极的方式影响人类的遗传密码，长远来看，这是一个更积极乐观的转变，比如一个看到玻璃杯是半满，而不是半空的机会。人类进化受基因突变控制。假如没有生命黎明时期强烈的突变，我们今天或许不会站在这里。或许生存危机在数十亿年的时间里带来了积极的结果。这些都是我们在星系调查时必须考虑的进化时间尺度。

制订长远的未来计划至关重要，但实施起来却极具挑战性。由于大多数政府的规划周期往往不超过数年，而民主国家的政府又极度依赖于选举前景。为了确保人类未来的可持续发展，我们需要制订一个更为长远的科学计划。例如，探索月球很可能是我们迈向太空的关键一步，人类需要这样的远见卓识。同样，建造下一代粒子对撞机也具有深远的意义。这样的设施必然比大型强子对撞机强大至少 10 倍。除了科学目标，我们还需对未来几个世纪的风险进行更全面的评估。

太空可能是一个充满危险的环境。随着科技的不断发展，总有一天我们将能够建立太空殖民地，仔细规划和防范可以避免重蹈地球上的许多错误。其中，第一个需要克服的全球性挑战可能就是太空碎片问题。在近地轨道上，有成千上万的火箭发射器和卫星在以每小时约 10000 英里的速度高速运行，这就形成了一个特别拥挤的环境。据统计，多达 100 万个、大于 1 厘米的金属或塑料碎片存在于近地轨道上，这些碎片一旦与航天器发生碰撞，后果将十分严重。尽管太空碎片的数量正在迅速增加，但幸运的是，目前大多数较大的碎片都得到了追踪和监测。

长期观点

尽管恒星持续慷慨地贡献出自己的能量，但宇宙最终还是会耗尽其能量供应。在这个过程中，恒星会消耗掉大约 1/3 的气体，并将这些气体归还到星际介质中。尽管耗尽气体供应这个过程需要一定的时间，但一旦新的恒星停止形成，一切都将开始衰退，就像一个步入老龄化的社会。周围仍会存在绕白矮星和中子星运行的行星，甚至还存在黑洞。当这些行星围绕其紧密的宿主运行时，潮汐阻力将会加热这些行星的内部。尽管最终的寒冷似乎无法避免，但生命在这些寒冷的环境中仍然能够存活下来。

从致密星中提取电磁能和引力能是有广阔前景的。伽马射线暴是宇宙中最明亮的现象之一，它定期从高磁化中子星中释放出巨大的能量。此外，超亮 X 射线源是由黑洞从其伴星中吸收物质并释放能量产生的。这些来源都是引力能释放的重要源头。黑洞吸积气体时，会高效地释放能量。这种引力释放的能量可能比在恒星中通过氢核聚变所释放的能量高出 10 倍甚至更多。因此，捕捉并利用这种能源成为我们实现"永生"的最佳选择，或者说是最接近永生的途径。

当然，我们不能过于接近黑洞，人类需要一个稳定的星球表面来提供舒适感。但行星是可以愉快地围绕黑洞运行的。有一个最终的限制在遥远的未来等待着我们。当质子衰变开始发生，末日就不再遥远。质子衰变是物理定律统一预测的现象，普遍认为在足够高的能量下，质子衰变必然会发生。一旦质子衰变开始，将不再有行星、岩石甚至恒星的存在。所有这一切都将在大约一万亿万亿万亿年后发生。最终，宇宙只剩下黑洞。

即便是黑洞也不是永恒的。据斯蒂芬·霍金（Stephen Hawking）的研究发现，黑洞会经历所谓的"蒸发"过程。对于小型黑洞来说，空间的曲率极高，以至于空间结构会在辐射爆发中自我摧毁，导致黑洞逐渐蒸发。相对而言，黑洞体积越大，其稳定性越高。若是一座山的质量的黑洞，那它在宇宙目前的年龄内便足以蒸发殆尽。尽管我们尚未能直接观测到这一现象，也许这么小的黑洞可能从未存在过，但这一理论已被广泛接受。该理论提示我们，恒星死亡后形成的大质量黑洞的寿命要长得多。这些黑洞的寿命甚至比质子还要长出百万倍，但即便如此，它们也难逃衰变的命运。这个遥远的时代应该标志着任何残存智能生命的终结，至少生命需要能量的持续供应来维持其存在。

如果我们愿意进行更加激进的推测，量子理论提供了一种可能的解决方式，使我们生存到无限的未来成为可能。量子真空的波动效应虽然在现有尺度下无法得到直接测量，但是它暗示了一种可能性，即脱离实体的大脑能够出现。在这个框架下，大脑并不需要依赖身体而存在。根据量子宇宙学家安德烈亚斯·阿尔布雷希特（Andreas Albrecht）和洛伦佐·索博（Lorenzo Sorbo）的理论，"与我们所知的一切最一致的波动，是大脑（包括记忆）短暂地从一种混沌状态中脱离，接着迅速恢复平衡并重新陷入混沌的过程"。

对于大多数追随者来说，这种命运可能过于极端。这是一种新颖的量子思维。这种思维认为没有大爆炸，至少不是从无限密度开始的，而是有一个大反弹。粒子可以像波一样行动，避免相互碰撞，其轨迹可以带领它们进入其他无法进入的空间区域。这是量子不确定性的表现。将膨胀的宇宙视为量子实体的处理方式，导致一些拥护者认为宇宙起源于某个几乎无限大的状态坍缩而成的大收缩。在接近普朗克极限的最大密度下，当粒子和黑洞无法区分时，宇宙从坍缩转变为膨胀，这就是大爆炸的起源。

作为一种理论，这种推理存在许多漏洞，并且没有证据表明存在大反弹。但至少在哲学层面上，它回答了一个基本问题：我们从何而来？它为我们提供了膨胀阶段之前无限长的收缩期。如果膨胀逐渐消失，甚至未来也可能会受到影响。

如果宇宙学常数确实存在，宇宙将处于永远加速中。但如果宇宙学常数不是真正的常数，而只是它的物理表现，真空的能量可能会衰变，那么另一种命运是可能的。宇宙可能在几十亿年内达到最大尺寸，然后重新坍缩成未来的大紧缩。而这一系列循环将继续下去，从无限的过去到无限的未来。

更为现实的是，如果能够成功度过生存危机，那么未来人类的前景将是非常乐观的。与太阳相比，我们能够拥有更长的寿命。虽然太阳将在几十亿年后经历灾难性的衰老，但 M 型红矮星不会受到类似时间尺度的限制。这些恒星比太阳温度更低，质量更小，演化速度非常缓慢。它们和其行星的寿命还长达 1000 亿年。因此，搬到附近的 M 型矮星附近是我们在长期内最好的选择。预测宇宙的未来为人类提供了广阔的时间前景，使我们能够充分发挥自身的潜力并不断进化。

200

寻找智慧生命

智慧生命的进化涉及许多悬而未决的问题。[6] 如复杂生命进化的地球化学限制是什么？这些限制在怎样的时间尺度上起作用？是否存在生物复杂性的推动力？是否存在进化瓶颈，使得向智能物种过渡变得极其困难？是否存在限制智能物种寿命的潜在因素？

理想情况下，我们应超越简单的生物特征，去寻找外星技术文明最明确的标志。这可能涉及明确检测到可能包含非自然信号的"智能"现象。其中，无线电波和激光红外光束是两种经常被调用的信号。然而，到目前为止，我们尚未发现任何包含此类信息的非自然信号。

为了发现足够数量的潜在行星，我们需要对数千个目标进行深入调查。这意味着这些目标可能位于离我们数百甚至数千光年的遥远之地。这为我们的探索设定了最可能的时间尺度。在这个过程中，耐心显得尤为重要，因为回应来自另一个银河系文明的无线电信号传输——假设存在这样的文明——将需要1000年或更长的时间。这将是一场漫长的宇宙对话。

最近一次对银河系中地球无线电信号覆盖区域进行估算的研究结果显示，目前我们仅探测到了银河系中约 1% 的区域。为了确保我们的探测器能够接收到来自其他银河系文明的信号，我们可能需要扩大探测范围，至少达到 50% 的适宜居住的行星。这使得接收到另一个银河系文明的此类无线电信号的时间

201

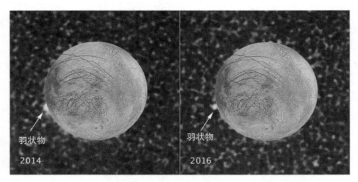

图 11　木卫二上的水羽流图像。这些图像由哈勃太空望远镜的成像光谱仪在 2014 年和 2016 年拍摄。它们显示疑似冰物质羽流相隔两年从木星的冰卫星木卫二的同一地点爆发，并上升到木卫二的冰封表面上方 100 千米处。这些羽流提供了木卫二冰封表面下可能存在全球性海洋的证据，但这些海洋中存在生命的可能性较小。木卫二的快照是由NASA 伽利略号木星探测任务的数据拼接而成。

图片来源：NASA/ESA/W, Sparks（STScI）/USGS Astrogeology Science Center

可能会在几千年后。需要强调的是，由于存在很大的不确定性，这一预测并不一定准确。

我们可以尝试采用一种更复杂的方法来进行计算。为此，我们将使用基于统计推理的论证来评估数万亿年后低质量恒星周围生命大量出现的可能性。根据我们目前的最佳估计，星际通信的远期前景比当前阶段更好。这主要是因为人类作为智能生命的例子，在宇宙中出现的时间相对较早。未来有更多时间的事实增加了宇宙中其他生命存在的可能性。

无线电信号可能不是最合适的星际沟通方式。很有可能是因为无线电通信对先进生命形式来说已经过时，所以在大多数文明中，它的使用可能只是短暂的。因此，无线电信号在银河系或宇宙中的使用可能是罕见的。所以我们需要更聪明的探测手段来寻找这些生命形式。

能源消耗

那么，有哪些标志可以更普遍地表明生命存在的可能性呢？[7]能源消耗是先进文明的一个显而易见的标志，这种消耗几乎是无法隐藏的。能源是任何生命形式都无法或缺的。而先进技术中最可行、最长期的能源来源之一就是对恒星光的控制。

恒星是能量的主要来源。将整个恒星用作能源的工程结构被称为戴森球（Dyson Sphere）。英美物理学家弗里曼·戴森（Freeman Dyson）提出，先进文明可以从一颗恒星，甚至从许多恒星那里获取能量。这种潜在的长期能源将由恒星核心中氢的热核聚变来控制。如果我们能够在恒星或星系尺度上利用核能，那么它将为人类提供无限的资源。

在所有情况下，即使先进文明预期的能源生产效率再高，产生废热也是不可避免的。因此，一个可能的结果是在中红外光谱区域产生可检测的信号。

203　一个值得关注的问题是，即使没有先进的技术，来自星际尘埃带的自然辐射也可能会混淆任何假设存在的人造信号。这个问题可以通过光谱观测来区分。在光谱的红外区域，我们未来的月球望远镜将提供前所未有的灵敏度。未来文明是无法隐藏的，因为红外辐射似乎是不可避免的。请注意，预期的戴森球红外信号应该是恒星光谱中不可忽视的一部分，它应该远远超过类地行星表面和大气层的典型反射强度。

此外，还有可能存在更为戏剧性的先进特征。苏联天文学家尼古拉·卡尔达舍夫（Nikolai Kardashev）认为，最极端的情况可能是捕获整个星系的星光，并将其转化为红外辐射。这种特征表明，一个真正先进的文明将在整个银河系范围内运作。在寻找这样一个文明的过程中，我们会寻找位于红外范围中间的明亮星系，同时缺乏较短波长的星光。对于这种能量分布，没有简单的天文学解释，但它可以作为高效利用星光用于先进技术探测的目的。

最近，NASA 的广域红外巡天探测者（Wide-Field Infrared Survey Explorer，WISE）进行了一项大规模的调查，发现了一些红色螺旋星系，它们可能是先进文明状态的潜在候选者。这项调查绘制了 10 万个星系的地图，并发现了一些发出过量红外辐射的奇异星系。这些星系具有很高的恒星形成率，通常应该充满年轻的蓝色恒星，但它们却是红色的。有东西正在吞噬这些星系的大部分星光，而且不仅仅是星际尘埃云，因为它们的辐射温度太低。因此，这些星系可能充满了戴森球。

图 12 美国 NASA 大视场红外巡天望远镜（WFIRST）的艺术家渲染图，该望远镜将研究包括暗能量在内的多种宇宙现象。

图片来源：美国宇航局戈达德太空飞行中心，https://scitechdaily.com/images/NASA-Wide-Field-Infrared-Survey-Telescope.jpg

更为保守的解释是，这些观测结果可能是由于恒星附近存在异常大量的星际尘埃所致。这些尘埃的温度需要比典型的星际尘埃更高，这也许可以自然地解释为某种类型的尘埃。不过，也不能完全排除人造物的可能性。目前，我们所能得出的结论是，这种奇特的物体绝对值得我们进行后续的观察和研究。人类需要更详细地探索是否存在更多的自然解释。这些奇异星系中的任何一个都可能成为遥远星系主导文明的标志。我们期待着会发现不寻常的无线电信号或其他文明特征指标。

技术文明特征

技术文明的潜在特征包括各种形式的大气工业污染和短衰期的放射性产物。这些影响虽然必然是暂时的，但它们可能会对环境造成持续性的破坏。因此，我们希望外星文明能够学会如何清理自己所产生的污染，或者自我毁灭。

从更悲观的角度来看，基于生物学的智能可能只构成复杂性进化过程中的一个短暂阶段，之后将迎来未来学家所称的"奇点"*。这是人工智能不可避免地占据主导地位的时刻。虽然许多人认为奇点是一种未经证实的预测，但如果情况属实，那

---

* "技术奇点"的简称，是一个假设的时间点。在该时间点上，技术的增长变得不可控制和不可逆转，从而导致人类文明发生无法预见的变化。

么高级物种不太可能被发现束缚在行星表面。重力虽然有助于生物生命的出现，但在其他方面却是一种负担。相比之下，在太空中自由飘浮似乎提供了一个更理想且可控的环境。

考虑到对遥远未来的这种富有想象力的推测，我们仍然可以认为，仅仅因为能源需求，任何幸存的物种都必须靠近燃料供应源，即恒星。探测这种智能机器的信号可能是非常困难的任务，因为它们可能使用的是与我们相对原始的有机大脑完全不同的编码和传输方式。即使这种智能机器确实要传输信号，但人类的大脑可能无法识别或解码这些信号。

其他瞬态信号可能更具有研究潜力。核战争可能是放射性大气污染的来源，但这种污染可能是短暂的，基本上在 10 万年之后就会消失。相比之下，工业污染持续的时间要长得多，但我们可能希望有先进的污染清理技术来应对这一问题。幸运的是，生命具有惊人的适应能力。即使核战争、全球变暖或小行星撞击等最坏的情况，先进的生命应该也会在数万年内得以再生。这意味着，如果文明在 10000 年后走向崩溃，它也将在10000 年后重新崛起，并可能超越其早先的巅峰状态。下次我们应该能够减少错误的发生。

我们可能会认为，需要经过 1000 多年的文明发展——大约是自黑斯廷斯战役以来的时间——人类才能达到全面自毁潜力的顶峰。也许我对 10000 年的估计过于宽松。实际上，我们如今已经具备了这种能力。在接下来的几百年内，我们的能力将得到极大的提升。一场灾难便有可能让文明倒退到中世纪的水平，甚至在最坏的情况下，倒退到石器时代。让我们寄希望于我们能够具有足够的智慧，以避免这种悲惨的命运。

好消息是，生命具有令人难以置信的适应能力。在地球上，生命不仅存在于陆地，还存在于火山口和海洋的最深处。这让我们对生命的顽强与韧性有了更深的认识。因此，我们可以更加乐观。根据我们的案例研究——以人类自身为例——任何人为灾难都能在相对较短的时期内恢复，也许只需要几千年。在短短几千年的时间里，人类已经取得了令人瞩目的成就。我预计，人类达到新的文明状态的时间可能需要几万年。这样的文明水平应该能够达到哲学、诗歌、艺术和科学的巅峰。同时，人类也有能力进行毁灭性的战争和星际旅行。这个过程中不可避免地会伴随着高度的生存风险。也许这个周期会持续下去，但生命与智慧的伟大将永远不会磨灭。

文明的脆弱性或许可以解释费米悖论。如果这种情况成立，我们发现简单生命的机会可能远远超过发现能够进行星际旅行的智能外星人的机会。这是因为简单生命形式持续的时间更长，因此可能更为普遍。即使生命在宇宙中无处不在，这一推论仍然成立。

尽管如此，探测先进智能生命的信号，无论是由生物还是非生物产生的，仍然是最具吸引力的目标。如果我们持乐观态度并充分考虑存在的风险，那么先进生命形式将主导所有可能被发现的事物。21世纪20年代，所有计划中的项目都将专注于探索红外领域，这一领域可能隐藏着一些更为奇特的信号。例如，日本主导的用来研究宇宙学和天体物理学的空间红外望远镜以及NASA提出的远红外探测卫星望远镜，这些都将是有力的探索工具。

关键在于，在人类历史上，我们可能只有几十年的时间来真正回答"我们是孤独的吗？"这个问题。这无疑是人类面临的最重要的问题。真正的重大进展将来自月球超级望远镜，这将为我们提供大量可居住系外行星的样本，从而使我们能够以合理的统计置信度进行搜索。一旦发现第一个外星生物特征，相关的研究计划将得到大力加强。即使是现在，也有令人信服的理由去冒险寻找更先进居住地的技术特征。对其他星系文明电磁信号的搜索无疑将加速。

外星人访问过我们吗？

终极技术文明的特性可能源自访问过地球的外星人。见证不明飞行物已有很长的一段历史，通常被视为飞碟形状的宇宙飞船。传统上，科学家们会寻找合理的自然解释来驳斥这类说法。

有人声称，另一种外星人特性以外星人访问地球遗迹的形式呈现，如秘鲁的纳斯卡线条（Nazca Line）。这些表面特征很有可能是地质活动所导致的，具有不同寻常的规律性。另一种猜测是，这些特征是古代外星文明遗留下来的标记。艾利希·冯·丹尼肯（Erich von Daniken）在畅销书《众神的战车》（*Chariots of the God*）中讲述了这个故事。但总有一些看似合理的自然解释。提出这种极端的假设违背了科学的可信度，因为如果平凡和合理的解释无法解释所讨论的现象，那么这些假设就是未经证实的。

有关外星人到访地球的说法历久弥新，始终吸引着人们的关注。2017年，一颗星际起源的小行星状天体被发现，再次激发了关于此类说法的热议。这一发现源于一次旨在寻找可能威胁地球的潜在危险小行星的例行太空调查。调查使用的望远镜位于夏威夷的哈雷阿卡拉火山顶。被发现的天体被命名为"奥陌陌"（Oumuamua），在夏威夷语中意为"侦察兵"，其轨道和形状极为独特。通过研究其反射的太阳光，天文学家推断"奥陌陌"正高速远离太阳，其光的变化显示它在轨道上被拉得很长并不断翻滚。

通常，我们解释彗星的非引力加速度主要是由于彗星上大块冰的脱气现象。脱气现象产生喷射状排放，从而加速了冰冷

图 13 "奥陌陌"的艺术渲染图。该物体于 2017 年 10 月被发现后穿过太阳系。高达 10∶1 的纵横比与我们太阳系中看到的任何物体都不同。

图 片 来 源：ESO/ M. Kornmesser，https://science.nasa.gov/solar-system/comets/oumuamua/

的彗星。彗星的尾部是在其从外太阳系的寒冷深处向太阳靠近的过程中产生的，而彗星正是在巨大的轨道冰体云中诞生的。如果彗星的速度太快，无法用太阳引力来解释其运动状态，那么这些彗星很可能来自附近的恒星，这些恒星也有自己的彗星云。

奥陌陌的高速运动确实令人困惑，目前还没有证据表明它具有彗星尾。对其轨道的天体物理学解释的失败促使哈佛大学的天文学家阿维·勒布（Avi Loeb）提出了一种新的假设，他认为奥陌陌可能是外星人建造的人造物体。他指出："奥陌陌的行为与预期的星际物体不同，因为它不是自然天体。它是由外星文明制造的飞行器。"但是这一观点并未得到广大天文学家的认同，他们更倾向于采用更传统的天体物理学来解释。

最合理的解释是，当该天体被发现时，推动彗星的自然脱气过程已经基本结束。因此，任何预期的彗尾都难以被探测到。巨型冰柱状形状可能是由于过度暴露于太阳紫外线辐射下的冰块蒸发而导致的。奥陌陌的奇特轨迹和翻滚可能是由于高度不对称的脱气造成的，这种脱气就像火箭发动机的排气，会加速彗星。没有看到彗尾的原因可能是它非常多尘和微弱。不幸的是，奥陌陌距离我们太远，无法进行后续观测。因此，我们将不得不等待下一个星际访客的到来。

通过利用巨型月球望远镜，我们将具备搜索潜在星际物体的能力。月球望远镜的巨大聚光能力，结合月球的真空环境，将使我们得以研究年轻太阳系的形成，并揭示其结构。在前所未有的清晰度下，我们可以追踪那些对地球构成潜在威胁的遥远小行星。月球望远镜的分辨率将大大超越地球上所能想象到的任何设备，甚至是独立太空飞行器所能实现的任何设备。最终，望远镜的尺寸也是至关重要的。月球的独特之处在于，它为我们提供了一个巨大的类太空观测平台。

第 9 章

国际化发展

我不知道第三次世界大战会用什么武器，但第四次世界大战会用棍棒和石头。

——阿尔伯特·爱因斯坦

合作或冲突

让我们尝试将月球探索置于国际视野中。我们不想再重蹈地球上的覆辙。月球探索的新篇章即将拉开序幕，第一批航天员计划于 2030 年前登陆月球。现在是我们规划和行动的最佳时机。

月球村的概念是具有前瞻性的，而国际航天机构正积极推动其实现。月球为各种活动提供了一个独特的场所，其中最为突出的是天文学研究。在可预见的未来，与地球甚至太空相比，月球平台都是无可比拟的。因此，现在是时候说服航天机构，未来的月球建设项目必须融入天文学研究。只有这样，我们才能为人类提出的一个最重要问题提供一个宏伟的愿景：宇宙究竟源自何处？

我们需要进行谈判并确定一些实际细节，例如专供科学用途的低频段。目前，我们已经成功地实现了对地球上某些频段的无线电频率进行合理管控。同样，我们在一些地区也付出了类似的努力，以保护夜空的黑暗。因此，我们为何不采取相似的措施来保护月球呢？特别是考虑到月球背面可以被视为一个巨大的、用于探索月球科学的飞地。

为天文学研究保留一两个永久阴影的极地陨石坑，应当被视为一个重要的追求目标。为此，我们只需建立相应的保护性法规。通过提供全面细致的战略规划，我们有充分理由说服航天机构将这些选项作为其未来规划的核心要素，而不是作为权宜之计或后续考虑的事项。探索宇宙是人类矢志不渝的目标之一。将探索与月球开发的更实际方面相结合，这将是未来几十年的一个引人注目的愿景。

最坏的情况

让我们想象一下这样一个未来场景。此时是 2184 年。在月球的北极，存在一个规模庞大的 A 国采矿基地，由于采矿基地的环境污染问题日益严重，使其与月球的周边国家摩擦不断。而在月球的南极，则矗立着一座由 B 国拥有的豪华酒店综合体以及一座繁华的城市。这座城市绵延数百千米，内设一系列体育设施、保健水疗中心以及高端商场。

月球采矿业正如火如荼地发展。从高地到陨石坑，稀有矿物的勘探活动在各种地形中广泛展开，这一现象犹如一场新的淘金热，吸引了地球上的富裕居民投资月球资源。他们在主要人口中心购置住宅和公寓，而月球探险家、科学家和工人则通常居住在郊外的住宅区。月球上的娱乐中心为居民提供消遣活动。A 国和 B 国的殖民地都拥有蓬勃发展的航天港和商业中心。值得一提的是，C 国在马里乌斯山天窗附近发现了一个巨大的熔岩管，这里已经建成了第一座大型月球都市。新都市完全被熔岩管包围和保护，外表面不受小行星撞击的影响，甚至可以抵抗核爆炸。许多居民出生在月球上，甚至很少有人会选择回地球度假。

月球殖民地已经建立了互贸协会，并且在安全和经济基础设施方面开展了密切合作。每个殖民地都处于不同的独立阶段，其中一些已经要求自治权和税收控制权。新都市作为迄今为止最大的月球城市，有着密切的本土联系，因此在任何冲突中都涉及太多的利益关系。这座大城市正密切关注局势的发展。

当然，其中还潜藏着巨大的投资机会和财务收益。然而，A 国军方、B 国金融机构和投资者均持反对移交月球殖民地的立场。这使得各利益相关方之间的紧张局势不断升级。目前，殖民地已签订了共同防御条约，但 C 国可能会为自身利益而投机取巧，选择支持其中一方。C 国在地球和月球盟友之间摇摆不定，必须权衡各种利益关系。如果不能保持冷静，各方可能会爆发冲突，甚至引发一场可能演变为第一次月球战争的争端。

如果月球上再次发生类似于地球上的冲突，那将是一场悲剧。由于缺少一个强大的法律框架，很可能会引发领土争端和贸易战。因此，制定一部月球宪法来处理殖民争端并指导冲突的和平解决显得至关重要。

我们如何应对月球上的领土要求？月球探索不可避免地与军事和商业利益紧密相连。展望未来，一旦重要的商业利益受到威胁，我们可能不得不面对管辖权和军事执法问题。尽管我们希望达成一项国际月球条约，但到目前为止，这一目标仍难以实现。

法律条约

《外层空间条约》（Outer Space Treaty，OST）于 1967 年在联合国首次签署，然而截至 2020 年，仍未有任何国家正式批准该条约。[1]虽然有 23 个国家正在批准该条约的过程中。该条约的主要目的是限制向太空发射核武器，并明确规定月球的使用仅限于和平目的。《外层空间条约》明确规定，任何国家不得对外层空间宣示主权，条约强调了进入外层空间的重要性："所有国家应享有平等自由进入外层空间，包括月球和其他天体的权利，且外层空间不得通过主权要求、使用或占领等方式被剥夺。"（《外层空间条约》第一条，1967 年）根据该条约，任何国家都不能对月球大片土地提出主权要求。

该原则与 1959 年的《南极条约》类似，均确立了自由的科学探索原则，允许各国在南极大陆进行研究。同时禁止对南极资源的商业开发及在南极大陆上的任何军事活动。

《外层空间条约》并未明文禁止太空军事活动或太空武器化，但禁止在太空部署大规模杀伤性武器。此外，该条约还规定进行太空探索时应当避免产生有害污染，甚至涵盖了刑法方面的规定。然而，条约的执行却是一个完全不同的问题。

NASA 提议更新《外层空间条约》。2020 年，美国、英国、巴西、加拿大、澳大利亚和一些小合作伙伴共同签署了《阿尔忒弥斯协定》(Artemis Accords)。这些国家都参与了 NASA 的阿尔忒弥斯计划，该计划的目标是在 2024 年将人类送回月球，并进一步进行月球探索与开发。然而，目前还没有通过联合国颁发的广泛国际协议。商业开发的未来（包括采矿作业和月球资源的开采），以及如何处理可能的冲突，仍有待决定。

房地产行业

天文学家通常会与来自其他主要太空大国的同行进行合作。[2] 国际联合项目已成为常态。目前，天文学家们共享许多设施和数据库，并可以在国际上共享使用地面或者太空中最新的望远镜。

月球上的有限空间，特别是开发基础设施的宝贵空间，是所有未来的月球科学家和工程师所关注的重点。其中包括基地开发商、运输专家、望远镜建造者，尤其是月球建筑商和企业家。在月球上，有许多可供选择的地区，其中许多地区同时拥有几乎连续的阳光，接近永恒的黑暗和寒冷，以及富含矿物质的矿床。这种独特的组合具有巨大的吸引力，而不仅仅是建造望远镜。此外，在这种低重力环境中可以进行独特的制造和颇富未来主义的延长寿命的医疗手术。

215　　月球还有其他地区也拥有可供选择的矿床，这些矿床位于古代小行星撞击月球的地点。鉴于月球地质的多样性，潜在资源的数量是无法想象的。想象一下，数十亿年来积累的数十亿颗小行星碎片中会蕴含怎样的丰富资源。与大多数地球上的小行星撞击不同，月球上的小行星在撞击过程中不会燃烧。我们必须制定相应的法律法规，以促进商业活动的发展，并为采矿权和开采矿石的所有权建立法律基础。

水可能是所有资源中最宝贵的，它不仅是太阳系内部甚至更远区域太空旅行所需火箭推进剂的关键原料。冰资源大多仅限于极地地区。但在月壤层可能存在广泛分布的水资源。

月球上稀有元素的开采可以在地球的陆地矿产资源殆尽后提供持续的矿产资源补给，但此开采并非毫无代价。在地球上，采矿业因污染问题而声名狼藉，那么如何在月球上避免重蹈覆辙？更进一步，谁将承担与污染相关的成本？

环境问题的解决不容忽视，同样还有通信频段使用的限制问题。一旦建立了反对环境污染的法规，就必须明确对采矿作业的不干涉要求，以及确保这些法规得以执行。然而，有前景的采矿地点数量有限，这就引发了一个问题：谁在特定的矿区上享有优先权？是按照先到先得的规则，还是能够借鉴《南极条约》的先例，建立一个预先设定的框架？

太空军事力量

2018年，时任美国副总统的迈克·彭斯（Mike Pence）宣布了一项重要计划：建立全新的美国太空部队，作为国家的第六大军种，与现有的陆军、海军、空军、海军陆战队和海岸警卫队并驾齐驱。此举的主要动机是确保美国在太空领域的领导地位。彭斯指出："过去的几届政府几乎忽略了太空领域日益增长的安全威胁。现在，我们的对手已经将太空转变为一个作战域，美国不会回避这一挑战。"太空部队的建立是美国自第二次

216

世界大战以来首次新建的军事机构，得到了特朗普政府[*]的全力支持。这支部队将专注于推动人类重返月球，并防范来自其他国家的潜在威胁。据推测，有些国家也在积极制订类似的计划。月球上即将出现武装力量。希望我们能通过主要参与者的共同协议，让月球实现非军事化。

在未来的几十年内，月球将逐渐成为一个拥挤的场所。尽管国际合作已在初级阶段显现，但仍需进一步完善。太空逐渐成了一个不可回避的军事舞台。目前，复杂且昂贵的间谍卫星正从近地轨道到地球同步轨道对地球表面及太空进行监视。地球同步轨道是指卫星在天空中保持相对地球的位置不变，这些卫星的轨道周期与地球自转速度相匹配。地球同步轨道是间谍卫星的首选之地，因为其可以使卫星能够持续监视地球上的特定目标。

这些卫星需要得到保护，因为诸如天基拦截器等反卫星武器有能力摧毁太空中的卫星。下一步必然会涉及对地月空间，直至月球及其周围轨道空间的监测。开发卫星防护和军事干预能力的诱惑将不可避免。

还存在其他潜在的危险。根据当前的《外层空间条约》，可以使用军事人员来执行和平的太空任务，然而对此类活动

---

[*]　此处疑有误，原文为拜登政府，但美国太空军是在特朗普政府时期建立的，而非拜登政府时期建立的。

的解读可能存在广泛差异。为避免敌对势力，包括太空海盗和敌对航天器的威胁，我们需要提供相应的保护措施。人类将重温地球上发现新大陆的辉煌时刻，但这次是在一个全新的环境之中。让我们怀抱希望，人类能够从历史中汲取宝贵的教训。

自然威胁包括陨石撞击，月球上的陨石撞击危险远大于地球，因为地球上的所有潜在危险太空陨石碎片都会在保护性的大气层中燃烧殆尽。月球上的设施需要具备救援和恢复任务的能力，以应对可能的陨石撞击。陨石撞击的发生地点没有选择性，因此需要通过国际合作建立预警系统和采取保护措施。

月球执法将成为各国太空部队的责任。目前尚不清楚的是所涉及的各个航天机构的不同角色，包括中国国家航天局和NASA在内的两个主要机构。中国将与美国同时各建立一座月球基地。与美国和俄罗斯的同行——NASA和俄罗斯联邦航天局（Roskosmos）一样，中国国家航天局也从洲际弹道导弹时代就拥有强大的军事遗产。这些机构对月球的工业发展表现出浓厚的兴趣。毫无疑问，中国和俄罗斯也渴望在不久的将来建立自己的太空部队来监管这些活动。

随着商业活动的预期增长，执法部门必须采取措施避免引发潜在的冲突和混乱。为此，必须根据月球环境的特点，制定国际法来裁决商业纠纷。由于个别国家在月球领土上缺乏主权，这将为商业竞争的扩大敞开大门，因此必须对相关活动进行限制。有观点认为，只有军事太空部队才能在月球及其周围开展合法行动，以化解潜在冲突。

我们可以想象，月球采矿最终将成为供应地球稀土和发电的关键，这将使月球资源的开采成为控制世界经济的力量。然而，鉴于月球主要矿产地点的数量有限，采矿纠纷是不可避免的。因此，需要一定程度的国际监管执法，以确保公平和可持续的开采。目前，我们尚未制定相关的法律和法规。

展望未来，目前正在规划的月球空间站将在控制月球表面的人类活动方面发挥重要作用。为了避免领土争端以及类似地球海盗战争的不良事件在月球上重演，我们需要确保法律和秩序的稳定。历史经验告诉我们，法律和秩序的崩溃会给地球社会带来巨大问题。让我们尽力避免这种情况在月球上发生。

军事活动

为了避免因争夺月球资源而爆发太空战争，特别是可能发生的核冲突，对地球和月球造成灾难性影响，人类必须寻求和平的解决方案。《外层空间条约》有效地将月球非军事化，允许开采资源，但并不涉及所有权。不幸的是，该条约并未包含强制执行的条款。

争端将不可避免地出现。如果一个国家保留一个地点用于勘探和采矿，那么如何维护和保障这种权利，以及相邻地点的使用要求如何分配，都是需要解决的问题。有些地点可能比其他地点更受欢迎，例如可以进入永久阴影中的黑暗极地陨石坑地区，陨石坑盆地中的冰沉积物冷阱，以及从照亮的极地陨石坑边缘获得的太阳能。对于这些具有高价值的地点，无论是采矿还是建造望远镜，都肯定会有激烈的竞争。

219

我们习惯于在地球上的竞争，其中财力最雄厚者往往能获得优势，同时需要遵守国家或国际商定的环境约束。国际法在很大程度上控制着潜在的争端。我们也需要制定一个法律框架来规范月球活动。令人遗憾的是，尽管我们已经开展了二十多年的外层空间探索，但在此领域制定相关法规的工作却几乎毫无进展。如今，随着新太空竞赛的展开，建立可执行的管理控制框架显得尤为迫切。

刑法

月球上可能会出现一些有趣的法律问题，其中一个突出的问题是：如果航天员在月球上犯罪，应由哪个司法机构来行使管辖权？我们在地球上也面临着类似的问题。例如，当犯罪行为在飞越国际水域的飞机上或航行于国际水域的游轮上发生时，其管辖权通常由国际海事法来决定。国际海事法会考虑多种因素，如犯罪发生的地点、上一个停靠港、下一个停靠港、最终目的地等。然而，月球任务的管辖权问题更为复杂。目前，尚无明确的法律框架来决定相关管辖权是由航天器的登记国家决定，还是由其他相关国家来行使。如果涉及不同国家的管辖权，这种复杂性可能会引发法律纠纷。幸运的是，国际海事法为解决这些问题提供了一个基本框架。然而，由于月球的特殊环境以及各国在月球探索中的利益冲突，目前还没有制定出类似的月球法。

在月球上，情况比海事法所涵盖的地球环境更为复杂，这是不可避免的。根据《外层空间条约》，月球领土没有所有权，该条约的重点是发展和平探索太空。当在月球上犯下严重罪行时，会发生什么？是否应该认为发射航天器的国家的管辖权对月球旅行者负责？如果犯罪是针对来自不同国家的国民，那么就没有简单的解决办法。如果犯罪是在属于第三方的月球基地上犯下的，情况就变得更为复杂。因此，需要制定更加完善的法律框架来解决这些问题。

航天发射场

月球被认为是载人探索太阳系的理想发射点。经过半个世纪的太空探索，火星无疑将成为人类的主要目的地。在此之前，我们将把重点放在月球上。火箭燃料在月球上容易生产，并且在月球的低重力环境下，实现运载火箭的重载起飞是切实可行的。月球航天港将为设计用于更远太空探索的航天器提供理想的加油和维修站点。

航天器发射是一项具有较大风险的活动，火箭尾气排放往往会造成大范围的污染。在为星际任务甚至是返回地球任务做好准备时，应避免在月球出现此类情况。我们可以考虑从绕月空间站发射航天器。绕月空间站发射的概念也是 NASA 阿尔忒弥斯计划的基础，该计划初步设想是从月球轨道向月球表面发射航天器。阿尔忒弥斯计划的关注重点是绕月空间站和航天港的构建。

虽然其长期目标是探索恒星，但要实现这一目标，仍需克服众多挑战。其中一项挑战便是如何让人类机组人员适应长时间的星际航行。生理和心理的挑战都是极端严峻的。最理想的解决方案应当是冬眠。动物在冬眠中成功地度过了冬季，并且有记录显示它们甚至可以冬眠更长时间。因此，没有生物学上的理由说明人类不能开发冬眠技术。前方，恒星正在向我们发出召唤。

地月交通 221

将有效载荷发送到月球的成本相当高。这是因为发射成本主要取决于从地球出发的燃料和运载火箭的重量，而这些重量在有效载荷的对比之下往往显得相当巨大。例如，NASA 的航天飞机重量高达 2000 吨，但其有效载荷却仅占 30 吨。而且这种航天飞机的飞行目的地仅仅是近地轨道。

当然，我们可以在月球上建立工厂，以生产建筑材料和供应燃料。但是，这样做需要从地球运输大量原材料。为了降低运输成本，我们可以借鉴陆地航空运输的成本优化策略。我们能否为太空探索制定降低成本的策略？

可回收发射器是一种可行的解决方案。事实上，NASA 的航天飞机已经使得运输成本在阿波罗计划之后大大降低。以目前的美元计算，阿波罗计划大约花费了 1500 亿美元。而 NASA 的航天飞机每次发射的成本约为 10 亿美元。发射到近地轨道的成本相对较低：目前到达 1000 千米高度的成本约为每公斤 10000 美元。理查德·布兰森的维珍银河太空发射器将在 2022 年进行一次 90 分钟的亚轨道太空旅行，费用约为 45 万美元。布兰森的乘客将到达 50 英里的高度，这被认为是太空旅行的起点。*

地月交通的中转点是位于 36000 千米高度的静地轨道（GEO）。目前，发射公司为每公斤有效载荷收取约 5 万美元

---

* 维珍银河公司于 2023 年 8 月将其第一批私人游客送入 88.5 千米的高空，整个飞行耗时 1 小时。

的费用，这在一定程度上决定了将通信卫星送入该轨道的成本。一旦进入静地轨道，只需较小的推力便可摆脱地球引力的束缚。若在此轨道上建造航天港，将显著降低月球运输成本。从地球表面发射到月球的运载火箭需要携带 100 倍有效载荷质量的燃料，但通过太空发射将大大降低航天器的重量需求。

然而，月球运载火箭的价格相当昂贵。目前，根据竞争 NASA 合同的私营公司的估计，若要向月球表面交付 1 公斤的有效载荷，需要花费高达 100 万美元。对于第一代月球任务的目标而言，即交付 10 吨有效载荷，这一成本显得过高。虽然经过通货膨胀调整后的太空运输成本在过去半个世纪有所下降，但仍维持在相当高的水平。专家认为，随着超重型可回收航天器的研发和应用，未来月球运输的成本有望大幅降低，每交付 1 公斤的有效载荷的成本有望降至数百美元。

2021 年，商业载人航天领域迈出了里程碑式的一步。埃隆·马斯克的 SpaceX 公司脱颖而出，赢得了 NASA 的合同，计划在 2024 年使用"星际飞船"将航天员送上月球。此外，还有两家竞争太空运输船建造合同的航空航天公司于 2021 年成功进行了载人亚轨道飞行。蓝色起源的创始人杰夫·贝佐斯与付费游客一同乘坐"新谢泼德号"（New Shepard）航天器进行了飞行。而就在一周前，维珍银河的创始人理查德·布兰森也短暂地乘坐他的"团结号"（Unity）航天器进入了亚轨道太空 [*]。这标志着太空旅游时代的到来。

太空电梯

一个令人振奋的未来展望是太空电梯，其能够将巨大的质量提升至地球上空 5 万英里的高度。一旦到达这个位置，登月任务将大大简化。太空电梯的概念最早是由火箭先驱康斯坦丁·齐奥尔科夫斯基（Konstantin Tsiolkovsky）于 1895 年提出的，据说灵感来源于当时新建的埃菲尔铁塔。现代的讨论表明，至少在理论层面，这个方法是可行的。虽然这个概念听起来可能像科幻小说中的情节，但它在物理学上是合理的。

建造太空电梯的起点是静地轨道上的空间站。在约 2 万英里的高度，卫星的轨道速度与地球自转速度相同，环绕地球运行，并在地面上的一个固定点始终可见。许多通信卫星被发送到地球同步轨道，以便能够对地球特定位置进行持续覆盖。从静地轨道空间站出发，系绳电缆被投掷到地球表面。同时，在相反方向部署配重。与配重相连的系绳受到离心力作用被向外拉起。如果配重系绳足够长，任何作为配重部署的物体都会被

---

[*] 当地时间 2021 年 7 月 11 日，维珍集团创始人理查德·布兰森乘坐维珍银河航天器"团结号"（VSS Unity），完成了首次满员亚轨道试飞。

抛射到太空，超过逃逸速度。系绳需要有足够的长度，大约 2 万英里。此外，系绳需要由轻质但坚固的材料制成。碳纤维技术可能为太空电梯的发展提供支撑。

有了太空电梯之后，货运飞船负责将系绳固定到空间站，并存放货物。随后，货物通过第二根系绳运输至位于海拔 4 万英里的配重发射点。自此，装有货物容器的宇宙飞船在离心力的作用下以逃逸速度被推向月球。

尽管这听来如科幻小说般遥不可及，但这样的太空电梯并不违背物理定律。除了在材料科学上需要取得一定的进步来确保电缆的抗拉强度外，我们无需其他任何特殊手段。

为月球发射建造太空电梯相对较为简便。月球较低的重力为建造太空电梯提供了有利条件。我们可以使用具有足够抗拉强度的先进材料来制造月球太空电梯的电缆。在月球环境下，抗拉限制较小，因此制造足够长的电缆是另一个需要攻克的技术难题。大约需要 3 万英里的电缆，比地球发射所需的更长，才能到达月球轨道对接端口。月球太空电梯一旦建成，将成为一个低成本的太空运输系统，用于向地球大规模运送月球资源。

224

第 10 章

─────────

下一个世纪

─────────

地球是人类的摇篮，但人类不能永远生活在摇篮里。……目前，人类的力量尚且微弱，但他们已经改变了地球的表面。在数百万年后，他们的力量将进一步增强，足以改变地球的表面、海洋、大气甚至人类自己。届时，他们将能够控制气候和整个太阳系，就像现在控制地球一样。人类的科技力量将超越我们行星系统的极限，他们将有能力到达遥远的其他太阳系。

——康斯坦丁·齐奥尔科夫斯基

在未来的100年，避免地球灾难的挑战性不容小觑，更不用说千年或百万年之后。人类不应该把所有希望寄托在一个星球上，而应分散风险。在分散风险之前，希望我们确保能够避免潜在的灾难性后果。

——斯蒂芬·霍金

─────────

未来一瞥

　　无人驾驶月球车沿着月球表面上的公路行驶，载着完成轮班工作的乘客。大型车队离开月球城市，满载着矿物返回工厂加工。高度自动化的工厂组装着用于地球上的产品。预定产品的生产线使用纳米和 3D 打印技术。人类监督着机器人设计师，防止编码故障。制造过程受益于低重力和近乎完美的真空环境。它们制造出了在地球上无法合成的产品。

　　工人们居住在位于巨大月球熔岩管中的城市。这些城市配备了太阳能和热核反应堆，能够提供源源不断的能源。在城市的中心，摩天大楼熠熠生辉，这些生活空间是城市居民们向往的地方。而在月球的天空中，最壮观的景象就是地球的升起，所有的月球居民都能欣赏到这令人叹为观止的景象。改造后的月球上的大片土地，可以用来建造国际公园和休闲设施。轮班结束后，工人们将前往位于月球两极附近的大型度假综合体，这里是月球上气候最温和的地区。

图 14 这是一颗在接下来的一两个世纪内，注定会成为超新星的极度不稳定恒星。任何围绕距离地球约 7500 光年的船底座伊塔星（Eta Carinae）公转的系外行星，都面临着即将毁灭的危险，因为这颗极度不稳定的恒星会不断膨胀并最终发生爆炸。大约 50 亿年后，我们的太阳也会遭受类似的但不太剧烈的命运，膨胀数万年，将地球烧成一片焦土。船底座伊塔星的图像跨度约为 45 弧秒（约 1.6 光年），是由哈勃太空望远镜（HST）上的 WFC3/UVIS 仪器单独曝光合成的。

图片来源：2018 年哈勃太空望远镜观测结果，由 N. Smith 发布，https://www. nasa.gov/sites/default/files/thumbnails/image/archivesetacarjpg

住宅区与工作场所之间的车程短暂。餐饮服务高度自动化，人们无需亲自下厨。在度假村内，客人可以享受到无限的休闲和锻炼空间，包括一流的餐厅、剧院、咖啡馆、夜总会、健身设施以及体育场馆。

由于月球上不存在货币，所有交易均通过信用进行，包括工作轮班的报酬以及休闲娱乐的消费。月球上设有一座监狱，关押着少数囚犯，而大多数囚犯在等待上诉期间会被遣返回地球。月球上的犯罪率相对较低，这是因为大多数人是自愿选择来到这里的。

月球推行鼓励生育政策。医院及无限制医疗保险为全体居民提供免费服务。月球上诞生了一代新的居民，他们在低重力、无污染的环境中茁壮成长。月球居民的运动技能精湛，月球运动员经常与地球运动员同场竞技并取得胜利。清洁的环境使疾病率保持在较低水平，月球居民的平均寿命已经超过 100 岁，并有望通过不断改善医疗护理及合理利用移植手术而得到进一步延长。低重力环境中的医疗技术已经大大超越了地球上的人工器官移植技术。永生的可能性正在呼唤着我们。月球大学有 10000 名学生，其研究重点是星际旅行和机器人研究。新型航天器正在制造中，新型火箭燃料正在研发中，先进的机器人正在设计中，以满足前往最近恒星的挑战。

问责法律体系已经确立。犯罪由一个国际执法机构来掌控，该机构维持着多元文化环境下的居民之间的和平共处。领土争端和矿权要求由月球法院设立并监管的裁决小组来裁决。所有参与开发月球的国家所发行的债券为投资提供保障，并成为开发商业活动的主要收入来源。污染得到了严格控制。保险公司负责承担月球上所有重大事故的费用。

以上描绘了一个世纪后的月球，前提是我们能够成功地搁置竞争，全力保护月球环境的原始状态。如果无法做到这一点，那么可以预见到在相互竞争的国家之间，会对裁决过程产生分歧，关于管辖权会引发无尽的争论。最终，除非经过国际条约的谈判，否则可能诉诸武力。

然而，竞争和争端是可以被管控的。南极洲是一个巨大的共享领土的例子，尽管在这块冰冻大陆上所面临的挑战要少得多。在那里，污染基本上被避免。尽管全球变暖是南极洲所面临的最终威胁，但人类仍有可能成功地控制全球变暖的历程。

月球还面临着其他挑战。全球变暖对月球并无影响，因为月球缺少大气层来驱动地球上以碳排放为食的温室效应。此外，化石燃料燃烧和相关的人类活动亦不会对月球构成威胁。月球表面的温度已经处于难以想象的极端范围，但我们已经具备应对这些极端条件的能力。除了月球上日常生活的危险外，我们面临的最大挑战可能是人为污染以及商业开发和科学利用之间不可避免的紧张关系。最大的威胁可能在于为地球和月球工业提供稀土元素和半导体所需的重要金属矿石的生产竞争。

当然，我们可能会想象到，在 19 世纪工业革命开始时，也存在类似的问题。空气、土壤和水污染加剧，野生栖息地急剧减少。诗人深受启发，尤其是威廉·布莱克（William Blake）的诗中曾怀疑：

> 古时候，那些脚
>
> 漫步在英格兰绿色的山丘上……
>
> 耶路撒冷是否建在
>
> 这黑暗的撒旦磨坊*里？

尽管改革的呼声似乎微弱，但随着商品生产效率的显著提升和就业机会的增加，经济效益已逐渐展现出积极的趋势。与此同时，社会问题的发展速度会减缓，生活水平和福利条件逐步得到改善。最终，工业转型，至少在发达国家中，催生了一个相对和谐的世界秩序。

随着月球探索迈向居住地建设的新阶段，关于自我监管的讨论将日益受到关注。我们应从地球上的过往错误中汲取教训，

---

* 这里的"Satanic mills"指的是工厂，表达了作者对现代工业的不满情绪和对大自然的向往，是对工业化进程的负面评价。

以避免重蹈覆辙。对商业月球活动实施管控至关重要，采矿活动需采取屏蔽措施以减少污染，住宅建设和工厂间应设置隔离。这些措施固然需要巨大的投入，但其潜在的回报有助于国际社会达成共识，共同保护月球大部分地区的原始状态。目前，月球仍是一块未经开发的处女地，我们仍有时间采取行动，避免对其造成不可逆转的破坏。

月球愿景

当前的倡议更侧重于技术和商业方面，而非科学研究。尽管这些目标为人类进步提供了坚实的基石，但我们应该以更宏大的视角看待问题。数千年来的历史表明，人类进步的标志在于不断探索未知的边界。而这个边界正是我们的未来，它蕴含着宇宙中尚未被揭示的秘密。这个未知的菜单，丰富多样，激发了人类无尽的想象力。月球作为我们的近邻，可以引领我们向未知进发。

我们需要将目光投向月球和太空深处。如果现在不立即着手规划，那么未来的月球探险可能会缺少一种特殊的资产——月球天文台。天文台将成为一系列跨无线电、光学和红外波段的巨型望远镜的理想家园。这些望远镜将为我们解答人类最深奥的问题之一：我们宇宙的起源是什么？

确实，通过地球和太空望远镜的观测，我们得以对宇宙有了深刻的认识。斯隆数字巡天*项目绘制的星系已超过 100 万个，而更大规模的调查则将绘制 1 亿个星系。目前，新的调查正在进行，预计在未来 5 年内将为我们提供数十亿个星系的数据。这些星系形成于宇宙膨胀后的数百万年，它们的空间分布隐藏着宇宙起源的秘密。但是要解答最终的问题，关键在于如何研究这些星系之前难以捉摸的气体云。要完善宇宙拼图，我们需要掌握这些气体云形成之前的情况，这无疑是我们所需的关键信息。要实现这一目标，我们需要洞透宇宙的黑暗时代。

我们借助化石研究来探寻人类的过去。无论是对巨石阵还是罗马帝国遗迹的研究，化石都扮演着指引者的角色，帮助我们探索那些早已消失的文明。甚至在文明出现之前，就已经有了可供探寻的线索。科学家们致力于寻找进化的痕迹、细胞生命形式的起源、生存和繁殖的线索。遗传密码中蕴含着生命起源及其在地球上传播的关键线索。同时，放射性测年法帮助我们在数万年至数十亿年的时间尺度上探测人类的过去。我们不断研究周围的环境，寻找人类起源的最原始迹象。

对于宇宙而言，第一代星云构成了最原始的化石。如果能

---

* 斯隆数字巡天（Sloan Digital Sky Survey，SDSS）是使用位于美国新墨西哥州阿帕奇山顶天文台的 2.5 米口径望远镜进行的红移巡天项目。该项目始于 2000 年，并以阿尔弗雷德·斯隆的名字命名。其目标是对 25% 的太空进行观测，获取超过 100 万个天体的多色测光资料和光谱数据。

够解读它们所携带的信息，那内在的记忆便能照亮我们的过去。然而，并非所有的星云都是一成不变的。银河系在很久以前便由数百万个这样的星云组成。我们利用最大的望远镜探测到了数百亿个星系，它们都是由小型星云聚集而成。通过回溯过去，我们可以绘制出这些星云的分布图，然而这需要我们的观测技术能够应对前所未有的挑战。因为存在数万亿的星云，有些信号难以被破译。这些星云将为我们揭示出关于不同尺度宇宙的奥秘，如引力的性质以及量子理论在塑造宇宙结构中所起到的关键作用。

有一条前行的道路。在第一代恒星形成之前，宇宙学的新领域就已经存在。目前关于月球开发的提议必须包括利用最佳机会来一窥宇宙的起源：传播到不断膨胀的宇宙中的最遥远信号。这些信号代表着大爆炸后的前几亿年的黑暗时代，即第一代恒星形成之前的时期。我们对这个黑暗的过去几乎一无所知。这是一个成熟的、等待着我们去收获的领域。

为了达到应对这一挑战所需的精度，我们必须超越数十亿可观测星系的范围，将目光投向它们的组成部分——数万亿个氢气暗云。这些氢气暗云是宇宙起源之地，它们承载着宇宙起源的信息。来自氢原子的 21 厘米无线电信号使我们能够绘制这些极其遥远的氢云。这些信号的波长在传播过程中会因空间的膨胀从 21 厘米被拉伸到大约 10 米，因此对这些信号的探测是

232

一个真正的挑战。

来自黑暗时代氢云的无线电波信号的这种微妙扭曲无法被地球上的现有仪器检测到。在波长为 10 米，频率仅为 30 兆赫的情况下，地球的电离层会产生巨大的噪声，使得信号变得无法接收。此外，地球上的射电望远镜也受到了来自人类活动的电磁干扰，例如海上通信和短波广播。从地球的角度来看，由于严重的无线电干扰，探索黑暗时代的努力几乎是无法实现的。

我们需要超越地球的限制。月球背面是太阳系内部监测低频无线电波的最佳地点，这是探测大爆炸在宇宙中留下的微弱"指纹"的唯一方法。只有在没有电离层，也不受地球相关干扰的月球背面，我们才有希望发现这些隐藏的信息。

宇宙诞生之初的膨胀在星云分布上留下了一个微小的扭曲，形成了宇宙微波背景辐射中的阴影。这个阴影为验证或证伪膨胀理论提供了一种独特的方法，这是宇宙诞生以来唯一确定的信号。科学家们是否已经确定了宇宙早期阶段的过于简单的模型？为了了解膨胀在宇宙诞生后万亿分之万亿分之万亿分之一秒的第一阶段是如何进行的，我们需要研究这些微弱的信号。

233

为了捕捉这些数据，无线电阵列将采用数百万根简单的无线电天线，并部署在月球背面的 100 千米或更宽的区域内。这些天线将由月球车进行部署，并通过激光通信进行连贯连接，实现人类和机器人的共同操作。绕月卫星将负责将信号传送回地球，从而使我们从地球上观察到的宇宙起源达到前所未有的清晰度。

然而，搜索工作并不会止步于无线电波领域，还有更多的内容等待探索。射电望远镜仅仅是月球天文学研究的初级阶段，我们可以在月球上开展更多的研究。例如，可以在月球南极附近永久阴影中的寒冷陨石坑建造空前规模的红外望远镜。经过测量，该处的温度低至零下 240 摄氏度，或 30 开氏度，是建造红外探测器的理想场所。此外，由于不存在大气对辐射的吸收和信号的阻挡，这些望远镜将提供唯一的光谱探测通道，用以探测邻近的系外岩石行星的大气。同时，我们也将能够寻找到外星生命存在的可靠迹象。巨大的月球望远镜可以生成邻近系外行星的首个高辨识度的图像。

来自遥远行星的大气特征可能包含着比地球更为先进的类地行星的微弱与初步特征。我们确信这是一个可行的选择，尽管我们对可能的探测概率一无所知。我们只需要去寻找。我们相信这个想法是搜索的合理基础，因为我们知道太阳只是一颗中年恒星。一半的行星系统比地球早 10 亿年，甚至更早。当然，我们无法计算它们的生存概率。但是，如果我们独自生活在这个广阔的宇宙中，那么我们的命运将是非常不可预测的。所以我们必须去搜寻。

我们正在寻找的确切信号是一种来自持续猜测的事物。先进的文明可能会消耗大量的能量，其中一部分能量可能会从遥远的系外行星泄漏出来。然而，更令人感到悲哀的是，可能还有来自灾难性战争的放射性碎片释放出的能量。此外，可能还存在一些信标，比如快速旋转的中子星，它们会向远程观察者发送编码的无线电信号。

最先进的物种将很可能会拥有实现自我繁殖的无人宇宙飞船。这些未来的旅行者将能够轻易地穿越令人敬畏的星际距离，并在星际空间充满挑战的旅行时间中存活下来。装载着人类遗传密码的宇宙飞船能将我们的物种扩展到整个银河系。低温技术甚至可能为这漫长的航行带来准永生。第一个掌握这种技术的物种将拥有一个良好的开端，将能够实现记忆和文化的持续性传承。整个星系宇宙可能会充斥着探险家和商人。这是一个愿景，是许多可能的结果之一。然而，我们根本不知道在现实中会发生什么，我们拭目以待。

搜索可能存在偶然性，也可能具有针对性，但无论哪种类型，都将对宇宙学研究产生积极影响。巨型望远镜将能够捕捉到宇宙中第一代恒星的图像，使我们能够深入研究宇宙的演化历史。由于距离过于遥远，我们无法在如此遥远的距离寻找行星，但我们可以研究化学元素是如何以及何时形成的。这些化学元素是生命最基本的前驱。月球平台将为一座能够应对所有这些挑战的天文台提供基础。然而，这样的搜索是否现实可

235

行？其成本将是巨大的，需要进行深入的探讨和研究。

从太空望远镜的发展历程来看，我们有理由保持乐观。虽然这些项目的运行成本非常高，但如果不是因为 NASA 在预算中优先考虑了航天飞机和国际空间站的开发，哈勃太空望远镜很可能永远无法被成功发射。目前，运载火箭已经准备就绪，如果再加上为国际空间站设计所需的发射系统和航天飞机，我预计所有太空望远镜项目的总花费，包括哈勃，也不会超过太空总预算的 5%。我们以前已经成功过，现在同样有能力再次实现这一目标，以响应新的月球探测愿景。

这给了我们建造月球天文台的潜在希望。当然，这将耗费巨额的资金，但是与月球基础设施的总体成本相比，天文台的投入将只是其中的一小部分。基础设施的成本预计将涵盖有效载荷的运送、施工和部署等各个方面。相较于这些，建造望远镜的成本实际上是很低的。而月球天文台可能带来的科学回报是巨大的。我们应该受到太空探索黄金时代的鼓舞，因为广阔的宇宙再次向我们展示出诱人的探索前景。月球将成为我们与宇宙深处接触的稳固基地，也是我们寻找外星生命迹象的重要中转站。

我们即将启动全新的项目，在地球之外规划并建设人类的居住地，同时将人类的足迹进一步向地球之外延伸。这将是一项充满活力和刺激的挑战，相比在地球上的太空探索，月球太空探索将具有更加深远的意义和影响。在仰望星空的同时，我们也会深入思考那些关于宇宙的最深奥问题。在过去的几个世纪里，我们的宇宙观念是由探险家和诗人所引领的。在今天，科学家将加入这场探索的战斗，用他们的知识和研究来激励并开启人类进步的下一个全新阶段。

尽管月球超级观测望远镜在几十年内可能无法建成，但我坚信这是未来不可阻挡的趋势。对遥远太阳系中的行星进行成像是一个极具吸引力的目标。我们对探索宇宙的渴望无比强烈，但现实中的挑战是当前望远镜设计师可能无法亲眼见证这个庞大项目的完成。因此，制定长期战略显得至关重要。回顾历史，我们不难发现，中世纪最伟大的大教堂的建筑师也未能亲眼见证他们的愿望成为现实。尽管如此，他们仍然坚信自己的构想是正确的，并着手开始工作。今天，我们需要向政治决策者提出同样令人信服的论据，让他们理解并支持这一宏伟计划。

未来是怎样的？

当前的科学规划往往着眼于短期，至多也只能对未来几十年的发展进行预测。我们不应忽视月球望远镜所提供的独特机会。天文学家和航天机构应该积极发掘和推动这种创新性的设想，因为月球计划目前尚处于起步阶段。虽然从月球冰层中生产火箭燃料、吸引太空游客以及开展采矿活动等目标具有重大意义，但若想挑战人类探索宇宙的极限，我们应当寻找宇宙的起源，并探索宇宙中可能存在的其他外星邻居。只有月球能在下个世纪为我们提供这样的机会。[1]

在不久的将来，NASA 的阿尔忒弥斯计划将建立一个月球基地，自 2024 年起，将有航天员陆续登陆月球。在这个过程中，科学研究将作为一项重要的优先事项，专注于探究月球的起源，并通过研究月球表面的小行星撞击历史和古代太阳的记录，以丰富我们对月球的认识。由于月球缺乏大气风化、侵蚀以及任何板块构造或主要的表面重塑，这使得我们能够将其视作一本开启的书，深入解读它的秘密。还有一个主要目标是从一个独特的地理位置观察宇宙。为此，新型强大的望远镜正在计划之中。其中，月球背面的低频射电望远镜可能成为第一台被开发并投入使用的望远镜。此外，红外望远镜利用月球无大气层的独特观测条件，将为我们提供更多有关宇宙的信息。其他航天机构也不会落后，他们将积极跟进这一伟大事业，共同探索宇宙的奥秘。

这些月球开发项目有望引领人类进入未知领域。借助最大型的望远镜进行深入搜索，我们将能够绘制太空新领域的图表，并取得前所未有的成功。因此，月球天文台应当成为未来规划中的重要一环，通过在月球上部署超级望远镜，可以实现无大气层观测平台的精细分辨率。这些将帮助我们描绘出宇宙探索的未来。系外行星的神秘面纱也将被逐步揭开，让我们得以窥见宇宙中生命的更深层次问题。

月球探索的商业前景十分广阔，初期将聚焦于稀土资源的开采，而随着技术的发展，旅游业将成为主导产业。月球上丰富的冰资源，有望成为火箭燃料的巨大储备库，为前往地球及其他星体提供能源支持。随着这些行业基础设施的不断发展，我们有理由相信，通过提前规划和科学整合，我们可以提出一个令人信服的案例来支持未来的发展。因此，我们需要具备前瞻性思维，为未来的发展做好准备。寻找外星生命是一个令人激动的目标，而揭示我们在早期宇宙中的起源则是科学领域面临的最大挑战。

考虑到地球燃料供应的严峻形势，如石油、天然气甚至煤炭，可能在几个世纪内面临枯竭的风险，寻找清洁、可持续的替代能源已成为当务之急。太阳作为无尽的能源宝库，其开发和利用成为具有挑战性的目标。月球作为收集太阳能的理想站点，可通过微波链路将电力传输到任何需要的地方，无论是地球还是太空。

未来的能源资源将更加丰富。月球在地球的能源需求中可能发挥至关重要的作用，因为它能够提供大量的氦 -3 元素。将这种氦同位素用于热核能发电非常有前景，该技术目前尚未

238

得到验证，而实现该技术肯定需要几个世纪的时间。不过，这种可能性很大，因为氢和氦−3的聚变可以提供清洁的能源，且没有任何放射性污染。通过探索和开发月球，我们将能够促进未来能源需求的解决方案的实现。

月球在向我们发出呼唤。人类下一个重大进步将是向距离地球最近的星际邻居进发。鉴于当前的技术水平，载人火星之旅的风险太大，因此在可预见的未来，这并不切实际。对于人类来说，无论是进行探索还是建立居住地，这个旅行都充满了危险。生理和神经系统的风险是巨大的，航天员需要在6—9个月的旅程后才能到达目的地，而到达之后几乎无法开展工作。然而，我们最终会找到克服这些挑战的办法。这在一定程度上是一个电磁屏蔽问题和设计自我修复生物系统的问题，毫无疑问，在一定程度上也是一个开发我们只能梦想的新解决方案的问题。月球基地的建设将使整个太阳系的太空旅行成为可能。

与此同时，火星探索也受到了重视。自2021年起，多个国家陆续发射了火星轨道器和探测器，展开了各类探测活动。一旦我们迈出地月系，火星便成为首个主要目标。火星机器人探索正以全新的活力向前推进。火星拥有迷人的、未被开发的过去。几十亿年前，它的大气层与地球相似，适合生命存在。目前，我们已发现许多证据表明火星曾存在水力侵蚀现象，如干涸的河流支流和三角洲，以及广泛分布的冰盖。然而，人类对

239

火星的探索仍然任重道远。

月球是载人航天探险的下一个重要目标，但是建立月球基地之后，下一站必然是火星探测。火星探测将在我们安全地立足于月球之后进行，这是不可避免的发展趋势。

实施上述月球计划将带来一定的后续影响。目前，全球各大国的航天机构对于月球探测及基地建设持有相似的构想，这在很大程度上是由商业利益所驱动的，而那些尚不明确的军事目的也起到了推波助澜的作用。或许，同样至关重要的问题在于污染控制。但是我们绝对不能将科学探索的方向完全抛诸脑后。宇宙中尚未被探索的边界将被逐渐揭开。这便意味着我们将揭开黑暗时代，甚至更早的宇宙秘密，直至探索到大爆炸后的最初 10 万年。如今，我们正身处宏伟的未来愿景之中，这一愿景简而言之便是"重返月球"！

人类并未树立起值得学习的榜样。我们不能像在地球上那样，随意污染月球环境，而很少去考虑这种行为将给子孙后代带来的后果。海洋被污染，大气被污染，矿物资源的开采也在污染环境。全球气候变暖的现状下，地球的未来前景显得相当黯淡。

好消息是，如果能尽快采取行动，我们仍有时间控制这些问题。许多人已经意识到了这一挑战，并积极倡导新的策略。如果我们能够搁置国际竞争，那么就有理由保持乐观。但现在也是月球开发的起始阶段。

　至关重要的是，我们不能重复地球上犯过的错误。月球的开发和殖民化将是一场耗时持久的过程，可能需要半个世纪的时间来开发，几个世纪的时间来完成。然而，我们的技术进步速度惊人，现在是时候构建一个框架，将月球作为我们子孙后代的安全环境。现在是时候启动基于月球的科学计划，揭开宇宙起源的神秘面纱。我们将能够评估人类在这个广袤而又脆弱的宇宙中的地位。这样的雄心壮志将在可预见的未来引领太空探索，发挥至关重要的作用。

除了商业活动，我们还将在月球上进行深入的科学探索。商业活动为我们提供了资源和基础设施，但科学探索将推动人类进入一个全新的高度。通过在月球上建造望远镜，人类将能够揭示宇宙的奥秘，进一步拓展人类的知识边界。

注　释

第 1 章　新太空竞赛

1. 在阿波罗计划之前，NASA 于 1964—1968 年成功发射了 10 枚无人月球探测器。其中包括 1964—1965 年发射的 3 枚"游骑兵"（Ranger）硬着陆探测器和 1966—1967 年发射的 5 枚"勘测者"（Surveyor）软着陆探测器。这些成功的发射为后续的月球探测任务奠定了基础。1970 年，苏联的"月球车 1 号"（Lunokhod 1）成为第一枚登陆月球的机器人航天器。该航天器在地球上进行远程控制，旨在拍摄月球表面图像并研究月壤。苏联未来的月球任务将继续采用无人探测形式进行。

阿波罗计划的土星 5 号运载火箭具有强大的运载能力，能够将约 140 吨的载荷送入近地轨道，而其第三级则负责将航天员（以及推进剂）送往月球。土星 5 号在完全加满燃料后，重量达到约 3000 吨，其中约 1% 起飞重量的载荷可以被成功送往月球。然而，令人遗憾的是，随着 1972 年阿波罗 17 号的载人登月任务成功完成后，太空计划的资金开始逐渐减少。由于缺乏政治热情，资金被转向其他优先事项，此后再也没有载人登月项目得以实施。在最近的几十年里，NASA 所获得的资金水平一直保持在联邦预算的 0.5% 左右。相比之下，在阿波罗计划的高峰期，其在联邦预算中的份额竟然接近 5%。

2. 自阿波罗计划的光辉岁月以来，月球并未被完全忽视。尽管人类并未持续进行载人登月任务，但有几个国家通过大约 30 次的无人探测器着陆对月球进行了探索。这些着陆任务大多是在月球正面的软着陆，这为未来的载人任务铺平了道路。中国的嫦娥四号月球探测计划正在进行一系列的科学实验。其月球车玉兔二号正在深入探索月壤，并已成功种植了植物种子，其生长情况正在被详细研究。所有的数据都将通过着陆器传回绕月运行的小型中继卫星。印度也在积极策划其月球表面探测计划。印度的第一个月球轨道飞行器任务"月船2号"于2019年从斯里哈里科塔（Sriharikota）航天中心成功发射。这枚强大的运载火箭配备了着陆器和月球车，重约640吨，是印度最强大的火箭之一。其月球车名为Pragyan（梵语意为"智慧"），设计行程为0.5千米。然而，在着陆器下降过程中，疑似发生坠毁。地形测绘、碎片沉积物和矿物质的探索是轨道器持续关注的目标。印度计划在2022年发射一个无人月球轨道器、着陆器和月球车，目标是在月球南极附近着陆。*

3. 2021年，NASA选定埃隆·马斯克所领导的SpaceX公司进行月球有效载荷开发，这一决定无疑给竞争对手杰夫·贝佐斯的蓝色起源公司和Leidos技术公司旗下的一家规模较小的Dynetics公司带来了压力。预计最早将于2022年开始发射商用无人探测器，包括月球资源勘探器。这些着陆器将进行月球资源勘探等任务，引领人类探索月球的新时代。同时，欧洲航天局也在积极准备猎户座载人飞船的发射，这标志着后阿波罗时代的太空探索即将拉开序幕。第一次无人探月任务预计在2023年展开，这一计划将由欧洲航天局和NASA联合执行。欧洲航天局将提供推进模块，以将探测器推到月球轨道。

NASA的新一代月球着陆器以阿波罗的孪生妹妹——月亮女神"阿尔忒弥斯"命名。阿尔忒弥斯计划旨在实现载人登月和着陆器月球探测，计划于21世纪20年代中期开始实施。载人航天飞机将从月球门户着陆月球表面，月球门户是一座月球轨道空间站，能够让我们以有意义的方式重返月球。月球门户还将配备载人绕月空间站，能够发射航天器到月球及其周围的轨道平台。该空间站旨在容纳一队载人航天器，为长期月球驻留和探索提供支持。已经加入阿尔忒弥斯计划的国际合作伙伴包括欧洲航天局、俄罗斯联邦航天局、日本宇宙航空研究开发机构（JAXA）和加拿大航天局（CASA）。与此同时，中国国家航天局（CNSA）也在开展载人登月计划。

4. 现代航天器主要有三个组成部分，它们将极大地推动月球探测任务的进行：轨道器，其任务是观测月球的地形；月球车，负责采集月球表面的土

---

* 印度于2023年8月成功发射了"月船3号"探测器，在月球实现了软着陆。

壤样本；以及主要的航天着陆器。中国国家航天局已经公布了未来十年的月球探测发射计划。预计在 2024 年，嫦娥六号将进行着陆点地形的观察、地质组成和地下结构的调查，并将采集的样本送回地球。* 2025 年，嫦娥七号将使用轨道器、着陆器和月球车组成的航天器，对月球南极的矿产资源进行探测。而在 2027 年，嫦娥八号将进一步使用着陆器和月球车进行资源利用和开发的验证任务。这次探测任务还将携带飞行探测器，其内将包含一个小型密封生态系统。

此外，为了进一步探索月球南极周围的月壤情况，俄罗斯联邦航天局计划在 2022 年向月球发射机器人任务"月球 25 号"。[†] 后续的"月球"任务将绘制月球表面图并检测月壤。展望未来，21 世纪 20 年代中期将实施"月球 27 号"任务，这项任务将深入月壳进行钻探，寻找水的迹象，以确定是否有可能支持未来的载人前哨站。俄罗斯目前正在积极研发超重型航天器，以应对未来载人月球任务的需求。据计划，到 2029 年，"顿号"（Don）运载火箭将具备强大的运载能力，能够将重达 130 吨的有效载荷送入近地轨道，同时还将具备将 32 吨的可交付有效载荷成功送上月球的能力。这一运载能力在国际上具备强大的竞争力，与 NASA 正在计划中的超重型发射器以及中国的长征九号运载火箭的有效载荷相当。

在接下来的十年里，俄罗斯计划在 2029 年之前派遣第一批航天员执行绕月飞行任务，为后续的载人登月任务奠定基础。预计在 21 世纪 30 年代初，俄罗斯将实现航天员登陆月球的目标，并在月球南极附近建立基地，成为首个在月球上建立基地的国家。与此同时，日本也在积极开展月球探测计划。预计在 21 世纪 20 年代，日本将发射第一枚月球着陆器和月球车，开展月球样本返回任务，并为未来的人类登月任务开发先进的着陆器。[‡] 日本宇宙航空研究开发机构计划与欧洲航天局和 NASA 合作，共同建造一个用于科学研究和环境研究的月球基地。此外，印度也在加紧开发自己的载人航天器。印度空间研究组织计划在 21 世纪 20 年代发射载人月球太空任务，为印度的太空探索事业迈出重要的一步。

5. 辐射暴露的危险程度因暴露者的年龄和性别而异。由于地球大气层的保护，地球上的典型辐射剂量相对较低。根据统计，人体年均辐射剂量仅

---

* 　嫦娥六号已于 2024 年 6 月成功完成了该任务。

† 　月球 25 号探测器于 2023 年 8 月 11 日发射，于 8 月 19 日坠毁。

‡ 　日本的 SLIM 月球探测器于 2023 年 9 月发射，于 2024 年 1 月成功登陆月球。

为 1/3 雷姆,相当于每公斤人体组织中 100 尔格 X 射线沉积所产生的生物学效应。通常,一次胸部 X 光检查提供的辐射剂量大约是人体年均辐射剂量的 1/30。

风险评估的一个重要依据是日本原子弹幸存者的存活率。国际标准规定的最高辐射限值约为 0.1 西弗特,这也是国际上通常为 X 射线或伽马射线暴露设定的限值。最大的辐射限量是 10 雷姆,这表示每公斤人体组织中 100 尔格伽马射线能量沉积的等效生物效应,相当于 0.1 西弗特。希沃特是用来测量人体吸收的放射性辐射量的单位,相当于每公斤质量 1 焦耳的能量。据悉,即使是 1/10 希沃特,在暴露后的未来 20 年内,癌症的风险也会增加一倍。在我小时候,鞋店经常使用 X 光机来测量顾客的脚部尺寸以便制作合适的鞋子,而 20 秒的照射就大约相当于这个限值的 1/10。

航天员和试飞员面临的风险尤其高。NASA 对国际空间站(ISS)近地轨道飞行的辐射限制,目前对航天员来说是其他人的 5 倍。最近的一份报告显示,根据健康风险最高的航天员进行计算,其终身最大允许暴露量为 600 雷姆,这个估计值适用于 35 岁的女性。然而,进行火星长途旅行的航天员所面临的辐射暴露量将大大超过这一数值,除非我们能研发出更为先进的辐射屏蔽技术,否则这样的任务在目前看来并不现实。

6. 2010 年,日本的"隼鸟号"航天器(日语为"猎鹰")成为首枚将小行星样本送回地球的航天器。该航天器于 2005 年降落在小行星 25143 号"丝川"(Itokawa)上,旨在采集表面物质。样本质量大约为 1 毫克,属于显微晶粒。随后,JAXA 发射了"隼鸟 2 号"航天器。该航天器于 2014 年发射,并于 2019 年在距离 3 亿英里远的"琉球"(Ryugu)小行星上着陆,以采集岩石样本。在成功收集了 5 克小行星样本后,"隼鸟 2 号"于 2020 年底返回地球,并在澳大利亚沙漠中的伍默拉(Woomera)附近安全降落。

7. 我们期望在月球上开采的稀土元素包括钕、铈、镝、铕、铒、铽、镨、铒、铽、钇、铌、钐、钪、钆、镧、钽,以及钛和锆。其中许多元素具有独特的工业应用,包括电信和计算领域。

8. 氦 -3 是由两个质子和一个中子组成的,而氦的最稳定形式是原子量为 4,由两个质子和两个中子组成。目前,国际热核聚变实验反应堆(ITER)项目正在努力实现氘和氚的热核聚变,以推动首个聚变反应堆的研发。目标是在 2050 年之前建造出第一个可以持续控制的热核聚变反应堆。目前,相关技术已经为我们所知,因此实现这个目标应该是没有技术障碍的。氦 -3 的使用可以提供更清洁的聚变环境,因为聚变产生的中子副产品相对较少。

众所周知，氦 -3 具有急速冷却的特性，从而能够产生超流体。超流体是一种特殊的流体状态，它向无黏性或无摩擦状态转变。我们可以想象一个旋转的飞轮，正常情况下，空气摩擦会使其速度逐渐减慢。然而，在超流体中，旋转的飞轮几乎可以永远保持旋转。这一特性让我们有望构建一种永动机，这是科学界最古老的梦想之一。不过，尽管在未来的某个时刻这或许有可能实现，但在可预见的未来，这种技术不太可能用于提供能量。

9. ESA 提出了一项颇具未来感的月球居住计划，旨在为各国开展机器人与航天员活动提供集中的居住区。在 2020 年的"欧洲航天局工程师评估月球村居住地"（ESA Engineers Assess Moon Village Habitat）工程研究中，ESA 设计了一座四层建筑，其屏蔽系统由基于月壤的砖块构成。此外，其他如中国、美国、俄罗斯以及印度等国也在积极考虑相似的探月工程。不仅如此，NASA 与 ESA 还开展了大量的模拟项目，旨在训练航天员在月球表面进行长期生活与探索。

国际航天机构正在全面评估月球基础设施的多个方面，包括人类居住地、实验室、舱外活动支持、加压车辆以及地面运输等。所需物品的清单很长，我们需要利用月壤材料来建造电力系统、生命支持系统、工厂以及生物反应器。此外，我们还可能需要进行其他行动，如运输原型和实验室测试元件，同时还要模拟真实环境以及大规模的救援程序。

为了提高宜居性，我们需要推进应急服务的发展，积极探索如何满足医疗需求，同时还要着手设计逃生避难所和扩展的充气建筑。此外，从地球运输和部署设备将需要增强的超重有效载荷，而预计交付能力将由私人公司通过类似于亚马逊的商业交付系统进行管理。然而，关键在于我们能否在当地工厂生产建筑材料，这对科学家来说是一个挑战，因为他们需要建造大型的天文台。

10. 永久阴影极地陨石坑是开展一系列活动的优先场所。其高边缘提供了几乎无限的永久太阳能供应。我们需要利用现场制造和 3D 打印技术来制造各种元件和结构。人类的现场活动将使人类和机器人任务有力地结合在一起——考虑到与地球通信的时间延迟，这是一项重要突破。我们需要应对通信和计算的挑战，而解决数据存储容量问题尤为关键。准备工作可能需要数年时间，但在我们开始认真建设之前的未来十年里，将取得巨大进展。最终，我们将实现向月球的巨大飞跃。我们需要完善远程机器人先导演示阶段，工程师将使用模拟数字设备模拟望远镜的部署和操作。

245

光学与红外望远镜的最佳场所位于极地陨石坑的阴影盆地中，其中很多地方长年处于阴影之中。这些地点的环境温度可低至 30 开氏度，蕴含着冰资源，因此是开采水源、架设望远镜的理想地点。我们可以在这些场所架设百米级望远镜，其口径远超地球上任何其他同类设备。

更宏伟的规划包括打造一台超级望远镜，考虑使用天然、位于极地、几千米直径的陨石坑。它的表面会覆盖有由望远镜镜面构成的网络，所有镜面都聚焦于中心的照相机，并由横跨陨石坑边缘的电线串联起来。我们需要研发新的量子技术实现对不同镜面反射的光束合成。

11. 在地球上，科学家们发现了一些与月球巨大熔岩管类似的特征，但规模要小得多，例如爱达荷州著名的月面环形火山口国家纪念区。夏威夷的基拉韦厄火山爆发曾产生一片巨大的熔岩三角洲，并于 2016 年沉入大海，从而暴露出一个巨大的熔岩管口。对于月球上大型熔岩管的研究显示，这些熔岩管的宽度是地球上通常发现的大型熔岩管的宽度的 1000 倍。值得注意的是，月球上的一些熔岩管体积相当巨大，能够容纳并保护整座城市。

12. 回顾漫长的宇宙历史，宇宙在诞生后的 100 万年内确实处于黑暗之中。此时，星系和恒星还没有形成，只有云状的氢气弥漫在空间中。这些星云比"原始火球"化石辐射更冷，后来被视为宇宙微波背景辐射。这个时期被称为黑暗时代。

随着宇宙的膨胀，其密度逐渐下降。在物质的最后散射之后，辐射开始与氢气发生热分离。一旦散射过程结束，原子就会比光子更快地冷却下来，当它们的温度低于背景辐射时，会形成一个阴影区域。我们可以寻找这个阴影区域以了解更多关于宇宙演化的信息。

地球电离层的一些影响是有益的，它能够通过反射波长较长的无线电波，使得这些波在地球上的传输变得更加容易。然而，对于射电天文学来说，这些影响却是灾难性的，因为来自太空的低频信号会被电离层散射和偏转。为了减少地球无线电干扰对射电天文学的影响，低频射电天文望远镜将位于月球背面。

在真正无线电静默的环境下，我们能够进行的一项探测任务是侦测氢原子。银河系星际介质的主要成分便是氢原子，它们以 21 厘米的无线电波长进行发射或吸收。氢云是星系的前身，在星系形成时代之前，它们在早期宇宙中占据主导地位。为了观察第一代星系形成之前的宇宙，当宇宙完全黑暗且体积只有现在的 1/50 时，我们需要对氢云进行研究。随着我们回溯过去，氢的波长会相应地发生位移并延长，古老氢原子的辐射波长将延长到 10 米。

第 2 章 深度开发月球

1. 星子逐渐融合成越来越大的岩石。在这个过程中，冰和微小的尘埃颗粒发挥了类似胶水的作用，从而加速这一黏附过程。在最小的尺度上，围绕着行星的碎片形成了陨石、小行星和卫星。在这个过程中，岩石起到了主导作用。太阳系最显著的特征之一就是内部岩石行星与外部冰巨星之间的差异。水星、地球、金星和火星等岩石行星与外部的冰巨星如海王星、天王星等在成分和结构上有着明显的不同。富含氢的冰块占据了硅酸盐类岩石的大部分。最终的结果导致外太阳系中的挥发性物质累积形成了巨大的气态行星。木星作为太阳系中最为突出的行星，是一个质量大约为 300 个地球的气体巨星。它的岩石核心约占其总质量的 5%，或大约是地球质量的 15 倍。

2. 我们坚信月球是在地球附近形成的，其根本原因在于物理学中的一个基本定律——系统的角动量守恒。地球由于潮汐作用逐渐减慢自转速度，而月球的轨道则在很大程度上吸收了这部分由于潮汐导致的角动量差异。观察月球当前的轨道，我们发现其具有相当大的角动量。考虑到月球向外移动并逐渐远离地球，我们可以推断它形成于数十亿年前，当时月球距离地球非常近，只有大约两个地球半径。最终，月球稳定在距离其母行星约 60 个地球半径或近 25 万英里的当前位置上。

3. 在致密的星际分子云中，温度大约为 10 开氏度，这主要取决于碳和其他较重物质所具有的低电子能量。这种能量水平使气体能够更有效地冷却到较低温度。这些原子的电子处于低能级。当与氢原子发生碰撞时，这些电子会跃迁到一个较高能级，随后通过辐射红外光子再次回落到低能级。这种辐射可以自由地从星层中逸出，导致星云降温。

在第一代星云中，并未含有碳元素，而仅存在氢分子。这些氢分子的最低能级源自它们的自旋。依据量子理论，自旋具有离散的能量级别。最低的分子能量对应 512 开氏度，这比碳原子的典型能级要高得多，甚至比硅原子的能级还要高。虽然此时冷却效应仍在发生，但效果显然大打折扣。这些分子需要冷却第一代星云，使其足以聚集成恒星。分子氢的痕迹在其中起到了特殊的冷却剂作用，这在未被污染的早期宇宙中极为重要。这些星云由原子氢构成，但其中还遗留有一些早期更热时期的剩余电子。

一个氢原子捕获一个自由电子后，形成氢负离子。氢负离子又会与另一个氢原子发生交换反应，形成氢分子。在这个过程中，借走的电子被归还，使每 1000 个氢原子中就有 1 个氢分子。这是唯一的冷却剂，即使不是所有的第一代星云都形成了恒星，这个数量也足够了。如果星云的质量过小，它们会因为过于寒冷而无法进一步冷却，并在引力的作用下收缩。这些星云无法通过辐射消除因引力收缩所产生的多余热量。第一代星云的质量至少是太阳质量的 100 万倍，这些星云足够温暖，可以激发分子并使其冷却。这些星云聚集在一起形成了第一代星系，这些星系比现在的典型星系要小得多。

4. 第一代恒星是天文学家的"化石"，由于其存在的时间极为短暂，我们未能直接观测到它们。然而，我们可以观察到它们周围散落的碎片——这些碎片是爆炸恒星喷射出的重元素，如碳、氧和铁。这些碎片最终会被回收利用，形成新的云团，进而诞生下一代恒星。这些寿命较长的第二代恒星至今仍然存在，我们可以看到它们散布在星系晕中，甚至附近的矮星系中。它们的重元素含量，正是第一代恒星的化石遗迹。

5. 物质的波动仍然会随着宇宙的膨胀而持续发展。在稍后阶段，辐射的重要性有所降低。但是辐射仍然通过电子散射与物质保持着紧密的耦合关系。在辐射温度降至 33000 开氏度以下时，辐射在宇宙诞生后约 38 万年开始解耦。这意味着能够电离氢的光子数量变得不足。原子时代由此开启。

我们能探索多久远的宇宙？我们将回溯到星系出现之前。星系作为宇宙的关键元素，其存在和演化在宇宙学研究中扮演着至关重要的角色，并对人类的存在产生深远影响。通过观察和研究星系形成和演化的历程，可以描绘出一幅清晰的宇宙画卷。这幅画卷从宇宙诞生之初微小的密度波动开始，随着时间的推移，这些波动逐渐演变为较小的结构，最终发展成为今天的星系。这是一种自下而上的理论，描绘了宇宙中星系形成和演化的全过程。

波动增长的过程之所以缓慢，主要有两个原因。首先，在最初的 1 万年里，由于宇宙温度过高，主要的辐射场对物质聚集起到了抑制作用。在这个阶段，辐射的排斥压力远远大于引力的吸引力。其次，宇宙在膨胀的过程中，所有的物质最初几乎是完美的均匀分布，然后随着宇宙的膨胀而逐渐分散。这种膨胀大大削弱了引力的拉力，如同在不断膨胀的赛道上跑步一样，物质密度波动的增长随之减缓。当宇宙在开始后的 38 万年里冷却到足以使物质几乎完全原子化时，周围几乎没有电子来传递辐射压力的趋势来对抗引力。此时，星云的引力"刹车"被移除，一旦散射停止，冷气云就开始聚集，因为微量的氢分子促进了气体冷却。

6. 根据物理学中最基本的热力学第一定律可以得知，增加重力能会转化为热能。我们每天都在经历着这种变化，例如，当我们给自行车轮胎充气时，泵会变热，这是因为多余的热量会辐射出去。在星云中，重子会消散并冷却，气体碎片会聚集形成恒星。一个重要的预测是，云状子结构的合并会在气体中产生压缩波，这有望促进恒星的形成。因此，我们应该会观察到恒星形成的爆发，特别是在远离星系合并的地方。当用最大的望远镜探索宇宙时，我们也希望看到相对最大的星系，较小星系的数量会不断增加。同时，我们应该观察到恒星形成率随着时间的推移而逐渐增加。

7. 尽管银河系比仙女座星系距离地球更近，但观测难度更大，因为必须构建一个考虑到地球并非位于星系中心的三维地图。现代技术利用星际氢发射体进行精确的速度测量，结果表明银河系中恒星的自转速度在距离中心20万光年的范围内保持稳定。然而，恒星的分布大多仅延伸到距离中心1万光年的范围内，在更远的距离上逐渐消失。在这个过程中，暗物质的引力效应占主导地位，对于早期波动增长起到了促进作用。

冷弱相互作用的暗物质构成了围绕星系的暗晕，并在其支配下，气体云逐渐冷却并收缩。众多气体云聚集并收缩，进而形成了嵌入暗晕的星系。

恒星形成后，它们的辐射使得气体云变暖，甚至加速了气体云的移动。249云层不断合并，结构得以发展，宇宙也因此变得更加复杂。这样的复杂结构是由热扩散气体、冷星际云、恒星和暗物质共同组成的。矮星系是这种演化过程的幸存者，但曾经存在的星系数量远超现在，它们的组合留下了诸多遗迹。据预测，这样的矮星系应该比观测到的数量多得多。目前，我们已经能够利用恒星作为示踪物来观测银河系中一些预测的剩余结构，这一突破性的研究来自盖亚太空望远镜。盖亚是由一对连接在一起的小望远镜组成的，可以精确地测量银河系中10亿颗恒星的位置和运动。

8. 围绕银河系的暗物质形成了一个巨大的光晕。多年来，天文学家普遍认为这个光晕是由一个巨大的整体状暗物质团构成的。在此之后，人们曾多次尝试直接探测暗物质，但至今仍未能揭示其性质。目前我们所知的仅仅是暗物质是外银河系引力的来源，它具有非常低的密度且完全透明。

矮星系在初始阶段富含气体，却也因此容易遭受超新星爆炸的破坏。大部分气体是由热流出物喷出的。自此，恒星的形成逐渐停止。尽管最终的恒星数量有所减少，可能是因为过于暗淡而难以被观测到。在银河系的周围，科学家们在寻找超暗矮星系的探索中取得了一些成果。为了寻找微弱的、如幽灵般的星系遗迹，天文学家们已经上报了数十个候选者。这些遗迹基本上都被视为晕中的老恒星群，它们是通过计算微弱的恒星在背景辐射中寻找轻微波动而被发现的。这些暗淡的恒星堆被认为是银河系在大约100亿年前形成时的遗迹幸存者。

被称为超新星爆发的剧烈事件，实际上发生在第一代大质量恒星死亡之后。它们对第一代星云中剩余的气体储层产生了巨大影响，导致在周围环境无法提供更多冷气体的情况下，后续的恒星形成变得不太可能。这是因为矮星系正在以高速绕其母星系运行，导致在银河系形成后，晕中几乎没有冷气体残留。

许多古老的矮星系已经被观测到，尽管数量相对较少。这些矮星系的出现频率仍然低于预测值，这意味着它们一定出了什么问题。我们认为这可能是由于气体剥离和潮汐破坏的共同作用所导致的，特别是对于那些靠近密集的内星系和星系盘的矮星系来说。气体剥离会降低恒星形成的效率，而潮汐破坏则会增加恒星形成的难度。

9. 天文学家对整个星系中铁的相对含量进行了调查。他们发现，铁的分布在银河系的内部区域比外部区域更加丰富。这一结果表明，星系的形成是由内而外的。来自第一代恒星的丰富碎片被捕获到星系的中心区域，并从那里分散到整个星系，进入星际云。这些星云相继形成了新一代的恒星，其中就包括太阳。大约在 46 亿年前，太阳就在这个过程中形成了。

第 3 章　机器人与人类

1. 印度月球探测器首次在月球发现了水，此发现随后得到了 NASA 航天器的证实。最早被发现的是羟基分子，这是一种水冰存在的有利标志，因为羟基分子是冰在紫外线照射下解离时形成的。然而，这并不是水存在的直接证据。理论上，月壤中的氧气可以与撞击月球的太阳质子结合形成羟基。近期，科学家对月球的测绘工作主要集中在地球上可见的第二大陨石坑 Thiome，该陨石坑直径为 140 英里，深度为 2 英里。测绘工作于 2020 年利用 SOFIA 的 红外望远镜完成。该望远镜被安装在一架经过改造的波音 747 飞机上，该飞机在 45000 英尺的高空飞行，这个高度几乎高于所有陆地上能产生明亮背景光的红外辐射源。SOFIA 不仅观测了遥远星系的微弱宇宙红外源，还观察了月球。该望远镜在有阳光照射的月球陨石坑中发现了水分子的直接证据。这一发现强烈暗示，在月球的更多阴影区域可能存在大量的水沉积物。

2. 我们将启动一项月球探索战略，其中的关键任务要素将按照地球原型进行建造。这包括使用本地资源的航天员训练设施和建筑模块，并在模拟环境中进行测试。测试活动将运用月球车和基础设施要素，以准备必要的地面通信基础设施和人机界面。机器人的功能将支持自主部署和维护科学仪器，并通过精确的三维测绘来检查环境。机器人甚至会为望远镜选择最佳地点。

3. 为了使从黑暗时代接收到的无线电信号达到所需的一致性，我们运用了干涉原理。其原理是光或无线电波的波峰叠加会产生更高的波峰，波谷叠加则会产生更深的波谷，但波谷之间的任何不匹配都会削弱信号。引入微小的时间延迟有助于最大限度地增强信号，并允许连续地累加许多天线信号。每根单独的天线接收到的波峰相位或序列略有不同。通过安排收集不会相互抵消的信号，并使用精确的时钟计时，可以相干积累合并来自许多无线电偶极天线的信号，以生成目标图像。利用电子信号相关器收集所有的相位信息，可以复原出目标图像。如此一来，无线电波便能相互增强，形成有用的数据点，否则这些数据点就只是一堆无用的数据。

主要的障碍将来自银河系以及其他星系的无线电前景辐射，这些辐射的强度比我们正在寻找的微弱信号强数百万倍。无线电前景辐射来自众多无线电辐射源的组合。因此，我们需要从检测到的信号中抑制这些干扰，以便能够检测到来自宇宙黑暗时代的微弱残留信号。而我们正在寻找的是许多星云固有的漫射信号。幸运的是，有方法来实现这一目标，因为这些难以捕捉的信号在频率和空间上具有独特的结构，但这并不容易。无线电干涉仪便是一种工具，例如新墨西哥州索科罗的甚大阵射电望远镜（VLA）和智利阿塔卡马的 ALMA，它们通常在更高的无线电频率下运行。在低频范围内，黑暗时代探测器所需的最大干涉仪是泛欧射频望远镜阵列（LOFAR），它在全欧洲布置了约 20000 根天线。目前的计划包括构建低射频的平方千米［射电望远镜］阵（SKA），该 SKA 将在澳大利亚沙漠中使用低至 30 兆赫的射频进行观测，并装备数量高达 100 万的天线。此外，还计划在南非建造一个更高频率的 SKA。

4. 月球望远镜的技术细节非常复杂，同时还要与其他月球科学项目的需求进行竞争。永久黑暗和寒冷环境对于月球望远镜至关重要。然而，还需要解决一些环境问题，比如克服无处不在的月尘的磨蚀，并管理其对望远镜镜面退化、寿命和观测质量的影响。同时，基础设施的开发、建造、部署和组装也是必不可少的。我们需要开发地基、着陆垫、道路、电缆沟、运输工具和重型起重设备。机器人的装配将是关键所在。此外，在极端气候条件下的维护和储存也是必不可少的。这些挑战都不是不可战胜的，类似的基础设施将使其他商业驱动的项目成为可能。

第 4 章　探寻我们的起源

1. 当宇宙中的普通物质大多是原子后，超密度星云最终会得以形成。只有在宇宙冷却到一定程度，使得辐射压力相对于物质压力下降时，引力才会增强密度的波动。在重子散射过程中，辐射会产生摩擦，使得星云在收缩时，重子能够有效制动。密度稍微高一些的斑点在暗物质的拉力作用下变得更密。引力会吸引更多的物质，包括暗物质和普通物质。低密度斑块与高密度斑块的数量相当。然而，随着引力的作用，低密度斑块变得越来越空。物质的缺乏仿佛产生了一种反引力，如同富者越富，穷者越穷。第一代星云和第一代星际空隙得以形成。星云注定会在相互的引力作用下聚集在一起，形成星系，这是宇宙生长的高峰期。

在初始阶段，星云无法实现进一步的冷却，其温度不足以促使氢原子聚集并分裂成恒星。经过观察，我们发现这些星云中有一些未连接的电子，实际上大约占据了千分之一的比例。自由电子在此过程中起到了催化剂的作用，它们附着在氢原子上形成了带电分子。而这些分子又与质子结合形成了氢分子。很快，大约千分之一的粒子变成了氢分子。氢分子相对于氢原子能够更有效地散失能量，因此，星云实现了急剧冷却，温度下降到了大约1000 开度。第一代恒星开始出现，标志着黑暗时代的结束。

2. 宇宙大爆炸在宇宙中留下了难以捉摸的痕迹，这些痕迹是宇宙如何开始的线索，然而这个谜团至今仍未解开。科学界普遍认为，我们所看到的宇宙中的一切都是源于宇宙大爆炸后万亿分之一秒内发生的急剧膨胀。这些事件留下了电磁辐射的"化石"辉光，即使是 137 亿年后的今天，我们依然能够检测到这些辉光，这种宇宙遗迹就是宇宙微波背景辐射。它为我们提供了宇宙在星系形成之前的图像，并揭示了星系形成的初始波动。但是它对于宇宙的起源并不具有足够的敏感度。尽管宇宙微波背景辐射在太空中涵盖了数百万像素，但它的信息内容却相对匮乏。

目前，提高宇宙学观测精度的唯一方法是超越对星系的观测，深入到它们的构成要素，即数百万个气体云前体。这些气体云前体只能在宇宙黑暗时代进行搜索才能被发现。瞄准这些气体云前体将使我们的观测能力比星系观测提高 100 倍甚至更多倍。

3. 在极低的能量状态下，与另一个氢原子发生碰撞，其作用力足以使得电子自旋方向从与中心质子反平行转变为平行。这个过程中，碰撞会吸收微量的能量。我们在宇宙背景辐射中观察到的 21 厘米阴影就是由于这种微小的能量损失产生的。同时，这个能量损失会伴随着频率为1420405751.7667兆赫或波长为21.1061140542厘米的光子辐射。这就是阴影形成的原因。电子自旋方向翻转到更高的平行自旋状态，而处于略高能量平行状态的原子数量也会对星云的温度产生敏感反应。因此，我们甚至可以通过测量星云的温度以及氢冷原子的数量来进一步研究这一现象。

4. 在第一代恒星形成之前，宇宙被黑暗所笼罩。这个黑暗时代指的是宇宙微波背景辐射最后一次散射后的时期，它揭示了自大爆炸以来的前38万年。第一代恒星的时代，大爆炸后的大约10亿年，同样也掩盖了黑暗时代。因此，我们需要寻找光子最后一次散射时代和第一代恒星形成时代之间的时期。在这段完全未被探索的时期，结构形成的种子开始以气态形式出现，而宇宙则是完全黑暗的。

在此阶段，我们需要对红移为30（大爆炸后1亿年）和80（大爆炸后240万年）的氢原子进行检测。在这个过去的窗口中，氢的21厘米波长被拉伸到6.3米和16.8米，同时其频率降低到67兆赫和18兆赫。最佳的观测点位于红移处，星云相对于背景辐射处于相对最冷的位置，此时观测到的波长为10.5米，频率为28兆赫。这个最佳频点能够为我们提供精确的红移数据。然而，由于宇宙的膨胀，频率的红移会产生一定的模糊。尽管如此，有了这种精度，我们就能够回溯过去，将宇宙划分为不同的层次。这种断层扫描的方法——与X射线医学成像中所使用的技术相似，使我们能做到这一点。每个频率都对应一个特定的回溯时间，并据此进行分类。因此，现在我们拥有一系列的时间切片或等效的距离切片。

5. 目前宇宙微波背景辐射天空图像的像素数量不足，因此计算星系会更为准确。计划中的星系调查项目应比当前宇宙学的精度高出10倍。我们预期天空中存在1亿个独立的信息位。因此，在未来10年内，我们将实现宇宙学精度提高1000倍，这比目前从宇宙微波背景辐射中获得的精度高出10倍。然而，即使这样仍不够！任何可实现的地面望远镜都难以实现大视场和大口径的必要组合，尽管最大的星系调查能够提供比宇宙微波背景辐射更高的精度。

6. 由于星系本身的大小限制，导致我们能够观察到的内容存在自然限制。为了避免图像重叠造成混淆，需要进行精确的观测。但是对于最遥远的星系，我们的分辨能力几乎接近于零。在遇到过度拥挤的问题之前，我们仍然可以使用数十亿像素进行观测。为了深入了解遥远星系的物理特性，我们需要的不仅仅是图像。在天文学中，通常会通过将光分成不同波长并获取光

253

谱来获取更多信息，但这个过程需要付出一定的代价。每台望远镜的口径都有一定的聚光能力，通过波长对光进行切片以获得光谱，这就意味着我们只能研究较亮的星系。那里的光子数量庞大。我们将能够了解许多关于星系的知识，例如它们的年龄和化学成分。但这种方法无法帮助我们深入调查宇宙空间，从而真正探索宇宙的起源。

下一步该如何进行呢？即使下一代超大规模的星系调查也难以提供足够的准确性。斯隆数字巡天项目由十几个合作机构共同运营，通过在 1/3 的天空中绘制出 100 万个星系，创造了奇迹。这个项目展示了统计学的重要作用，只有拥有足够庞大的样本，我们才能开始探索附近宇宙中星系演化的微妙变化。虽然不需要大型望远镜，但用于调查星系的望远镜必须足够专业和专一。2.5 米望远镜是为了 2000 年开始在新墨西哥州阿帕奇角进行的调查而定制的，但 100 万个星系仍然不足以满足我们的需求。

后续的暗能量巡天（DES）项目在智利的托洛洛山部署了一台更大的 4 米望远镜，该望远镜具备更高的分辨率和更广泛的光学波段覆盖，使我们对宇宙的观测更加深入。该项目致力于观测数以亿计的星系，从而揭示宇宙中暗能量的作用。目前，我们正在对这些星系进行精确的计数和统计分析，以验证宇宙膨胀假说。但是这些数据可能还不足以完全验证这一假说，因此我们需要更多更精确的观测数据。在地面，8.4 米口径的鲁宾望远镜（Rubin Telescope）位于智利阿塔卡马沙漠海拔 2680 米的波查峰顶，它的主要任务是带领我们更深入地探索宇宙。该望远镜以著名的天文学家维拉·鲁宾命名。鲁宾望远镜将瞄准 100 亿个星系。

新的强大望远镜将进一步深入到宇宙更早的时刻，其中最引人注目的是下一代太空望远镜。其中之一是 6.5 米口径的詹姆斯·韦伯太空望远镜（James Webb Space Telescope），这台红外望远镜由 NASA 和欧洲航天局联合发射，并被送到距离地球 100 万英里的绕日地系统第二拉格朗日点运行轨道。在这个位置，地球和太阳的引力相互平衡，形成了一个理想的稳定点，有利于放置太空望远镜。望远镜于 2021 年 12 月 25 日从法属圭亚那库鲁的欧洲航天港利用阿丽亚娜 5 型（Ariane5）运载火箭成功发射升空，一个月后顺利到达最终目的地。接下来的 4 个月里，对望远镜进行了校准和聚焦分段望远镜镜片的精细调整。红外太空望远镜具备在近红外光谱中拍摄星系中心精美图像的能力，将寻找宇宙中第一代恒星的痕迹，揭示类星体的生长和演化，并研究系外行星。

欧洲航天局 1.2 米口径的欧几里得太空望远镜是太空中的一个重要补充

项目。欧几里得将位于中性引力点——第二拉格朗日点，在这里，地球和太阳的引力相互抵消，为距离地球 100 万英里的望远镜提供了一个稳定的停泊点。预计在 2023 年发射的欧几里得太空望远镜 *，将会观测宇宙中数量庞大的星系群，并重点研究宇宙演化早期，大约是现在大小一半的宇宙。在典型的现代宇宙深度调查中，科学家们估计宇宙中存在大约 100 亿个星系。但是每个星系都有其独特的特点和演化历程，因此需要至少观测 100 个星系才能获得一个具有代表性的样本。这样一来，为了获得足够数量的独立样本，需要观测大约 1 亿个星系。这些独立样本可以视为宇宙中星系分布的大规模结构中的像素，每个像素都包含着重要的信息模式。

NASA 计划于 2027 年发射的另一台大型望远镜是南希·罗曼太空望远镜，这是一台 2.4 米口径的望远镜，其特点是配备了可见光和近红外光摄像机的大视场。该望远镜的主要任务是推进宇宙学领域的前沿研究。相比之下，詹姆斯·韦伯太空望远镜则以小视场优化了从系外行星到第一代星系的单个红外源的科学研究。而南希·罗曼太空望远镜将进行专门的调查，有望大大扩展欧几里得望远镜的观测范围。

7. 值得注意的是，搜索将我们带到了宇宙深处，直达直接成像无法企及的时刻。那是在我们真正观察到宇宙微波背景辐射之前，也就是电子最后一次散射的时期。这次散射发生在宇宙大爆炸后约 38 万年。这样的观测决定了我们所能拍摄到的最深处的图像——在宇宙首次变为中性，氢原子主导阶段真正开始的时候。这就是我们寻找最终信号的地方，即"黑暗时代"。

8. 钟形曲线（正态分布曲线）适用于大部分随机抽样的数据集。当我们抽取到越来越多的数据时，数据的分布将逐渐稳定在一个正态曲线之上，该曲线的位置由数据的平均值和分布宽度决定。在统计学中，钟形曲线被广泛用于描述和测量数据中偏离平均值的罕见情况。例如，在符合贝尔曲线的数据中，约 99% 的数据会落在平均值的三个标准差范围内。

在宇宙学研究中，我们非常关注数据中平均值的罕见偏差现象。因为一旦发现这样的偏差，它就有可能为我们揭示一些有关数据生成的初始条件的新信息。例如，有许多参数驱动的恒星形成模型，包括由此产生的复杂性，导致新形成的恒星质量分布的预测呈现钟形曲线。关于质量分布的扩散现象推导是一项极为困难的工作。除非初始理论在这个方向上存在偏差，否则不应该出现大量的巨型恒星，同样也不应该有大量的微型恒星。当然，大自然

---

*　欧几里得太空望远镜已于 2023 年 7 月 1 日发射升空。

可能并不认同这种观点，在某些特殊情况下甚至可能存在大量的巨型恒星或微型恒星。我们所能做的就是探讨最可能的选择，并报告我们的观察结果。

我们可以计算出星系中某个区域质量最大恒星的质量，该信息在估算黑洞数量时也很有用。目前，我们正在测定黑洞与其他黑洞合并时的质量，同时探测引力波的波动。此外，我们还能求得恒星的最小质量，这对于估算暗星对星系质量的贡献具有指导意义。宇宙中的重子物质数量存在严格的限制，由此可以推断出重子远远低于解释宇宙中暗物质丰度的水平。或许，暗物质组成了暗星。这个推理过程可能看起来复杂，但是物理学能够为我们指明方向，因为我们迫切地试图确定暗物质的性质。很久以前，暗物质云可能形成了无法直接观测到的暗星。

验证这一假设颇为困难。我们目前所掌握的关于恒星质量的详尽数据都是基于本地研究，即对银河系及邻近几个星系的恒星形成区域进行测量得出的。我们正在努力探索遥远的宇宙，但无法确保附近恒星的形成过程与宇宙遥远角落的情况完全相同。实际上，即使存在暗星，我们目前也尚未获得其存在的确凿证据。因此，将钟形曲线和高斯统计应用于遥远恒星形成便成了一个问题，因为我们根本无法确定同样的物理现象是否适用于望远镜所观测到的任何地方。寻找非高斯性的远程指标是确定远处是否正在发生前所未有的事情的一种方法。我们需要保持开放的心态。对于宇宙的局部区域，使用钟形曲线是可行的。

第 5 章　创世的第一个月

1. 要实现真正的高能量，必须超越玻尔和爱因斯坦的经典理论，对粒子物理学和宇宙学进行全新的理解。相比之下，质子的质量约为 1 千兆电子伏特，而世界上最强大的粒子对撞机 LHC 能够以 14 万亿电子伏特的能量将粒子相互碰撞。于是我们认识到质子并非基本粒子，而是由夸克组成的。在大爆炸中，实现更高的能量是可能的，但这种情况只会发生一次。自然界的基本力在 10 万亿电子伏特的能量下是统一的。

大统一理论（GUT）对膨胀时刻的神奇之处进行了详细的阐述。视界是指以光速运动的粒子自开始以来所移动的距离。因果联系是在超视界尺度上建立的，而这个尺度远远大于宇宙诞生以来光所行进的距离。在我们的当前视界之外，还有更多的物质存在，一旦短暂的接触就会进入视界。

1981 年，粒子物理学家阿兰·古斯（Alan Guth）、安德烈·林德

（Andrei Linde）、保罗·斯坦哈特（Paul Steinhardt）和安德烈亚斯·阿尔布雷希特首次提出了宇宙膨胀的概念。这四位科学家各自独立地开展研究工作，他们认为，在宇宙膨胀和冷却的过程中，基本力统一瓦解的时刻，一个新场的引入将导致空间加速膨胀。我们可以将这一膨胀的时刻视为一种相变，就像湖面结冰一样，新场的能量被释放出来。这是一种相变现象，冰和水共存，但代表了不同的相。在宇宙学中，相也发生了变化。我们从一个由新场与真空量子涨落共同贡献负能量的宇宙开始。当新场的能量首次占据主导地位时，这种能量被释放出来。正如勒梅特很久以前发现的那样，抽真空能量的效果加速了膨胀，空间以指数级速度加速。这就是膨胀发生的机制。量子相变将能量注入宇宙的膨胀，作为回应，宇宙在短暂的瞬间加速。当相分离完成时，这一过程就结束了。当新场逐渐衰减至基本核力占据主导地位，同时不存在真空能量时，膨胀就会终止，并恢复正常的膨胀。此时，视界已经回到自大爆炸以来所经历的正常范围。

257

形成宇宙结构的密度波动，其起源可追溯到量子理论。这种波动在微小尺度上有所预测，大致对应于普朗克时间之后不久的视界。最初，这种波动是无穷小的。然而，随着空间经历短暂的巨大膨胀增长，它最终会恢复到膨胀之前的状态，但有一个关键的区别：在膨胀期间，波动会大大扩展。随着宇宙恢复正常膨胀，视界会继续从其无穷小的尺度开始增长，这取决于光传播的时间。随着宇宙的衰老，这些波动会持续进入不断扩大的视界。

2. 宇宙膨胀率的数据分为两组，一组倾向于早期宇宙的低膨胀率，另一组倾向于今天的较高值。一般来说，来自附近星系的数据倾向于高值，或倾向于年轻的宇宙，而来自早期宇宙的遥远数据倾向于低值，或倾向于古老的宇宙。如果这两个数据集都是正确的，那么宇宙膨胀理论可能存在问题，需要加以修改。这一争议对宇宙学研究具有重要影响，因为推断出的宇宙年龄存在 20 亿年的不确定性。这种不确定性取决于人们采用的数据组合。在 20 亿年内可能发生很多事情，这种差异令宇宙学家感到困扰。此外，这种差异也可能源于数据中未知的错误，例如测量误差的估计值约为 2% 或更低，而使用不同技术的竞争团体之间存在 10% 的不一致。为了解决这个问题，天文学家正在努力获取更精确和改进的数据。

当然，一个有趣的假设是，这种差异可能揭示了一种新的、尚未被发现的物理学现象。毕竟，这正是爱因斯坦寻找新的引力理论的动力。但是目前天文学家对这种测量差异持怀疑态度。为了推导宇宙的膨胀率，必须构建一个距离梯度，将局部距离校准器（最著名的是造父变星）与遥远的指示器

（如超新星）连接起来。然而，使用附近星系中最亮的恒星与其他校准器不符。恒星的物理学是众所周知的，因此这令人困惑。这种不确定性为早期宇宙的比较蒙上了一层阴影。希望下一代宇宙学望远镜能够揭示这些差异，并为我们解答一些重要的宇宙问题。我们将了解宇宙是否会永远膨胀，或者我们是否会在遥远的未来面临大收缩。此外，我们还将了解爱因斯坦的宇宙学常数是否确实恒定，以及宇宙在未来是否会继续加速。最后，我们将探索是否需要新的物理学来解释测量到的宇宙膨胀率。

258   3. 中微子粒子直接来源于核反应，并具有自旋。自旋是基本粒子的基本属性，并且在复杂的相互作用如衰变等过程中，自旋必须保持不变。当一种自旋向右的粒子产生时，另一种粒子必然是自旋向左的。在基本粒子之间的相互作用中，自旋始终保持不变。在发现中微子之前，其存在是通过推理论证的。后来被实际检测到。现在我们能够定期检测来自太阳的高能中微子，这一发现证实了太阳内部的热核反应是能量的主要来源。太阳持续地向地球发射中微子。这些中微子源自太阳的内核，那里氢原子通过热核反应燃烧成氦原子。它们是高能且基本无质量的粒子。高能量有利于它们在地面实验中被检测到。中微子在巨大的纯化水箱中发生散射，生成高能的电子和 μ 子。这些粒子的移动速度超过水中产生的局部光速，并产生一束蓝光，这是一种光学冲击波，与飞机超音速飞行时产生的音爆相似。许多光电管环绕着水箱，成功检测到罕见的闪光。通过中微子望远镜能够观测到太阳中微子。在大爆炸后的第一秒，宇宙中产生了光子、质子和电子，还有中微子。我们成功检测到了光子。恒星由氢云形成。大爆炸理论预测，天空中应该存在各向同性的中微子辉光。但是由于它们能量过低，目前还没有探测到。

氦的首次发现是在 19 世纪早期通过光谱学实现的，当时天文学家开始探索恒星的组成。太阳之所以发光，是因为在其核心处，氢通过热核反应融合成氦。氦原子核由两个质子和两个中子组成，其重量略小于四个氢原子核。这种微小的质量差异——约 0.7%，通过爱因斯坦的著名方程 $E=mc^2$ 转化为能量，从而实现核质量到能量的转化。在地球上，万物依赖的就是太阳的热核能释放。我们在许多不同的恒星和星际气体中都测量到了氦，而恒星也是以它为基础形成的。无论我们视线所及的地方有多远，似乎都有大致相同数量的氦。当然，需要排除恒星合成过程中消耗的少量氦。

氦元素在恒星诞生之前就已经存在。银河系周围的氦含量丰富，显然不可能仅由恒星合成产生。甚至在遥远的星系和星系之间的气体中也检测到了氦的存在。氦元素早于所有恒星的诞生。在大爆炸的第二个时代，宇宙由质子、电子、正电子和中子组成，它们存在于光子和中微子的海洋中。事实上，在这个时代之初，并不存在质子或中子，只有它们的组成成分——夸克。大约一分钟后，温度降低到足够程度，质子捕获了一个中子，形成了重氢原子核或氘。这个过程反过来又捕获了另一个中子，形成了氚，这是氢元素的短寿命同位素。随后发生了更多的反应，最终形成了氦元素。

　　每个氦原子核中的两个质子和两个中子以对称的方式组合，使其具有极高的稳定性。氦是早期宇宙核合成过程中的巅峰产物。今天，宇宙微波背景辐射中光子的典型能量约为电子伏特的千分之一，相当于约 3 开氏度的黑体温度。回顾宇宙早期，微波背景辐射更加炽热。在宇宙诞生后的一秒钟内，温度就高达 100 亿摄氏度。这意味着每个光子携带的能量约为 100 万电子伏特。重要的是，在这个关键时刻，我们找到了化石记录。这些化石就是氦原子核，它们是宇宙中第二丰富的元素。

　　4. 宇宙微波背景辐射具有自然界中最完美的黑体光谱，这一发现得益于 NASA 的科学家约翰·马瑟（John Mather）领导的微波背景辐射光谱实验。凭借这项工作，约翰·马瑟在 2006 年获得了诺贝尔物理学奖。

第 6 章　宇宙暴力的过去

　　1.X 射线辐射是大质量恒星在吸收其伴星物质的过程中产生的必然结果。可以通过测量轨道速度和距离来推断这两个天体的质量。在很多情况下，这些测量结果可以推断出黑洞的存在。有关这一综述，请参阅 Haardt 等人撰写的《天体物理黑洞》（"Astrophysical Black Holes"）。

　　2. 一个有趣的历史脚注是，早在爱因斯坦发现之前，人们就已经猜测存在密度极高、质量巨大的自引力物体，其强大到足以让光都无法逃逸。这种猜测的基础是牛顿的引力理论，该理论在大约两个半世纪前被提出。英国自然哲学家约翰·米歇尔在 1783 年的一篇论文中写道：

　　　　如果一个密度与太阳相同的球体，但其半径超出了太阳的半径，比例为 500∶1，那么从无限高度落下的物体在到达该球体表面时将获得比光速更快的速度。因此，他假设光被与惯性力成比例的力所吸引，就像其他物体一样，从这个物体发出的所有光都会被其自身的引力牵引而返回。

米歇尔进一步预测了暗星的存在，甚至大胆推测了暗星与普通星组合的双星系统的存在。10 年后，法国杰出的数学家皮埃尔－西蒙·拉普拉斯在其 1796 年出版的《宇宙体系概论》(*Exposition du Systeme du Monde*) 中独立地提出了相同的观点。可以说，米歇尔和拉普拉斯的思想远远超越了他们的时代。暗星，以黑洞的形式重新进入人们的视线，直到两个世纪后才重新被人们发现。

260　　3. 中子星的密度约为每立方厘米 10^{15} 克，若其质量过大，会进一步坍缩形成黑洞。经过计算，中子星的最大质量大约为 3 太阳质量。母星在演化过程中，通过外流和风失去物质，最终形成中子星。若最终物体的质量超过 2 太阳质量，则会形成黑洞。有许多恒星起源的黑洞，其中恒星黑洞最突出的表现是与普通恒星组成的黑洞双星。我们可以通过探测伴星流出的物质进入黑洞时产生的 X 射线辐射来发现它们。当伴星耗尽其核燃料时，会发生这种情况，伴星会随着年龄的增长而膨胀，成为一颗超巨星。

4. 通过的引力波产生的影响极其微小，因为引力波事件非常少见。因此引力波必然发生在十分遥远的地方。为了捕捉到这种罕见的黑洞合并事件，我们必须监测众多遥远的星系。通常，我们会将目光投向距离地球数十亿光年的星系。要探测到这种合并事件产生的引力波，需要测量由于引力场变化引起的测量杆长度变化的精度高达十亿分之一兆。

引力场的变化是由来自遥远黑洞合并的引力波经过引力波探测器引起的。为了测量引力波，科学家们设计了一种激光干涉仪。美国有两台这样的干涉仪，一台位于华盛顿州，另一台位于路易斯安那州，它们都探测到了相同的信号。这些信号是由引力波经过地球时引起的引力场变化产生的。测量杆的长度相当于激光束的长度。这项实验的成功需要长达 40 年的实验开发和改进。这些努力最终促成了引力波望远镜的建造，它被命名为 LIGO，即激光干涉仪引力波观测台。

LIGO 采用干涉测量技术，旨在提供高精度的距离测量。它设有一对相互垂直的隧道，每个隧道的长度为 4 千米，并在末端安装有反射激光的镜子。光束在镜子之间反射数百次，从而增加干涉仪的有效光束长度或臂长到数百千米。通过利用波峰和波谷的原理，干涉仪对准两条光束的波峰。这样，可以实现对激光波长的精确测量。通常，当两条激光束在探测器的中心部分汇聚时，波的波谷和波峰会相互抵消。对于两条垂直光束引力波的入射相位略有不同。通过持续监测激光束，科学家可以区分引力波的波峰和波谷。当这两束光叠加在一起时，会产生干涉图案，使波峰对准并增强信号。

最终组合的光束提供了引力波信号的完整记录。

黑洞的质量越大，其体积也就越大，相应的施瓦西半径也就越大。一个更大的黑洞会具有更长的光穿越时间，这会导致引力波穿越时间也相应增加。而引力波频率会因穿越时间的增加而降低。因此，可以通过观察黑洞合并的最终频率变化来推断出黑洞的质量。在合并事件发生之前，黑洞在一系列越来越快的轨道上相互盘旋。我们可以根据合并事件的距离推断出信号波形的红移效应，这种效应会导致发射的引力波频率降低。

目前，人们观察到质量较大的恒星在衰老过程中，会因恒星风而损失大量质量。这些恒星风主要由热核内部产生的强烈辐射穿透星冕而产生。辐射的动量驱动了恒星风。但是，在几乎没有比氦更重的重元素的情况下，星冕大大减少。在遥远的过去，质量较大的恒星大大抑制了恒星风，而它们正是观测到的大质量黑洞的起源。目前，质量较大的恒星损失了大部分初始质量，形成了低质量的黑洞。我们已经了解到，大多数黑洞合并发生在很久以前的宇宙时代，当时母星缺乏重元素。宇宙的化学演化需要数十亿年。浓缩到太阳值需要大约 50 亿年。早期恒星中重元素的缺乏减少了质量损失，并允许形成局部看到的质量更大的黑洞。

首次探测到的黑洞合并事件，源自 10 亿光年外的一对黑洞。由于此类事件稀少且持续时间短暂，这一发现出乎预料。这对黑洞的质量大约是银河系中 X 射线源预期的两倍。更令人惊喜的是，天文学家对恒星死亡过程中黑洞的形成进行了研究。一种理论预测是，大质量恒星坍缩形成的最大黑洞不应超过 50 太阳质量。若大质量恒星在死亡时发生自毁，从而形成的最小黑洞，其至少也应有 2 太阳质量。若质量小于 20 太阳质量的大质量恒星在死亡时，会形成中子星，其质量高达 2 太阳质量。但观测结果与理论家的预期并不完全一致。似乎 LIGO 观测到的最大质量黑洞比预期的质量要大，而探测到的最小质量黑洞比天文学家预测的质量要小。这些数值差距相对较小。未来的观测将至关重要，但要取得重大进展，我们必须等待 21 世纪 30年代下一代引力波望远镜的应用。

解读当前数据并非易事，因为存在多种假设可以填补模型中的空白。但惊喜总是能激发我们的热情。新的发现催生了新的见解和新的猜测。这些观察将推动理论的发展，促进更精确的预测，同时引导我们获取更多的数据。这就是物理学研究的一般过程。目前，我们已经验证了已知的物理学理论。例如，引力波的发射在黑洞相距较远时的初始阶段非常微弱。但随着黑洞在许多轨道上逐渐螺旋式接近，引力波信号会增强并转向更高频率。这就是我们观察到合并事件演变的方式。通过 LIGO 的观测，我们得出了两个重要结论。首先，黑洞确实存在。其次，广义相对论得到了验证。这意味着爱因斯坦的引力理论的正确性。

5. 类星体是银河系中大质量黑洞的强大宇宙模拟物，其质量比黑洞大数百倍到数千倍，主要存在于宇宙的远方。银河系的中心类似于数百万年前最后一次活跃的类星体的缩小版。类星体的光度是在一个高密度的区域内产生的，所有这些都发生在黑洞周围的中央吸积盘内。类星体的光度超过了宿主星系中数百亿颗恒星的累计发射光度的总和。实际上，类星体是如此明亮，以至于最初看起来像一个明亮的星状物体，其发射与任何已知恒星完全不同。2019 年，事件视界望远镜终于直接探测到了超大质量黑洞。它位于距离银河系最近的巨型椭圆星系的中心，距离地球约 5000 万光年。即便是银河系，也拥有一个巨大的中心黑洞。2020 年诺贝尔物理学奖颁发给了天文学家莱因哈德·根泽尔（Reinhard Genzel）和安德烈·盖茨（Andrea Ghez），以表彰他们在银河系中心发现了一个大质量黑洞。当追溯宇宙的过去时，会发现发光类星体的数量也在逐步增加。特别是在宇宙早期的几十亿年，类星体数量异常丰富。这与许多类星体形成的时代相对应。

6. 2016 年之前，基于合理的、尽管是间接的物理推理的推测和猜想，增强了我们对于黑洞存在的信念。自那时起，一切都发生了翻天覆地的变化。首先，LIGO 和 VIRGO 引力波望远镜直接探测到了超大质量恒星死亡后产生的黑洞。在超大质量黑洞的研究方面，2019 年取得了重大突破，通过无线电探测黑洞阴影技术，我们在邻近的 M87 星系中发现了超大质量黑洞的存在。

光无法逃离黑洞的强大引力。黑洞的阴影是由无线电波图像首次揭示的，这一发现首次直接描绘了黑洞的视界，也就是任何太空旅行者都无法返回的点。据推测，M87 星系中心的黑洞质量达到了惊人的 60 亿太阳质量。

在宇宙中，星系中心曾是众多活跃现象的聚集地。这些现象引发了天文学家的猜想，认为这里可能是类星体的藏身之处。这些类星体潜藏在星系的核心，当宇宙年轻且富含气体时，它们会发出强烈的光辉。而目前的观测数据显示，超大质量黑洞的形成与第一代星系几乎同步。其中，磁场扮演了关键角色，负责发射无线电波，凸显出射流的特征。快速旋转的大质量黑洞的飞轮被强大的磁场捕获，这种情境被认为是普遍存在的。这些磁场初时呈现偶极模式。然而，随着时间的推移，由于各自不同的自转，复杂的结构逐渐发展出来。最终结果是内环的物质超过了外环，磁场变得高度湍流且纠结。

263

磁力线原本具有相反的极性，即南北极，相互交叉。随着湍流运动将越来越多的磁场聚集到一起，持续的磁场重联现象便发生了。这一重联为能量的释放提供了途径，而这种能量的释放正是类星体的动力源泉。

7. 第一代星云具有一个冷却通道——通过激发氢原子实现冷却，但效率不高，需要微量氢分子。星云的质量不能太低，因为在低质量的星云中，氢原子没有足够的能量与分子碰撞并刺激冷却，导致早期星云失去能量的通道缺失。坍缩并最终分裂成恒星需要少量额外的冷却剂，如碳元素。这种情况发生在后代的星云中，但在许多第一代星云中，冷却效果不足以使星云分裂成恒星，而是坍缩成黑洞。有些黑洞质量会很大，形成超大质量黑洞。这些超大质量黑洞大多处于非活动状态，但在很久以前它们非常活跃。它们从周围环境中吸收大量气体。我们在早期宇宙中看到了非常大的黑洞，它们是我们识别为类星体的物体。这些类星体之所以可见，是因为它们吸收了大量的星际气体。随着黑洞的燃料增加，气体加热并在 X 射线中发光。

8. 现今大多数大质量椭圆星系呈现古老且红色的特征。这些红星主要由老年恒星组成。所有的椭圆星系似乎都包含有巨大的中心黑洞。由于星际气体数量稀少，这些黑洞目前处于休眠状态，无法获取能量供给。偶尔会发生的合并事件中，最常见的是与小型星系的合并。在合并过程中，一部分气体可能会落入黑洞，从而激发新的活动阶段。

为了深入研究黑洞的吸积过程，我们正在运用最先进的望远镜进行新的观测。其中，ALMA 射电干涉仪是采集数据的高角分辨率仪器之一，目前正在智利进行观测。ALMA 帮助我们绘制了黑洞气藏的分布图，这些气体为黑洞提供物质，并给喷流提供动力。

9. 多年的研究显示，银河系中心存在一个大质量黑洞。间接证据表明，这个黑洞在数百万年前引发了一次强烈的爆炸。另外，有资料显示，在银河系中心周围的热气泡内存在一个强大的能量源。这些气泡产生的伽马射线和无线电波的辐射是由高能宇宙射线电子产生的。这些高能宇宙射线电子的寿命很短，它们见证了银河系中心一个巨型粒子加速器的起源。在进行了长达 10 年的恒星轨道监测后，科学家们最终发现了这个中心黑洞。

黑洞活动可能是一种极具戏剧性的现象。我们有时会观测到驱动巨大射电发射波束的强大等离子体射流。这些射电射流被认为是由黑洞周围能量产生区域通过磁场旋转和卷绕产生的能量释放而产生的。在超大质量黑洞的周围，碎片盘正在快速旋转，而黑洞本身也在以接近光的速度旋转。这种旋转扭曲了周围的空间，这是由坠落的碎片的角动量引起的。我们早些时候已经看到，对于理解巨大黑洞发出的射电辐射，黑洞环境是最为理想的选择。磁场的重新连接会释放出巨大的能量，这种能量输出最初会沿着旋转轴线传播，然后以 1/10 的光速射出。由于周围星际介质的压力，这些射流能够在数千光年内保持准直。

10.任何电磁信号都会受到稠密气体和尘埃的阻碍，但是引力波却能够自由逃逸。引力波非常微弱，因而非常难以探测。引力波的频率很低，因此需要采用新型的空间实验才能准确地测量它们。为了捕捉到低频或长波长的引力波，需要将基线设置得比任何地球引力波探测器所能达到的都要长。

目前有三台引力波望远镜正在运行，它们分别是 LIGO 在美国的两个站点和 VIRGO 在意大利的站点。虽然这些望远镜已经帮助我们发现了黑洞，但仍有许多问题需要解决。大多数黑洞是在大质量恒星的死亡阵痛中形成的，但一些新发现的黑洞的质量比我们根据死亡恒星模型预测的要大，而另一些黑洞的质量则过小。为了解决这些问题，天文学家呼吁使用更强大的望远镜。预计在 2037 年将有一次重大发展，届时将发射三颗围绕太阳呈三角形排列的卫星，名为 LISA。这些卫星将在距离 100 万千米的镜子之间反射激光束，从而打开了一个搜索窗口，可以更大范围地寻找更大的黑洞，这些黑洞以更低的频率发射引力波。LISA 将能够绘制出超大质量黑洞在结构形成初期的增长图，这些超大质量黑洞位于星系核中，为神秘的类星体提供能量。类星体是宇宙中最明亮、最稳定的发光物体。

有一个缺失的环节。在理解恒星起源、黑洞形成及碎片吸积的关键过程中，中频研究的重要性不可忽视。这些研究将揭示黑洞形成的途径，但为了实现这一目标，我们需要达到数千千米的光束长度，以建立当前探测器（如 LIGO）和未来探测器（如 LISA）之间的激光束间的基线。月球因其低地震噪声，而能够提供这样的条件。

毫秒脉冲星采用了相似的概念。这些高度精确的宇宙计时器是指快速旋转的中子星，以毫秒为周期发射无线电信号。这些信号的到达时间精度超过了地球上最精确的原子钟。尽管这些脉冲星在空间中相隔数百光年，但它们形成的网络仍被用于监测频率极低的引力波。使用月球地震仪将开启一个全新的频率范围，因为我们将利用月球的尺寸作为基本测量标准。这样，可测量的引力波频率将处于地面实验（通常基线为几千米）和未来空间卫星实验（基线为 100 万千米）之间。

计划于 2034 年发射的三颗 LISA 卫星的主要任务是探测超大质量黑洞。LISA 将探测到的引力波频率将与超大质量黑洞的视界光行时间相对应，频率范围在秒到分钟之间。

在宇宙大爆炸后的数千万年里，是如何迅速聚集起质量相当于太阳质量数十亿倍的超大质量黑洞的呢？可能途径是中等质量黑洞的合并，这个过程是宇宙演化记录中缺失的一环。而中等质量黑洞的形成又与吞噬许多较小黑洞有关。我们期望能够观测到这种增长。目前，LIGO及其合作望远镜正在观测恒星黑洞的合并。日本和印度正在建造新的千米级望远镜。在太空中，更长的基线是可行的，因此可以探测到频率更低的引力波。LISA的三颗卫星将绕太阳运行，组成一个三角形编队，每边的边长为100万公里。

一个巨大的谜团摆在我们面前。我们早已观测到令人难以置信的超大质量黑洞，其出现的时间与第一代星系几乎同时。其中必定存在某种联系，然而具体是什么，我们还不得而知。星系是首先形成的吗？还是未来星系中心先出现超大质量黑洞？以我们所在的星系为例，出现了一个关键问题：黑洞是如何积累如此大的质量的？这一危机是如此极端，因为类星体被发现是质量巨大的黑洞，有些甚至在第一代星系形成的时代就已经存在。事实上，超大质量黑洞甚至可能先于大质量星系出现。

当我们追问这些质量从何而来，以及星系与超大质量黑洞哪个先出现时，一个可能的答案或许是两者都对，也许是一个共同演化的过程。正如生物学中所揭示的，共同演化是一种不可避免的现象。对于星系而言，或许正是那些允许星系发展所需气体供应积累的条件，同时也造成了中心区域极端的高密度，从而激发了黑洞的形成。但是我们对此还无法给出确切的答案。幸运的是，月球上的望远镜将提供强大的聚光能力和极高的分辨率，使我们得以观察到大质量黑洞的周围环境。这种前所未有的大口径望远镜无疑是解决这个问题的最佳选择。

第 7 章　我们是孤独的吗？

1. 费米的"隐形斗篷"理论是关于外星文明问题的一种推测："它们在哪里？"这种理论提出利用具有可变折射率的材料设计，已证明在光学波长范围内能产生有限的隐形效果。如果我们进一步将这种技术推到一个能够进行星际旅行的遥远未来，这可能表明我们忽略了费米悖论的一种可能解决方案。

最近获奖的中国小说家刘慈欣的科幻小说三部曲《三体》生动地描绘了向渴望逃离垂死主恒星附近的文明宣传我们存在的负面风险。相比之下，其他作家和未来学家对未来接触的担忧程度较低。

迄今为止，我们在接触外星人方面并未取得显著的成功，这一现象被称作费米悖论。该悖论主张，如果外星文明广泛存在，且他们的科技水平远超我们，那么他们应该早已访问过地球。当然，针对费米悖论，有许多反驳观点，其中最具说服力的是关于星际旅行所需技术的复杂程度。

2. 截至 2021 年，我们已成功探测到大约 1 万颗系外行星。其中，约一半的发现是在 2009—2018 年由开普勒太空望远镜完成的。但是开普勒的观测范围却仅限于太阳系附近的区域。在这些恒星中，有许多其亮度是低于太阳的。特别值得关注的是 M 型矮星，这类恒星的质量约为太阳质量的 1/3，亮度约为太阳亮度的 1/10。但 M 型矮星的数量却远远超像太阳这样的 G 型矮星。令人惊讶的是，M 型矮星同样拥有系外行星。M 型红矮星和 G 型黄矮星在外观上很容易区分，这种颜色的差异实际上反映了恒星大气层的温度。简单来说，恒星的质量越大，其温度也就越高，颜色也就越蓝。我们邻近的恒星比邻星，它是一颗 M 型矮星。围绕其运动的第一颗系外行星的质量是地球质量的 1.3 倍。

3. 水具有一些独特的特性。首先，它是一种出色的溶剂，可以溶解许多物质。其次，水的固体形态比液体形态的密度小。再次，水具有两性，意味着它可以通过提供或接受氢离子来变成酸或碱性基。最后，考虑到宇宙中水的丰度，我们可以推断水在宇宙中可能非常丰富。

4. 除了寻找可能源于气候或生物因素的光信号，我们还可以寻找可能由先进技术产生的无线电信号。这一思路催生了加利福尼亚州的私人资助的 SETI（地外文明探索）计划。此计划的关键在于利用了世界上最大的射电望远镜。目前，全球最大的射电望远镜是中国的 FAST，即"500 米口径球面射电望远镜"。这副巨大的碟形天线位于中国西南部的贵州省，于 2016 年完工。FAST 建在一个由渗透岩石围成的天坑内。接收器由安装在塔架上的架空电缆支撑，塔架高高地竖立在碟形天线之上。FAST 正在继续 SETI 对附近恒星的搜寻，以期能接收到可能存在的地外文明的信号。

5. 目前，对系外行星的搜索受到望远镜口径和角分辨率的限制。计划于 21 世纪 30 年代发射的下一代超级太空望远镜可能具有 6 米口径。其光谱分布覆盖从紫外线到红外线的波长，将使其能够观测到部分最近的小行星和宜居带的系外行星。鉴于计划中的太空任务中望远镜尺寸的限制，主要的系外行星任务的所有目标都必须在距离地球 100 光年之内。这种有限的调查范围严重限制了探测潜力。最有可能的恒星宿主的范围为 1 太阳质量的恒星到大约 1/3 太阳质量的恒星。

这种太空望远镜的分辨率也受到光波干扰的限制，光的衍射决定了最终分辨率的极限，即光波长除以望远镜镜面直径的 1.2 倍。对于这种中等大小的望远镜，光学光线的最佳分辨率约为 3 毫角秒，可以分辨出 1 光年远木星半径的距离。但这还不足以分辨出最近恒星周围类地系外行星的表面特征。因此，我们需要做得更好。为了探测新的系外行星生物特征，我们必须设计出一台更大的望远镜来超越寻找大气氧的痕迹，并具有更强的聚光能力。虽然面临月球陨石坑望远镜建设的难题，但潜在的回报是如此巨大，以至于肯定会找到克服这些难题的方法。

探索系外行星寻找生命迹象是激发天文学家热情的终极目标。光谱学指标是揭示生命关键表面特征的关键，包括富氧大气、冰沉积物或海洋，甚至可能发现光合作用的迹象。理想情况下，我们希望能够更进一步，探寻系外行星上存在原始生命的可能性。毫无疑问，通过详细的成像我们可以探讨这个问题。目前我们受到样本大小的限制，尚不清楚需要观察多少系外行星才能获得科学回报。第一步是选择与地球质量相似的系外行星，这些行星在主恒星的宜居带内具有圆形轨道，并且温度适中。这些特征是地球上生命存在的先决条件。显然，在生命机会稀少的地方，即使是 15 米望远镜也无法获得足够数量的样本。它可以仔细检查最近的可居住系外行星。但这将是一个非常小的样本。样本大小是由望远镜口径决定的。根据目前的最佳估计，在最简单的水平上，使用是否存在大气水汽作为可居住性的判断，我们最多只能在观测到的 100 颗岩石系外行星中发现 1 颗潜在的可居住行星。尽管如此，预计在 20 年内发射的 10 米级系外行星优化太空望远镜将为月球望远镜提供一个极好的试点项目。

据估计，银河系中至少存在 1000 亿颗系外行星。其中，可能有一半的行星位于 M 型矮星周围的宜居带，具备存在液态水的条件，前提是它们与主恒星的距离既不太近也不太远。为了确切判断这些行星上是否存在液态水，我们需要借助具有高光谱分辨率的观测设备进行进一步研究。

由于系外行星光谱中的氧气线相对于地球大气中的氧气线会产生轻微的多普勒位移，因此需要光谱仪的分辨能力达到每秒 1 千米才能准确检测。尽管对于最近的系外行星来说，这具有一定的挑战性，但仍然有可能探测到大气中的氧气。需要明确的是，大气中氧气的存在并不一定意味着存在生物特征。因此，需要通过多种特征判断方法来评估系外行星上是否存在生命。一种可行的替代途径是检测系外行星大气中的其他分子。例如，甲烷是一种生

268

物活动的主要废物，因此可以作为示踪剂之一。此外，磷化氢也是一种潜在的示踪剂，它是微生物活动产生的一种气体。需要注意的是，2020 年，曾在金星大气中检测到磷化氢，但金星是一个不太可能存在生命的地方，因此对这一发现仍存在争议。

我们必须认识到，在短期内，一些太空任务将首次尝试探测简单的生命迹象。其中之一是 2018 年成功发射的凌星系外行星巡天卫星（Transiting Exoplanet Survey Satellite，TESS）。TESS 致力于在邻近恒星前方寻找凌日行星，已经发现了一批被称为凌星超级类地行星的候选行星。这些系外行星的质量是地球质量的几倍。值得注意的是，有些系外行星是在红矮星、低质量恒星的宜居带发现的，这些恒星是太阳的低质量版本，大约是太阳质量的1/3。这些系外行星将成为 2021 年发射的 6.5 米詹姆斯·韦伯太空望远镜进一步研究近红外大气特征的主要目标，辅以 2027 年发射的较小的南希·罗曼太空望远镜。

为了克服宿主恒星发出强烈光线的对比度问题，寻找系外行星必须采用特殊方法进行探测实验。该方法是通过遮星板将母恒星的强烈眩光遮挡起来，以实现对系外行星的观测。遮星板是一种独立发射并在到达望远镜附近后展开的仪器。为了观察双类地系外行星的掩星现象，必须将光对比度降低到十亿分之一。这种遮星板计划于 2027 年发射，以补充增强罗曼太空望远镜的能力。

未来的红外太空望远镜将具备直接对附近的超级类地行星进行成像的能力。这些行星具有岩石内核，且质量与海王星接近。透过观测和成像来测量行星的反射光或反照率，这些望远镜将能够深入探测行星的大气层，对于我们进一步限制大气参数的努力来说，这将是非常宝贵的。但这些望远镜对于地球的"双胞胎"并不敏感。由于它们的尺寸巨大，所谓的超级类地行星实际上是最容易观测到的系外行星。这些巨大的气态行星孕育生命的可能性较低。通过遮挡主恒星的一小部分光来探测超级类地行星，这需要对主恒星的光进行更为精细的抑制，以寻找类地行星的踪迹。

第 8 章　生存

1. 牛津大学的哲学家尼克·博斯特罗姆将生存风险定义为一种其结果将导致完全或部分灾难的情况，即人类要么彻底毁灭，要么其生存潜力受到严重且不可逆转的削弱。小行星撞击就是其中的一个主要例子。最后一次对地球造成重大影响的小行星撞击，也是历史上唯一一次重大小行星撞击，就是通古斯事件。一个世纪前，这颗小行星撞击了西伯利亚，估计其直径约为 50 米。它摧毁了数千平方公里的森林。地球经常受到流星体的较小撞击。这些小岩石体很可能是小行星本身的碎片，因小行星本身与另一个岩石体发生了重大碰撞。

在未来，小行星贝努接近地球的时间存在一定的不确定性。由于其轨道参数的较小误差可能会导致近地日期的较大误差，因此无法精确预测其与地球的最近距离。据 NASA 估计，贝努撞击地球的最可能时间段为 2175 年与2199 年之间。

地球上最有可能遭受大型古代小行星撞击的地点是南非的弗里德堡陨石坑，该陨石坑约在 20 亿年前由一颗直径约 10 千米的小行星撞击形成。加拿大的萨德伯里盆地也记录了类似事件，大约发生在 18 亿年。而地球上最古老的撞击事件与澳大利亚西部的亚拉布巴陨石坑有关，距今已有约 23亿年。正如斯蒂芬·霍金在 2016 年的预言所警告的那样，"虽然地球在某一年遭受灾难的可能性可能很小，但随着时间的推移，在未来的 1000 年或10000 年里，这种可能性几乎可以确定"。然而，他的这一观点可能过于悲观。在我看来，人类可能还有 1 亿年到 10 亿年的时间来研究并规避潜在的小行星威胁。

2. 月球火山活动所释放的能量与地球上的事件相比并不罕见。例如，1908 年华盛顿州圣赫勒拿火山爆发，其能量与月球火山事件相似。回溯到19 世纪，1883 年印度尼西亚喀拉喀托火山爆发，其能量是前者的 10 倍。而在那之前，1813 年印度尼西亚坦博拉火山爆发，其能量又是前者的 100 倍。根据喷出物的体积判断，俄勒冈州的火山口湖是在约公元前 5000 年由一次火山爆发形成的，其能量又是前者的 1000 倍。据悉，这些巨大的爆发大约每 5 万年发生一次，主要发生在超级火山中。拥有类似能量的火山口肯定会产生熔岩流，进而形成月球高地。

3. 增加的污染物在大气中形成了一个类似温室气体层的覆盖层。导致海平面上升的因素包括冰川的融化以及伴随的冰的热膨胀。对海平面上升的建模涉及对许多不确定因素的理解，这些因素影响了我们对地球大气层的理解。预计海平面上升的速度将会加快。据估计，在未来 200 年内，海平面将上升 10 米，这是基于许多参数的模型计算得出的。据我们所知，这些参数值被估计得很精确，但也不可避免地存在很大的不确定性。

全球变暖的主要诱因之一是碳燃烧，这也引发了多重负面效应。比如，

270

有篇报道阐述了酸雨的影响：

> 在纽约州的阿迪朗达克山脉，酸雨主要由发电厂、冶炼厂、工厂和汽车排放的二氧化硫和氮氧化物中的硫和硝酸构成。由于酸雨的影响，超过 200 个湖泊已经枯竭，水生生物亦消失或凋零。近来，在斯堪的纳维亚地区，酸雨已经破坏了 15000 个湖泊。不可避免的是，湖泊的消亡也给其他野生生物带来了影响，因为它们的食物和栖息地已被破坏。食鱼的鸭子、潜鸟、水獭、水貂甚至鸟类都开始离去。在地面，酸雨还会浸出土壤中的钙、镁、钾和钠等必需营养素，导致一些种子无法发芽，树叶也会结疤。
>
> ——黛安·索兰（Diane Soran）和丹尼·斯蒂尔曼（Danny Stillman），《对所谓的基什泰姆灾难的分析》（"An Analysis of the Alleged Kishtym Disaster"，1982）。

4. 这是来自目击者的描述，关于苏联核试验可能造成的后果：

> 在距离斯维尔德洛夫斯克约 100 公里的地方，一个高速公路标志警示司机在接下来的 20 公里或 30 公里内不要停车，并保持最高速度行驶。目击者所能看到的是道路两旁的一片死寂：没有村庄，没有城镇，只有被摧毁房屋的烟囱，没有耕地或牧场，没有牲畜，没有人……什么都没有。我目睹了……在斯维尔德洛夫斯克附近的一大片区域（不少于 100—150 平方公里，可能更多）。在这个区域内，任何正常的人类活动都被禁止，人们被疏散，村庄被夷为平地，显然是为了防止居民返回，没有农业或牲畜饲养，捕鱼和狩猎也被禁止。
>
> ——列夫·图默曼（Lev Tumerman，1972）

正如索兰和斯蒂尔曼所探讨的，因煤炭燃烧和酸雨的影响而加剧，人们普遍认为斯维尔德洛夫斯克的破坏更可能是一场环境灾难。核试验的长期影响仍然令人深感忧虑。回顾核科学家在核试验早期对氢弹试验的担忧，颇有趣味：

> 核科学家们深感担忧的是，首次原子弹引爆是否会引发连锁反应。在确认计算无误后，他们才继续进行原子弹试验。目前全球储存的氢弹能量足以摧毁世界上所有的人口中心，但人类或许能在核灾难中幸存下

271

来。就在第一次世界大战结束后不久，研发出投掷到日本的原子弹的科学家们试图设想一种核事件，这种核事件将不仅摧毁城市，还会摧毁整个世界。洛斯阿拉莫斯实验室和试验场的科学家们在 1945 年得出的结论是……"只需要 10—100 枚这种类型的超级核弹"就能将人类置于危险之中。

———— 亚历克斯·韦勒斯坦（Alex Wellerstein），《曼哈顿计划》（"Manhattan Project"，2014）

5. 最重的夸克大约有 100 个质子那么重。顶夸克是第一个被直接探测到的夸克，它增加了已知的 5 个较轻的夸克家族。这些构成了所谓的粒子物理标准模型。这一模型在 2012 年得到了希格斯玻色子的证实。希格斯玻色子是理论中缺失的一环，它使我们能够理解基本粒子质量的起源。这一发现完善了基本粒子的标准模型。

我们需要超越标准模型来解读早期宇宙中的巨大能量。弦论是一个有潜力的研究方向，它假设了额外维度的存在。弦被视为高维基本粒子的泛化。由于尺寸过于微小，弦目前处于隐藏状态，但它们可能会在达到足够大的能量时显现出来。一个相关的理论结果是，弦可能会形成微型黑洞。

在宇宙早期，微型黑洞迅速消失，不会产生长期后果。但是，如果这些微型黑洞是在正在进行的粒子对撞机实验中产生的，情况可能会发生变化。在大型强子对撞机（LHC）完成之前，一些批评者甚至推测，这种微型黑洞可能会对地球造成灾难性后果。但经过诉讼程序之后，夏威夷法院实际上解决了对撞机能量下黑洞形成对环境的影响问题。由于撞击地球大气的高能宇宙射线自然会产生比对撞机更高的能量，而不会产生任何黑洞，因此决定任何对撞机黑洞逃逸并可能对地球造成大规模破坏的风险都非常小。

产生微小黑洞的另一种方式不受任何人类活动的限制。在太空中存在着最强大的天然粒子对撞机，横跨数百万光年，它们是由巨大射电星系核中的超大质量黑洞产生的喷流，作为天然粒子加速器运行。在地球上测量到的最高能的宇宙射线约为 1 万亿电子伏特。我们相信它们是在这些巨大的宇宙加速器中产生的。极少数情况下，这样的条件可能会促进微型黑洞的形成。这些天然对撞机离我们很远。因此它们并不构成风险，只是科学家和公众之间可能缺乏沟通。

6. 我们已经注意到，SETI 计划正在监测可能来自外星文明的无线电信号。一个有趣的建议，可以使搜索更有效，那就是集中精力在天空中发现恒

272

星微小日食发生的方向。我们可以推断出太阳系行星的过境，这将是潜在的目标。事实上，地球上的人类更容易被技术文明发现，他们不是扫描我们的星球，而是太阳。

7. 根据热力学第二定律，有些过程是不可逆的，比如熵的增加。我们可以通过寻找恒星中的特定信号来发现生命活动的迹象。比如在 2019 年的新闻中提到的恒星 KIC 8462852，通常被称为塔比星（Tabby's star），根据其发现者塔比·博雅吉安（Tabby Boyajian）的观测结果，其亮度出现了不同寻常的波动。有时在短短几天内下降了 2%，而一个多世纪以来其光线只逐渐下降了大约 1%。有人猜测这些波动可能是由一些巨大的结构引起的，比如围绕恒星建造的戴森球。但更合理的解释是，我们正在观察恒星吞噬轨道行星或小行星后变亮后的衰减阶段。

一些看似奇特的红色星系，目前正在孕育恒星，它们可能是被戴森球所笼罩的星系候选者。这些星系是通过分析 NASA 的广域红外巡天探测者（WISE）望远镜观测到的 10 万个红外发射星系后发现的。这些星系在中红外和高近紫外光度的不同组合与我们在观察到高恒星形成率时的简单预期并不一致。紫外光亮度主要由年轻的恒星主导，这些通常与恒星形成率成正比。而红外光亮度则由数量更多的低质量恒星主导，这些恒星在较长的波长处可见。中间波长过量可能是由于星光被戴森球拦截，也可能是由于尘埃颗粒的不确定特性。然而，我们需要更多的数据来进一步处理这个信号。

第 9 章　国际化发展

1. 1967 年联合国《外层空间条约》制定了国际空间法的基本框架，包括以下原则：

> 探索和利用外层空间应为所有国家谋福利，并应成为全人类的共同责任；
>
> 外层空间应由各国自由探索和使用，不得通过主权要求、使用或占有，或以任何其他方式被国家占用；
>
> 各国不得在任何地点部署核武器或其他大规模杀伤性武器，包括在轨道上或天体上，或以任何其他方式将其部署在外层空间；
>
> 月球和其他天体应仅用于和平目的；
>
> 航天员应被视为人类的使者；

273

国家应对政府或非政府实体开展的国家空间活动负责；

　　各国应对其空间物体造成的损害负责，并应避免对空间和天体造成有害污染。

　　"关于刑事问题：伙伴国可以对在轨道上行为不当影响另一伙伴国国民生命或安全的伙伴国国民行使刑事管辖权。"（摘自联合国大会第 1499 次全体会议正式记录，1966 年 12 月 16 日）

　　2. 目前，美国、中国、俄罗斯、印度和日本这五个主权国家正在月球表面展开空间竞赛。2020 年，中国取得了自阿波罗计划以来的首个月壤返回样本，此后将会有更多的此类任务。为了调查不同地区不同的月壤，就需要执行多个探测任务。

第 10 章　下一个世纪

　　1. 理解宇宙早期事件的关键在于研究其留下的遗迹。其中之一便是来自天空各个方向的大量电磁辐射信号。在大爆炸后的约 38 万年，当第一个原子形成时，宇宙温度更高，这些辐射冷却到微波频率。叠加在宇宙微波背景辐射上的图案源于光子的散射。这些图案是引力在宇宙中孕育星系和其他巨大结构的痕迹。通过地球望远镜和轨道卫星的观测，我们绘制了数百万个这些微小的波动，从而对宇宙的年龄做出了精确估计。从这些波动中，我们推断出宇宙的膨胀速度。我们可以研究可见物质、暗物质和暗能量的相对数量。但是需要更多的波动信息来增进我们的理解。这本书的关键论点是，如果要想达到宇宙学所需的最终精确度，我们需要数万亿个追踪剂，而不是数百万个。

参考文献

引言　月球在召唤

关于月球起源理论的历史调查，请参见 Warren Cummings, *Evolving Theories on the Origin of the Moon* (Cham, Switzerland: Springer, 2019)。关于行星形成理论的综述，请参见 Michael Woolfson, *The Formation of the Solar System: Theories Old and New*, 2nd ed. (London: Imperial College Press, 2014)。极地冷阱先驱保罗·斯普迪斯（Paul Spudis）在其著作《月球的价值：如何利用月球资源在太空中探索、生活和繁荣》[*The Value of the Moon: How to Explore, Live, and Prosper in Space Using the Moon's Resources* (Washington, DC: Smithsonian Books, 2016)] 中，以严谨且富有说服力的语言阐述了月球开发的重要性和实践方法。这本书为读者揭示了月球资源的利用价值，以及如何通过探索月球实现人类在太空中的生存和繁荣。正如法国天文学家卡米尔·弗拉马里翁（Camille Flammarion）首先指出的那样，一些陨石坑的边缘非常高，以至于当其在月球两极附近时，其边缘几乎沐浴在永恒的阳光下。参见 Flammarion's *Astronomie populaire: description générale du ciel* (Paris, 1879)；另见 Emerson J. Speyerer and Mark S. Robinson, "Persistently Illuminated Regions at the Lunar Poles: Ideal Sites for Future Exploration," *Icarus* 222, no. 1 (January 2013): 122–36。

月球温度的测量来自 NASA 月球勘测轨道飞行器任务（LRO）上的"预言家"辐射计。J.-P. Williams et al., "The Global Surface Temperatures of the

Moon as Measured by the Diviner Lunar Radiometer Experiment," *Icarus* 283 (February 2017): 300–329.

SpaceX 公司已经签约提供首次商业飞行，每次飞行将搭载 4 名航天员前往国际空间站。同时，该公司计划在 2022 年之前推出首次私人太空旅行。* 对于未来太空探索发展的商业创业方法，有兴趣的读者可以参见 Christian Davenport, *The Space Barons: Elon Musk, Jeff Bezos, and the Quest to Colonize the Cosmos* (New York: Public Affairs, 2019)。

关于月球巨大撞击起源的最新观点，可以参见 Erik Asphaug, "Impact Origin of the Moon?," *Annual Review of Earth and Planetary Science*s 42 (2014): 551–78, https://doi.org/10.1146/annurev-earth-050212-124057。

刘慈欣的《三体》（重庆：重庆出版社，2008；纽约：Tor Books, 2014）是一部描绘外星人通信风险题材的科幻小说。针对这些风险，俄罗斯哲学家和未来学家阿列克谢·图尔钦（Alexey Turchin）及其合著者戴维·登肯伯格（David Denkenberger）在 2018 年 8 月发表了《与外星智能相关的全球灾难性风险》（"Global Catastrophic Risks Connected with Extra-Terrestrial Intelligence,"https://philpapers.org/rec/TURGCR）一文，提出了深入的见解与应对策略。

有关生命起源的历史和当前观点的详细描述，可以参见维基百科上名为 "Abiogenesis" 的条目。该条目在 2022 年 1 月 22 日进行了更新，其网站链接为 https://en.wikipedia.org/wiki/Abiogenesis。[†]

有关月球探索的更多内容，请参见以下内容：

Ehrenfried, Manfred "Dutch" von, *The Artemis Lunar Program: Returning People to the Moon* (Cham, Switzerland: Springer Praxis, 2020).

Oliver Morton, *The Moon: A History for the Future* (New York: PublicAffairs, 2019).

Christopher Wanjek, *Spacefarers: How Humans Will Settle the Moon, Mars, and Beyond* (Cambridge, MA: Harvard University Press, 2020).

---

[*] 2020 年 4 月 9 日，SpoueX 的"龙"飞船搭载了 4 名乘客与国际空间站完成对接，国际空间站迎来了首次"全私人"的太空旅行。

[†] 该条目在 2024 年 7 月 11 日又进行了更新。

第 1 章 新太空竞赛

关于太空竞赛的完整历史，请参见 Roger Launius, *The Smithsonian History of Space Exploration* (Washington, DC: Smithsonian Books, 2018)。

伊恩·克劳福德（Ian Crawford）及其同事在《重返月球：恢复月球表面探索的科学依据》["Back to the Moon: The Scientific Rationale for Resuming Lunar Surface Exploration," *Planetary and Space Science* 74, no. 1 (December 2012): 3–14, https://ui.adsabs.harvard.edu/abs/2012P&SS... 74.... 3C]一文中提出了重返月球的跨学科案例。

关于小行星采矿的更多内容，可以参见 *Asteroids: Prospective Energy and Material Resources*, edited by Viorel Badescu (Berlin: Springer-Verlag, 2013)。

基思·维罗内塞（Keith Veronese）在《稀有：满足我们对地球上最稀有金属需求的高风险竞赛》(*Rare: The High-Stakes Race to Satisfy Our Need for the Scarcest Metals on Earth*, New York: Prometheus, 2015)中讨论了与地球上稀土元素稀有性相关的未来问题。

关于最近对聚变能源替代方法的讨论，请参见 Sergei V. Ryzhkov and Alexei Yu. Chirkov, *Alternative Fusion Fuels and Systems* (Boca Raton, FL: CRC Press, 2020)。

伊恩·克劳福德在《我们为什么要建造月球村》("Why We Should Build a Moon Village," *Astronomy and Geophysics* 58, No. 6 (December 2017): 6.18–6.21, https://ui.adsabs.harvard.edu/abs/2017A%26G.... 58f6.18C) 一文中回顾了月球村的案例。另见 Francesco Sauro et al., "Lava Tubes on Earth, Moon, and Mars: A Review on Their Size and Morphology Revealed by Comparative Planetology," *Earth-Science Reviews* 209 (October 2020): 103288, DOI:10.1016/j.earscirev.2020.103288。

关于月球光学干涉的讨论，请参见 Antoine Labeyrie, "Lunar Optical Interferometry and Hypertelescope for Direct Imaging at High Resolution," *Philosophical Transactions of the Royal Society* A 379, no. 2188 (January 2021): article id. 20190570, https://ui.adsabs.harvard.edu/abs/2021RSPTA.37990570L。有关月球低频射电天文学潜力的更多技术讨论，请参见 Sebastian Jester and Heino Falcke, "Science with a Lunar Low-Frequency Array: From the Dark Ages of the Universe to Nearby Exoplanets,"

New Astronomy Reviews 53 (May 2009): 1–26。

如需进一步阅读，请参见以下内容：

Jonathan Amos, "China's Chang'e-5 Mission Returns Moon Samples," *BBC News*, December 16, 2020, https://www.bbc.com/news/science-environment-55323176.

Bryan Bender, "A New Moon Race Is On. Is China Already Ahead?," *Politico*, June 13, 2019, https://www.politico.com/agenda/story/2019/06/13/china-nasa-moon-race-000897/.

Kenneth Chang, "Why Everyone Wants to Go Back to the Moon," *New York Times*, July 12, 2019, https://www.nytimes.com/2019/07/12/science/nasa-moon-apollo-artemis.html.

China National Space Administration, "China and Russia sign a Memorandum of Understanding Regarding Cooperation for the Construction of the International Lunar Research Station," March 9, 2021, http://www.cnsa.gov.cn/english/n6465652/n6465653/c6811380/content.html.

Charles Q. Choi, "Nuclear Fusion Reactor Could Be Here as Soon as 2025," Live Science, October 1, 2020, https://www.livescience.com/nuclear-fusion-reactor-sparc-2025.html.

A. J. Creely et al., "Overview of the SPARC Tokamak," *Journal of Plasma Physics* 86, no. 5 (October 2020): 865860502, https://doi.org/10.1017/S0022377820001257.

Daniel D. Durda, "Mining Near-Earth Asteroids," *Ad Astra* 18, no. 2 (2006), https://space.nss.org/mining-near-earth-asteroids-durda/.

European Space Agency, "ESA Engineers Assess Moon Village Habitat," *Phys.org*, November 17, 2020, https://phys.org/news/2020-11-esa-moon-village-habitat.html.

Paul Glister, "A 20th Anniversary Review of Ward and Brownlee's 'Rare Earth,'" *Centauri Dreams*, June 26, 2020, https://www.centauri-dreams.org/2020/06/26/a-20th-anniversary-review-of-ward-and-brownlees-rare-earth/.

John M. Logsdon, "10 Presidents and NASA," *NASA 50th Magazine*, 2008, https://www.nasa.gov/50th/50th_magazine/10presidents.html.

National Aeronautics and Space Administration, *Artemis III Science*

Definition Team Report, NASA/SP-20205009602, 2020, https://www.nasa. gov/sites/default/files/atoms/files/artemis-iii-science-definition-report-12042020c.pdf.

Jake Parks, "Moon Village: Humanity's First Step toward a Lunar Colony?," *Astronomy*, May 31, 2019, https://astronomy.com/news/2019/05/ moon-village-humanitys-first-step-toward-a-lunar-colony.

Monika Pronczuk, "Europe Wants to Diversify Its Pool of Astronauts," *New York Times*, February 22, 2021, https://www.nytimes.com/2021/02/22/ world/europe/women-disabled-astronauts.htmlPaul Rincon, "To the Moon and Beyond," *BBC News*, https://www.bbc.co.uk/news/extra/nkzysaP3pB/to-the-moon-and-beyond.

Paul Rincon, "Nasa Outlines Plan for First Woman on Moon by 2024," *BBC News*, September 22, 2020, https://www.bbc.com/news/science-environment-54246485.

Paul Rincon, "What Does China Want to Do on the Moon's Far Side?," *BBC News*, January 4, 2019, https://www.bbc.com/news/science-environment-46748602.

Lonnie Shekhtman, "NASA's Artemis Base Camp on the Moon Will Need Light, Water, Elevation," NASA, January 27, 2021, https://www.nasa.gov/ feature/goddard/2021/nasa-s-artemis-base-camp-on-the-moon-will-need-light-water-elevation.

Mike Wall, "Presidential Visions for Space Exploration: From Ike to Biden," *Space.com*, January 20, 2021, https://www.space.com/11751-nasa-american-presidential-visions-space-exploration.html.

Wikipedia, "Artemis Accords," updated January 18, 2022, https:// en.wikipedia.org/wiki/Artemis_Accords.

第 2 章　深度开发月球

　　关于月球形成的综述，请参见 Robin M. Canup, "Dynamics of Lunar Formation," *Annual Review of Astronomy and Astrophysics* 42, no. 1 (September 2004): 441–75; and A. E. Ringwood, *Origin of the Earth and Moon* (Berlin: Springer-Verlag, 2012)。

沃尔克·布罗姆（Volker Bromm）在《第一代恒星的诞生》["Formation of the First Stars," *Reports on Progress in Physics* 76 (October 13, 2013), https://iopscience.iop.org/article/10.1088/0034-4885/76/11/112901] 中讨论了第一代星云和第一代恒星的诞生。另见 Piero Madau and Mark Dickinson, "Cosmic Star-Formation History," *Annual Review of Astronomy and Astrophysics* 52 (2014): 415–86。

关于盖亚的结果，请参见 Amina Helmi, "Streams, Substructures, and the Early History of the Milky Way," *Annual Review of Astronomy and Astrophysics* 58 (2020): 205–56, https://doi.org/10.1146/annurev-astro-032620-021917。

关于不使用暗物质的替代引力理论，请参见 David Merritt, *A Philosophical Approach to MOND: Assessing the Milgromian Research Program in Cosmology* (New York: Cambridge University Press, 2020)。

约书亚·西蒙（Joshua Simon）在《最暗的矮星系》["The Faintest Dwarf Galaxies", *Annual Review of Astronomy and Astrophysics* 57 (2019): 375-415, https://doi.org/10.1146/annurev-astro-091918-104453] 中回顾了最暗矮星系的现状。

如需进一步阅读，请参见以下内容：

Donald C. Barker, "Lunar and Off Earth Resource Drivers, Estimations, and the Development Conundrum," *Advances in Space Research* 66, no. 2 (2020): 159–377, https://doi.org/10.1016/j.asr.2020.04.001.

Jeremy Beck, "China's Helium-3 Program: A Global Game-Changer," *Space Safety Magazine*, March 19, 2016, http://www.spacesafetymagazine.com/space-on-earth/everyday-life/china-helium-3-program/.

Rebecca Boyle, "Can a Moon Base Be Safe for Astronauts?," *Scientific American*, October 22, 2020, https://www.scientificamerican.com/article/can-a-moon-base-be-safe-for-astronauts/.

Robin M. Canup and Erik Asphaug, "Origin of the Moon in a Giant Impact Near the End of the Earth's Formation," *Nature* 412 (2001): 708–12, https://www.nature.com/articles/35089010.

Felicia Chou, "NASA's SOFIA Discovers Water on Sunlit Surface of Moon," NASA release 20-105,October 26, 2020, https://www.nasa.gov/press-release/nasa-s-sofia-discovers-water-on-sunlit-surface-of-moon.

Ian A. Crawford, Katherine H. Joy, Jan H. Pasckert, and Harald Hiesinger, "The Lunar Surface as a Recorder of Astrophysical Processes," *Philosophical Transactions of the Royal Society*, A379: 20190562 (2020), https://arxiv.org/abs/2011.12744.

Francis A. Cucinotta, "Radiation Risk Acceptability and Limitations," December 21, 2010, https://three.jsc.nasa.gov/articles/Astronaut RadLimitsFC.pdf.

John S. Lewis, *Mining the Sky: Untold Riches from the Asteroids, Comets, and Planets* (Reading, MA: Perseus Books, 1997).

Lunar Exploration Analysis Group (LEAG), *The Lunar Exploration Roadmap: Exploring the Moon in the 21st Century: Themes, Goals, Objectives, Investigations, and Priorities*, 2016, https://www.lpi.usra.edu/leag/roadmap/US-LER_version_1_point_3.pdf.

Lunar Surface Science Workshop, "Lunar Dust and Regolith: Outstanding Questions and Important Investigations," NASA Solar System Exploration Research Virtual Institute, August 2020 (https://lunarscience.arc.nasa.gov/lssw), https://sservi.nasa.gov/lssw/downloads/LSSW_Dust_Regolith_Report.pdf.

A. L. Melott, B. C. Thomas, M. Kachelriess, D. V. Semikoz, and A. C. Overholt, "A Supernova at 50 pc: Effects on the Earth's Atmosphere and Biota," *Astrophysical Journal* 840, no. 2 (May 2017), article id. 105, https://ui.adsabs.harvard.edu/abs/2017ApJ ... 840..105M.

D. P. Moriarty et al., "Evidence for a Stratified Upper Mantle Preserved within the South Pole–Aitken Basin," *Journal of Geophysical Research: Planets* 121, e2020JE006589, https://doi.org/10.1029/2020JE006589.

National Academies of Sciences, Engineering, and Medicine, *Space Radiation and Astronaut Health: Managing and Communicating Cancer Risks* (Washington, DC: National Academies Press, 2021), https://doi.org/10.17226/26155.

National Academies of Sciences, Engineering, and Medicine, "NASA Should Update Astronaut Radiation Exposure Limits, Improve Communication of Cancer Risks," news release, June 24, 2021, https://www.nationalacademies.

org/news/2021/06/nasa-should-update-astronaut-radiation-exposure-limits-improve-communication-of-cancer-risks.

National Research Council, *The Scientific Context for Exploration of the Moon* (Washington, DC: National Academies Press, 2007), https://doi.org/10.17226/11954.

Michele Nichols, Carleton College Department of Physics and Astronomy Good-sell Observatory, "Mount Wilson and Palomar," June 10, 1998, https://www.carleton.edu/goodsell/research/student-research/nichols-1998/history/mtwilson/.

Carle Pieters, "News from Brown: Brown Scientists Announce Finding of Water on the Moon," Brown University, September 23, 2009, https://news.brown.edu/articles/2009/09/moonwater.

Ramin Skibba, "New Space Radiation Limits Needed for NASA Astronauts, Report Says," *Scientific American*, July 14, 2021, https://www.scientificamerican.com/article/new-space-radiation-limits-needed-for-nasa-astronauts-report-says/.

Michelle Starr, "The Moon's Biggest Crater Is Revealing Lunar Formation Secrets We Never Knew," *Science Alert*, February 17, 2021, https://www.sciencealert.com/the-moon-s-biggest-crater-is-revealing-lunar-ancient-formation-history.

Brian C. Thomas, "Photobiological Effects at Earth's surface Following a 50 pc Supernova," *Astrobiology* 18, no. 5 (May 2018): 481–90, https://ui.adsabs.harvard.edu/abs/2018AsBio..18..481T.

Maria T. Zuber et al., "Gravity Field of the Moon from the Gravity Recovery and Interior Laboratory (GRAIL) Mission," *Science* 339, no. 6120 (2013): 668–71, https://www.science.org/doi/10.1126/science.1231507.

第3章　机器人与人类

关于月球上水的早期研究，请参见 A. T. Basilevsky, A. M. Abdrakhimov, and V. A. Dorofeeva, "Water and Other Volatiles on the Moon: A Review," *Solar System Research* 46 (2012): 89–107。其他观点见 Brent Sherwood, "Principles for a Practical Moon Base," *Acta Astronautica* 160 (July 2019):

116–24, https://ui.adsabs.harvard.edu/abs/2019AcAau.160..116S。

有关月尘的综述，请参见 M. Horányi et al., "The Dust Environment of the Moon," in New Views of the Moon 2, proceedings of the conference held May 24–26, 2016, in Houston, TX, LPI contribution 1911, id.6005。

有关平方千米阵（SKA）的描述，请参见 J. McCullin et al., "The Square Kilometre Array Project," *Proceedings of the SPIE* 11445 (2020): id. 1144512, https://ui.adsabs.harvard.edu/abs/2020SPIE11445E..12M/。

如需进一步阅读，请参见以下内容：

Philip T. Metzger, "Space Development and Space Science Together, an Historic Opportunity," *Space Policy* 37, pt. 2 (August 2016): 77–91, https://www.sciencedirect.com/science/article/pii/S0265964616300625.

Lawrence W. Townsend, "Space Weather on the Moon," *Physics Today* 73, no. 3 (2020): 66–67.

第 4 章 探寻我们的起源

有关早期宇宙中原子氢观测的回顾，请参见 S. Furlanetto, "Cosmology at Low Frequencies: The 21 cm Transition and the HighRedshift," *Universe Physics Reports* 433 (2006): 181–301。

有关詹姆斯·韦伯太空望远镜科学目标的介绍，请参见 Jason Kalirai, "Scientific Discovery with the James Webb Space Telescope," *Contemporary Physics* 59, no. 3 (2018): 251–90, https://doi.org/10.1080/00107514.2018.1467648。

有关这些和其他未来巡天项目的综述，请参见 J. Anthony Tyson and Kirk D. Borne, "Future Sky Surveys: New Discovery Frontiers," in *Advances in Machine Learning and Data Mining for Astronomy*, edited by Michael J. Way et al. (Boca Raton, FL: CRC Press, 2012), 161–81。

有关宇宙加速膨胀的发现的回顾，请参见 Adam Riess, "The Expansion of the Universe Is Faster than Expected," *Nature Reviews Physics* 2 (2020): 10–12。

有关黑暗时代的可读介绍，请参见 Avi Loeb, "The Dark Ages of the Universe," *Scientific American* 295, no. 5 (November 2006): 46–53, https://ui.adsabs.harvard.edu/abs/2006SciAm.295e..46L。

如需进一步阅读，请参见以下内容：

Anil Ananthaswamy, "Telescopes on Far Side of the Moon Could Illuminate the Cosmic Dark Ages," *Scientific American* (April 2021), https://www.scientificamerican.com/article/telescopes-on-far-side-of-the-moon-could-illuminate-the-cosmic-dark-ages1/.

Jack Burns, "Low Radio Frequency Observations from the Moon Enabled by NASA Landed Payload Missions," *Planetary Science Journal* 2, no. 44 (April 2021), https://iopscience.iop.org/article/10.3847/PSJ/abdfc3/pdf.

David R. DeBoer, Aaron R. Parsons, et al., "Hydrogen Epoch of Reionization Array (HERA)," *Publications of the Astronomical Society of the Pacific* 129, 974 (2017): 45001, arXiv:1606.07473.

Bruce Dorminey, "NASA Sites Lunar Far Side for Low-Frequency Radio Telescope," *Forbes*, August 30, 2013, https://www.forbes.com/sites/brucedorminey/2013/08/30/nasa-sites-lunar-far-side-for-low-frequency-radio-telescope/?sh=304e377b371c.

Teresa Lago, "Microsatellites Have a "Polluting Effect" and Disturb the Quality of the Sky," *World Today News*, August 22, 2021, https://www.world-today-news.com/microsatellites-have-a-polluting-effect-and-disturb-the-quality-of-the-sky-warns-astronomer-teresa-lago-observer/.

Anthony Tyson, "Cosmology Data Analysis Challenges and Opportunities in the LSST Sky Survey," *Journal of Physics: Conference Series* 1290, no. 1 (2019): article id. 012001.

Andrew Williams et al., "Analysing the Impact of Satellite Constellations and ESO's Role in Supporting the Astronomy Community," *The ESO Messenger* 184 (2021): 3–7, arXiv:2108.04005.

第 5 章 创世的第一个月

关于宇宙膨胀，可参见 Alan Guth, *The Inflationary Universe* (Reading, MA: Perseus Books, 1997)。

见 Teresa Montaruli, "Review on Neutrino Telescopes," *Nuclear Physics B: Proceedings Supplement* 190 (2009): 101–08, https://arxiv.org/abs/0901.2661。另见 Jeremy Bernstein, Lowell S. Brown, and Gerald

Feinberg, "Cosmological Helium Production Simplified," *Reviews of Modern Physics* 61, no. 25 (1989), https://doi.org/10.1103/RevModPhys.61.25。

如需进一步阅读，请参见以下内容：

Augustine of Hippo, *De Civitate Dei* [413–426], book XI, chap. 6.

Dominique Lambert, "Einstein and Lemaître: Two Friends, Two Cosmologies... ," Interdisciplinary Encyclopedia of Religion & Science, https://inters.org/einstein-lemaitre.

Joseph Silk, *The Big Bang*, 3rd ed. (New York: Henry Holt, 2000).

Giuseppe Tanzella-Nitti, "The Pius XII–Lemaître Affair (1951–1952) on Big Bang and Creation," Interdisciplinary Encyclopedia of Religion & Science, http://inters.org/pius-xii-lemaitre.

第 6 章　宇宙暴力的过去

有关引力波的综述，请参见 Michela Mapelli, "Astrophysics of Stellar Black Holes" (lecture summary), adapted and updated from *Proceedings of the International School of Physics "E. Fermi"*, July 3–12, 2017, Course 200 "Gravitational Waves and Cosmology," edited by E. Coccia, N. Vittorio, and J. Silk, https://ui.adsabs.harvard.edu/link_gateway/2018arXiv180909130M/arxiv:1809.09130。还可参见 Roger Blandford, "New Horizons in Black Hole Astrophysics," *Europhysics News* 52 (2021): 12–14; and Kazunori Akiyama et al., "First M87 Event Horizon Telescope Results," *Astrophysical Journal Letters* 875, no. 1 (April 2019): article id. L1, arXiv:1906.11238。

有关射电喷流的更多技术综述，请参见 Roger Blandford, David Meier, and Anthony Readhead, "Relativistic Jets from Active Galactic Nuclei," *Annual Review of Astronomy and Astrophysics* 57 (August 2019): 467–509。

有关激光干涉仪空间天线（LISA）的科学原理，请参见 Alberto Sesana, "Black Hole Science with the Laser Interferometer Space Antenna," *Frontiers in Astronomy and Space Sciences* 8 (2021): id. 7, arXiv:2105.11518。

最近关于月球引力波观测台的一个提议的例子，可参见 Jan Harms et al., "Lunar Gravitational-Wave Antenna," arxiv preprint (October 26, 2021), https://arxiv.org/abs/2010.13726。

基普·索恩的引文来自 Igor D. Novikov, *Black Holes and the Universe* (Cambridge: Cambridge University Press, 1995), 1。

如需进一步阅读，请参见以下内容：

M. Bailes et al., "Gravitational-Wave Physics and Astronomy in the 2020s and 2030s," *Nature Reviews Physics* 3 (2021): 344–66, https://doi.org/10.1038/s42254-021-00303-8.

John Baker et al., "The Laser Interferometer Space Antenna: Unveiling the Millihertz Gravitational Wave Sky," white paper submitted to 2020 Decadal Survey on Astronomy and Astrophysics, vol. 2, https://arxiv.org/abs/1907.06482.

Adrian Cho, "The Hole Truth," *Science* 371, no. 6525 (January 8, 2021): 116–19, https://science.sciencemag.org/content/371/6525/116.

Event Horizon Telescope Collaboration, "First M87 Event Horizon Telescope Results. I. The Shadow of the Supermassive Black Hole," *Astrophysical Journal Letters* 875, no. 1 (April 2019): article id. L1, arXiv:1906.11238. 2019ApJ ... 875L ... 1E.

Francesco Haardt, Vittorio Gorini, Ugo Moschella, Aldo Treves, and Monica Colpi, "Astrophysical Black Holes," *Lecture Notes in Physics* 905 (2016).

Kohei Inayosh, Eli Visbal, and Zoltán Haiman, "The Assembly of the First Massive Black Holes," *Annual Reviews of Astronomy & Astrophysics* 58 (2020): 27–97, https://arxiv.org/abs/1911.05791.

LIGO Scientific Collaboration, "Introduction to LIGO and Gravitational Waves," https://ligo.org/science.php.

Manuel Arca Sedda et al., "The Missing Link in Gravitational-Wave Astronomy: A Summary of Discoveries Waiting in the Decihertz Range," *Experimental Astronomy* 51, no. 3 (2021):1427–40, doi:10.1007/s10686-021-09713-z.

第 7 章　我们是孤独的吗？

关于这个问题的讨论，请参见 John Gribbin, *Alone in the Universe: Why Our Planet Is Unique* (Hoboken, NJ: Wiley, 2011)。更详细的技术方面的讨

论，请参见 Anders Sandberg, Eric Drexler, and Toby Ord, "Dissolving the Fermi Paradox," arXiv preprint (June 6, 2018), arXiv: 1806.02404。

有关系外行星数量统计的回顾，请参见 B. Scott Gaudi, Michael Meyer, and Jessie Christiansen, "The Demographics of Exoplanets," 2020arXiv201104703G, in *ExoFrontiers: Big Questions in Exoplanetary Science*, edited by Nikku Madhusudhan (Bristol, UK: IOP Publishing, 2021)。

关于水的关键作用，请参见 Darius Modirrousta-Galian and Giovanni Maddalena, "Of Aliens and Exoplanets: Why the Search for Life, Probably, Requires the Search for Water," *JBIS: Journal of the British Interplanetary Society* (2021), arXiv:2104.01683。还可参见 H. K. Vedantham et al., "Coherent Radio Emission from a Quiescent Red Dwarf Indicative of Star-Planet Interaction," *Nature Astronomy* 4 (2020): 577–83, https://www.nature.com/articles/s41550-020-1011-9。

有关 LUVOIR 的介绍，请参见 LUVOIR Team, "The LUVOIR Mission Concept Study Interim Report," eprint (September 2018), https://ui.adsabs.harvard.edu/abs/2018arXiv180909668T。还可参见 The Optical Society, "New Telescope Design Could Capture Distant Celestial Objects with Unprecedented Detail" (press release), Astrobiology Web, March 19, 2020, http://astrobiology.com/2020/03/new-telescope-design-could-capture-distant-celestial-objects-with-unprecedented-detail.html。

如需进一步阅读，请参见以下内容：

Donovan Alexander, "Invisibility Cloaks Are No Longer Just Science Fiction," Interesting Engineering, February 19, 2021, https://interestingengineering.com/invisibility-cloaks-are-no-longer-just-science-fiction.

Lee Billings, "Alien Supercivilizations Absent from 100,000 Nearby Galaxies," *Scientific American*, April 17, 2015, https://www.scientificamerican.com/article/alien-supercivilizations-absent-from-100-000-nearby-galaxies/.

Nadia Drake, "Promising Sign of Life on Venus Might Not Exist After All," *National Geographic*, October 23, 2020, https://www.nationalgeographic.com/science/article/venus-might-not-have-much-phosphine-dampening-hopes-for-life.

Andreas M. Hein et al., "The Andromeda Study: A Femto-Spacecraft Mission to Alpha Centauri," August 11, 2017, https://arxiv.org/abs/1708.03556.

Elizabeth Kolbert, "Have We Already Been Visited by Aliens?," *The New Yorker*, January 18, 2021, https://www.newyorker.com/magazine/2021/01/25/have-we-already-been-visited-by-aliens.

Avi Loeb, *Extraterrestrial: The First Sign of Intelligent Life beyond Earth* (Boston: Houghton Mifflin Harcourt, 2021).

C. R. Nave, "The Moon's Role in the Habitability of the Earth," HyperPhysics, Georgia State University, https://ef.engr.utk.edu/hyperphysics/hbase/Astro/moonhab.html.

Luigi Secco, Marco Fecchio, and Francesco Marzari, "Habitability on Local, Galactic, and Cosmological Scales," December 2, 2019, arXiv:1912.01569.

V. I. Slysh, "A Search in the Infrared to Microwave for Astroengineering Activity," in *The Search for Extraterrestrial Life: Recent Developments*, proceedings of the symposium, Boston, June 18–21, 1984, A86-38126 17-88 (Dordrecht: D. Reidel Publishing Co., 1985), 315–19, 1985IAUS..112..315S.

Shannon Stirone, Kenneth Chang, and Dennis Overbye, "Life on Venus? Astronomers See Phosphine Signal in Its Clouds," *New York Times*, September 14, 2020, https://www.nytimes.com/2020/09/14/science/venus-life-clouds.html.

第 8 章 生存

Michael J. Benton, "The Origins of Modern Biodiversity on Land," *Philosophical Transactions of the Royal Society B: Biological Sciences* 365, no. 1558 (November 2010): 3667–79, https://doi.org/10.1098/rstb.2010.0269.

Nick Bostrom, *Superintelligence: Paths, Dangers, Strategies* (New York: Oxford University Press, 2014).

Deborah Byrd, "New Odds on Asteroid Bennu. Will It Strike Earth?," EarthSky, August 12, 2021, https://earthsky.org/space/new-odds-on-asteroid-bennu/.

Freeman John Dyson, "Search for Artificial Stellar Sources of Infrared Radiation," *Science* 131, no. 3414 (June 3, 1960): 1667–68.

John Ellis et al., "Review of the Safety of LHC collisions," *Journal of Physics G: Nuclear and Particle Physics* 35 (2008): 115004, arXiv:0806.3414.

Roger L. Griffith et al., "The Ĝ Infrared Search for Extraterrestrial

Civilizations with Large Energy Supplies, III. The Reddest Extended Sources in WISE," *Astrophysical Journal Supplement Series* 217, no. 2 (April 2015): article id. 25, 2015ApJS .. 217 ... 25G.

Joseph I. Kapusta, "Accelerator Disaster Scenarios, the Unabomber, and Scientific Risks," *Physics in Perspective* 10, no. 2 (2008): 163–81, arXiv:0804.4806.

N. S. Kardashev, "Transmission of Information by Extraterrestrial Civilizations," *Soviet Astronomy* 8 (October 1964): 217, https://ui.adsabs. harvard.edu/abs/1964SvA.....8..217K.

Ray Kurzweil, *The Singularity Is Near: When Humans Transcend Biology* (New York: Penguin, 2006).

John Menick, "Move 37: Artificial Intelligence, Randomness, and Creativity," *Mousse*, January 4, 2016, http://moussemagazine.it/john-menick-ai-1-2016/.

John Menick, "Move 37: Artificial Intelligence, Randomness, and Creativity: Part 2," *Mousse*, March 11, 2016, http://moussemagazine.it/john-menick-ai-2-2016/.

"A Mysterious Wasteland," *Time*, May 12, 1986, http://content.time.com/time/subscriber/article/0,33009,961334,00.html.

Toby Ord, *The Precipice: Existential Risk and the Future of Humanity* (New York: Hachette Books, 2020).

Steven J. Ostro and Carl Sagan, "Cosmic Collisions and the Longevity of NonSpacefaring Galactic Civilizations," *Astrodynamics and Geophysics* (May 1998), http://hdl.handle.net/2014/19498.

Michael E. Peskin, "The End of the World at the Large Hadron Collider?," *Physics* 1, no. 14 (August 18, 2008), https://physics.aps.org/articles/v1/14.

Chris Phoenix and Eric Drexler, "Safe Exponential Manufacturing," *Nanotechnology* (Institute of Physics Publishing)15 (2004): 869–72, http://crnano.org/IOP%20-%20Safe%20Exp%20Mfg.pdf.

David Silver et al., "Mastering Chess and Shogi by Self-Play with a General Reinforcement Learning Algorithm," December 5, 2017, arXiv:1712.01815.

Hector Socas-Navarro et al., "Concepts for Future Missions to Search for Technosignatures," *Acta Astronautica* 182 (May 2021): 446–53,

2021AcAau.182..446S.

Diane Soran and Danny Stillman, "An Analysis of the Alleged Kishtym Disaster," Los Alamos National Lab report LA-9217-MS, U.S. Department of Energy, Office of Scientific and Technical Information, January 1, 1982, https://www.osti.gov/servlets/purl/5254763-UCvDE3/.

Alexey Turchin and David Denkenberger, "Classification of Global Catastrophic Risks Connected with Artificial Intelligence," *AI & Society* 35 (2020): 147–63.

Alex Wellerstein, "Manhattan Project," *Encyclopedia of the History of Science*, Carnegie Mellon University, April 2019, https://doi.org/10.34758/swph-yq79.

Jason T. Wright, "Strategies and Advice for the Search for Extraterrestrial Intelligence," *Acta Astronautica* 188 (November 2021): 203–14, arXiv:2107.07283.

Jason T. Wright and Steinn Sigurdsson, "Families of Plausible Solutions to the Puzzle of Boyajian's Star," *Astrophysical Journal Letters* 829, no. 1 (2016): article id. L3, 2016ApJ ... 829L ... 3W.

第 9 章 国际化发展

Bradley C. Edwards, "The Space Elevator," 2000, http://www.niac.usra.edu/files /library/meetings/annual/jun02/521Edwards.pdf.

Martin Elvis, "What Can Space Resources Do for Astronomy and Planetary Science?," *Space Policy* 37, pt. 2 (August 2016): 65–76, https://www.sciencedirect.com/science/article/abs/pii/S0265964616300406.

Elvis, Martin, Alanna Krolikowski, and Tony Milligan, "Concentrated Lunar Resources: Implications for Governance and Justice," *Philosophical Transactions of the Royal Society A* 379, no. 2188 (January 2021): article id. 20190563, https://ui.adsabs.harvard.edu/abs/2021RSPTA.37990563E.

Thomas Marshall Eubanks and Charles F. Radley, "Scientific Return of a Lunar Elevator," *Space Policy* 37, pt. 2 (August 2016): 97–102, https://doi.org/10.1016/j .spacepol.2016.08.005.

Namrata Goswami, "China's Grand Strategy in Outer Space: To Establish Compelling Standards of Behavior," *The Space Review*, August 5, 2019, https://www .thespacereview.com/article/3773/1.

George F. Sowers, "A Cislunar Transportation System Fueled by Lunar Resources," *Space Policy* 37, pt. 2 (August 2016): 103–9, https://www.sciencedirect.com/science/article/abs/pii/S0265964616300352.

United Nations Office for Outer Space Treaty, "Treaty on Principles Governing the Activities of States in the Exploration and Use of Outer Space, Including the Moon and Other Celestial Bodies," 1966, http://www.unoosa.org/oosa/en/ourwork/spacelaw/treaties/introouterspacetreaty.html.

第 10 章　下一个世纪

斯蒂芬·霍金的引用来自 "Surprising Science: #5: Stephen Hawking's Warning: Abandon Earth—Or Face Extinction," *Big Think*, July 27, 2010, https://bigthink.com/surprising-science/5-stephen-hawkings-warning-abandon-earth-or-face-extinction/。

我重温了关于在月球上进行基础宇宙学研究的前景，请参见 Joseph Silk, "The Limits of Cosmology: Role of the Moon," in "Astronomy from the Moon: The Next Decades" (special issue), *Philosophical Transactions of the Royal Society* A 379, no. 2188 (January 11, 2021), https://doi.org/10.1098/rsta.2019.0561。

如需进一步阅读，请参见以下内容：

Ian A. Crawford, "The Long-Term Scientific Benefits of a Space Economy," *Space Policy* 37, pt. 2 (August 2016): 58–61, https://www.sciencedirect.com/science/article/abs/pii/S0265964616300327.

Philip T. Metzger, "Space Development and Space Science Together, an Historic Opportunity," *Space Policy* 37, pt. 2 (August 2016): 77–91, https://www.sciencedirect.com/science/article/abs/pii/S0265964616300625.

Antonio Paris, "Physiological and Psychological Aspects of Sending Humans to Mars," *Journal of the Washington Academy of Sciences* 100, no. 4 (Winter 2014): 3–20, https://www.jstor.org/stable/jwashacadscie.100.4.0003?seq=1.

索 引

（索引中页码为英文原书页码，即本书页边码）

图书在版编目（CIP）数据

重返月球/（英）约瑟夫·西尔克（Joseph Silk）

著；曲卫译．-- 北京：社会科学文献出版社，2025.

1. -- ISBN 978-7-5228-4558-6

Ⅰ．V1

中国国家版本馆 CIP 数据核字第 2025YR0335 号

重返月球

著　　者 / ［英］约瑟夫·西尔克（Joseph Silk）

译　　者 / 曲　卫

出 版 人 / 冀祥德

责任编辑 / 王　雪　杨　轩

责任印制 / 王京美

出　　版 / 社会科学文献出版社（010）59367069

　　　　　　地址：北京市北三环中路甲29号院华龙大厦　邮编：100029

　　　　　　网址：www.ssap.com.cn

发　　行 / 社会科学文献出版社（010）59367028

印　　装 / 三河市东方印刷有限公司

规　　格 / 开　本：889mm×1194mm　1/32

　　　　　　印　张：12.375　插　页：0.25　字　数：220千字

版　　次 / 2025年1月第1版　2025年1月第1次印刷

书　　号 / ISBN 978-7-5228-4558-6

著作权合同

登 记 号 / 图字01-2023-4427号

定　　价 / 98.00元

读者服务电话：4008918866